U0266083

声振模态分析与控制

〔日〕長松 昭男　萩原 一郎　吉村 卓也　梶原 逸朗　雉本 信哉　编著

于学华　译

科学出版社

北京

图字:01-2014-2823

内 容 简 介

本书首先介绍了振动力学、声学和模态特性识别的基础知识;然后以汽车研发为例对声振耦合技术进行了系统论述与实例分析,并融合了日本声振耦合领域经典的研究成果;最后对振动控制、声学控制要点进行了系统论述。本书日文版是日本学术界一部经典著作。

本书内容翔实,信息量大,融合了大量的工程技术研究成果,可供高等院校机械、汽车及相关学科的本科生、研究生和教师使用,也可供从事机械、汽车及相关工程领域的科研人员参考。

音・振動のモード解析と制御
Modal Analysis and Control of Sound and Vibration

图书在版编目(CIP)数据

声振模态分析与控制/(日)長松昭男等编著;于学华译.—北京:科学出版社,2014

书名原文:Modal Analysis and Control of Sound and Vibration

ISBN 978-7-03-041739-8

Ⅰ.①声… Ⅱ.①長…②于… Ⅲ.①机械振动-噪声控制 Ⅳ.①TB535

中国版本图书馆 CIP 数据核字(2014)第 200550 号

责任编辑:裴 育 王晓丽 / 责任校对:李 影
责任印制:吴兆东 / 封面设计:蓝正设计

科 学 出 版 社 出版
北京东黄城根北街 16 号
邮政编码:100717
http://www.sciencep.com

北京九州迅驰传媒文化有限公司 印刷

科学出版社发行 各地新华书店经销

*

2014 年 8 月第 一 版 开本:720×1000 1/16
2022 年 1 月第五次印刷 印张:13 1/2
字数:272 000

定价:98.00 元

(如有印装质量问题,我社负责调换)

译者简介

于学华，1964年7月生，工学博士，盐城工学院汽车工程学院教授，东京工业大学客座研究员。现任盐城工学院汽车工程学院副院长和江苏沿海新能源汽车研究院常务副院长，日本自动车学会会员，日本学术振兴会海外研究员，中国声学学会理事。

主要研究方向：折纸先进技术、车辆系统动力学、汽车噪声与振动控制技术（汽车NVH技术）。主持省部级科研项目20余项；“最新新能源汽车NVH技术和折纸工学”获2010年度日本东京工业大学中日科技合作贡献奖，“电动汽车白车身轻量化技术及应用”获2013年中国机械工业科学技术奖二等奖，“高端智能并联汽车喷涂机器人”获2013年江苏省人民政府科技进步奖三等奖；在国内外学术会议与核心期刊发表论文40余篇，发明专利2项，出版专著1部。

译 者 前 言

随着人类社会步入工业化时代，噪声与振动技术研究的重要性日益凸显。近年来，国内外学界相关研究成果大量涌现，本书日文版就是其中颇具代表性的研究成果之一。

该书是东京工业大学長松昭男教授和萩原一郎教授等学者共同撰写的一部学术著作，在日本一直作为工科大学机械、汽车工程方向本科生(研究生)教学和工程技术人员培训的教材。译者于 2009 年在东京工业大学做访问学者时结识了萩原一郎教授，在萩原教授的推荐和影响下，译者研读了该书，并萌生了翻译的想法，希望能够为我国机械、汽车行业的工程技术人员以及机械、车辆工程专业的学生提供一部有思想、有价值并且贴近工程实际的参考书。

译者在翻译过程中力求忠实于原著，原汁原味地向读者展现日本学者的独到见解。但由于译者水平有限，难免存在一些不妥之处，诚望广大读者批评指正。

本书由盐城工学院汽车工程学院于学华教授翻译，上海交通大学机械系统与振动国家重点实验室蒋伟康教授、饶柱石教授审校。在翻译过程中，还得到了许多专家与同行的鼓励和帮助。

诚挚感谢东京工业大学長松昭男教授和萩原一郎教授，同济大学汽车学院余卓平教授和张立军教授，盐城工学院姚冠新教授、王保林教授、邵荣教授、宋长春教授、王资生教授、王路明教授和朱龙英教授的大力支持。此外，盐城工学院外国语学院钱露露老师在翻译过程中也给予了热心帮助。在此一并表示感谢！

原书前言

近来，由于人力成本的高涨，生产工厂陆续向海外转移，失业者正在增加。此前，CAD及计算机软件等的核心技术由模仿欧美起步，之后一直原封不动地引进与利用，日本产业仅注重与生产现场密切相关的生产技术，长此以往必将不可避免地以破产告终。为防止这一局面的出现，各领域的研究人员、技术人员须齐心协力，共同研究属于日本独有的技术，别无他法。

笔者从事的机械力学专业也不例外。在企业中，对基于有限元法的振动及强度的分析、机械与运动的分析、实验模态分析等，没有基础理论，未充分理解欧美制作的通用软件、装置的内容，而仅是通过阅读使用说明书寻求解决问题的对策和设计。

在研究水平方面，至少日本在机械力学方面取得了相当大的成果，虽萌生了数个独创技术的萌芽，但因企业的技术人员倾向于欧美的技术，导致日本独创研究难以结合实际应用。其中一个原因，大概是国内缺乏能简单明了地总结从基础到研究水平的书籍。

本书得到了同样意识到上述问题的大学研究人员的帮助，以共通的专业领域中振动、噪声模态分析与控制的基础开始到尖端技术，融合自身的研究成果，注重简单易懂的同时，进行了概括性的描述。

本书的主要内容如下：第1章是绪论。第2、3章是基础篇，尽可能简单地对多振动及声学基础内容进行说明。第4～7章是发展篇，针对最新的技术进行解读，以易于企业现场的技术人员理解。其中，第4章介绍实验模态分析中使用的各种模态特性识别法；第5章提出能够省略低量级与高量级特征模态的新的模态重合法，并对利用此方法解决声学和振动相互耦合问题进行说明；第6章从模型化及控制方法两个方面对振动的主动控制进行概括，从基础到最新技术进行讨论；第7章简单明了地讨论主动声控制中必不可少的知识及实用要点。

本书包含了众多作者自己研究开发的成果，期待今后这些成果能够被广泛地运用。读者对象以企业技术人员为主，同时为了方便用于大学教科书，对各章节也进行了简单的总结。由于笔者才疏学浅，恐还存在不完整之处，今后将根据读者的赐教及意见不断地改正。

最后，对自执笔以来给予极大耐心及鼓励的CORONA出版社的各位表达诚挚的谢意。

目　　录

第 1 章　绪　　论

1.1　为什么要研究振动和声学

机械是转换并运用能量的一种现代工具,因为在一个过程中,一定是以运动这种形态保存着能量,所以在机械运转中必然存在持续运动的部分。然而,机械的大小是有限的,为了实现连续的运动,运动的形态将限定在旋转或往复中。而这两者必然产生振动(vibration),因此振动是机械产生以来的“命运伴侣”。但是,为什么现在振动显得如此重要呢?

近来,机械制造商为了同时满足提高性能、降低成本、减轻质量这三大目标,相互间进行着激烈的竞争。因为提高性能基本上可以通过能量的高效利用来实现,所以为了提高性能就必须防止能量的泄漏,并且要尽量避免将运动能量转化为热能的状况,同时要阻止振动引起的阻尼发生;因为加上阻止振动的材料和装置都比一般的构造材料昂贵,且构造材料并不发挥作用,所以在费用和质量两个方面都形成了负担。而为了降低成本和减轻质量,最好不要使用这种材料。对上述三大目标的追求,同时出现了振动增大的现象,于是振动问题也随之变得更加重要。

机械及结构在空气中振动时,因发出声音(sound)传递给人们,在人和机械的接点处,振动问题往往被归类于噪声问题。随着文明的不断进步,无论在空间上还是在心理上,人与机械的距离都进一步拉近,因此噪声问题也变得越来越重要。当今社会,以人为本的风潮越来越盛行,机械在安全性这一至上命题下,又形成了舒适性这一重要的商品价值,声音和振动也作为重要因素登场了。特别是声音问题,它是与人类生活息息相关的问题,并且与人的心理及感觉密切结合,虽复杂却作为重要的课题引起了学术界的关注。

1.2　为什么要研究模态分析

模态分析是在 21 世纪初建立的机械力学基础理论之一,有以下两种特征。第一,通过以模态坐标这一固有模态为基础导入坐标,运动方程式形成非耦合。并且,多自由度系统的运动可以作为单个自由度系统表现来解决。第二,振动问题中以仅有数量的固有模态(多数是低量级到多量级的固有模态)表现,即使省略其他大多数固有模态,在实际应用中也具有充分的精度。

在计算机诞生之前,所有的振动问题被人们简化至人类能够处理的范围内的几个自由度模型中,与这种归类相比,模态坐标导入的复杂度加大,导致模态分析没有受到很大的关注;但是,自计算机产生之后,采用多自由度模型的振动分析成为可能,从此这两个特征开始发挥强大的威力。尤其是实施数百、数千自由度模型化的有限元法(finite element method,FEM)的振动分析,通过模态分析首次成为可能,所以市场上通用的 FEM 结构分析软件必定使用模态分析。

1950 年以前的振动实验,通常是用纸张输出并记录自由振动的,从响应的时刻波形图测量最低量级的基本固有模态的振动频率及对数阻尼率;但是,电子技术与计算机的发展大幅度地提高了振动实验的精度。同时通过在 1965 年提出并迅速实用化的快速傅里叶变换(FFT)及 60 年代后半期公式化的模态特性识别法,振动实验的方法有了翻天覆地的改变。由此,集振动实验、信号处理和模态特性识别为一体的实验模态分析原形诞生了。

根据实验模态分析,明确了以实验中发生的振动问题及现象作为对象的机械及结构的动态特性关系,什么样的固有模态影响什么样的现象,是否会引发问题也变得清晰。据此,实验模态分析得以在问题对策中发挥巨大的威力,在现场的实验振动分析中发挥主角作用的同时,在机械、建筑、电气等众多领域的企业现场也得到迅速普及。

随后,实验模态分析研究以美国为中心取得迅猛发展,产生众多振动方法的同时,多点参照模态特性识别法也提出了多种方案。这些方法都很快得到实际应用,从振动到识别的一系列过程实现了一体化和自动化,获得了很大的进步。

近期,作为解决问题的实验模态分析本身也进入了成熟期,至少在发达国家的企业中,被认为是基础技术。随后,实验模态分析不仅针对问题对策,也开始尝试着应用于理论分析的验证、非破坏查证、运转监视、故障诊断、FEM 模型的改进优化等新的领域中。

此外,通过 FEM 数值分析及实验模态分析的一体化,正在推进构筑部分结构合成法、实现实时在线模拟、最优化设计、振动控制等更高精度的分析系统。为此,模态分析名副其实地成为振动分析的主角。

1.3　为什么要研究控制

过去，控制的主要对象是化学反应流程、电气等，很少把机械系统的振动和声音作为控制器的对象；随着电子技术的进步，因机械的动态性能进一步提高，控制器作为机械的附件，逐渐开始应用。

近来，不进行控制就无法运行的新型机械陆续诞生。例如，被串联起来使用的产业机器人，如果不进行控制，就只是摇摇晃晃、东倒西歪的机构，肯定是不会被人认可是机械的；此外，在高速运转的同时寻找目标位置，找到后立刻停止，在不足 0.1μm 的精度下，一边跟踪运动目标一边输入及输出信息的光磁信息机器，是控制技术的集成。

在为了调试性能而将控制作为次要地位的时代，机械技术人员只要考虑结构就可以了，控制设计是之后由电气技术人员来实施的；但是，将控制作为核心技术，为了制作出功能一体化的机械，机械技术人员必须熟知控制，从开始就必须实施控制与结构统一设计。

现在的超高层大厦，因采用了利用自身稳固性的免振结构，对风的阻力会产生轻微的摇动，而为了防止这一现象的发生，内设主动、半主动振动控制器的建筑物正在增多；此外，对提高大厅及室内的声功能并防止换气产生噪声，也开始积极地使用声控技术。即使对于建筑技术人员，控制也开始与其业务有着千丝万缕的联系。

如此一来，控制从作为一部分电气技术人员的专有特殊技术，开始逐渐转变为对机械、建筑、化工工程等领域技术人员也必不可少的基础技术。

随着计算机和电子技术的不断发展，从代表根轨迹法的古典控制理论开始，到以时刻特性为主要对象的 LQG 控制的现代控制理论，再到兼具频率特性调节功能和鲁棒性 H^{∞} 控制及 μ 综合控制，进而到非线性系统中发挥威力的滑行模态控制，控制理论获得迅猛发展。

与此同时，控制对象从单自由度系统到多自由度系统转变。至少目前，普通 FEM 结构模型中就包含了数千个自由度，而相对控制设计模型最大也只是 10 个自由度左右，差异很大。以实际的机械及结构物体为对象，在进行控制设计时，为尽可能地减少自由度且不使结构模型动态特性发生变化，就有必要使用模态分析，以模态坐标来表现对象；像这样为进行振动分析而生成的模态分析，现在已成为控制设计中不可或缺的方法。

第2章　振动力学

2.1　单自由度系统

2.1.1　为什么会产生振动

世界上的事物之所以会呈现出当前的状态，是因为当前的状态是最为自然且稳定的状态。从而，事物具备了趋于维持现状的根本性质。从力学观点来看，有如下三种性质。

第一，运动的物体、静止的物体都趋于维持其固有的状态。状态的变化就是**加速度**(acceleration)，万物都排斥加速度，并对其产生抵抗。抵抗外在表现为抵抗力。这种抵抗力因物体习惯当前状态的性质而产生，称为**惯性力**(inertia force)。这就是牛顿的**惯性定律**(law of inertia)。该性质的强度通过对单位加速度的抵抗力大小来表现，称为**质量**(mass)。

第二，有形的物体即固体，排斥形状的变化，即**变形**(deformation)。形状的变化，对于固体内的某点就形成了**位移**(displacement)。所有的固体都排斥伴随着变形而产生的位移，并会对此产生抵抗。而这种抵抗因固体想要恢复原来的形状而产生，称为**恢复力**(restrative force)。这种性质的强度通过对单位位移抵抗力的大小来表现，称为**刚度**(stiffness)或者**刚性**。

第三，被流体包围的固体，因具有趋于维持当前位置的性质而排斥位置的变化，即**速度**(velocity)，对此产生抵抗。而这种抵抗力因流体的黏度，即**黏性**(viscocity)而产生，故称为**黏性阻力**(viscous resistance force)。

以上三种性质是作为**动力学**(dynamics)基础的**动态特性**(dynamic characteristics)，是产生振动的原因。

那么，这种指定系统内的某一种状态就可以决定系统整体状态的系统，称为**单自由度系统**(single degree of freedom)。下面将以单自由度系统为对象，对上述性质进行分析。

系统状态随时间变化的力学是动力学，在此将这种状态作为位移，用时间 t 的函数 $x(t)$ 表示。另外，质量用 m、刚度用 k、黏性用 c 来表示。为了能够更直观地理解，用刚体表示质量、用**弹簧**(spring)表示刚度，用**阻尼器**(damper)表示黏性，如图 2.1 所示。

因图 2.1 是用力学性质来表示物体的，故称为**力学模型**(kinematic

model)，或简单地称为模型，这种以力学模型来表现物体称为**模型化**(modeling)。力学模型如图2.1所示，通常由3个要素构成，但这3个要素并不是不同的物体，而是同一物体所具备的性质。因图2.1是以振动为对象建立模型的，故称为**振动系统**(vibration system)。

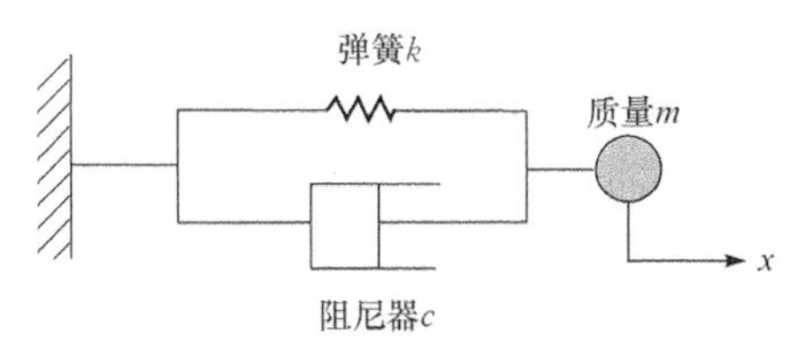

图2.1 单自由度力学模型(黏性阻尼振动系统)

如果用点来表示与时间相关的微分，位移 $x(t)$ 的1次及2次微分是速度及加速度，可以分别用 $\dot{x}(t)$ 和 $\ddot{x}(t)$ 表示。上述三种阻力的大小，与各自的性质强度 m、k、c 成正比，同时与变化的大小 $\ddot{x}$、x、$\dot{x}$ 成正比。此外，阻力自然地作用于与变化相反的方向，因此以负号表示。即用 f_m 表示惯性力，用 f_k 表示回复力，用 f_c 表示黏性阻力，可以得到如下公式：

$$f_m(t)=-m\ddot{x}(t),\quad f_k(t)=-kx(t),\quad f_c(t)=-c\dot{x}(t) \tag{2.1}$$

不受外部任何作用，呈自由状态的单自由度模型中，不存在式(2.1)以外的力，因此构成下面**力的平衡方程式**(equation of force equilibrium)：

$$m\ddot{x}(t)+c\dot{x}(t)+kx(t)=0 \tag{2.2}$$

式(2.2)不仅是力的平衡公式，同时当位移作为时间函数时，还可作为运动状态下的方程式，因此也称为**运动方程式**(equation of motion)。

上述三种性质中，质量和刚度产生振动。与此相反，黏性因具有抵抗运动的性质，所以会抑制所有的振动，使振动衰减。因此，把黏性阻力也称为**黏性阻尼力**(viscous damping force)。由此看来，为了研究振动的产生及形态，省略阻尼的情况较多。这样，式(2.2)变为

$$m\ddot{x}(t)+kx(t)=0 \tag{2.3}$$

式(2.3)中的时间 t 作为独立变量，构成了位移 x 作为从属变量的**微分方程式**(differential equation)。在这个公式中，显示将 x 及2次微分分别乘以表示物质特性的正的常数后，相加为0。因此，如果用时间对 x 实施2次微分后，必定会得到相同函数的负值。满足这种情况的函数只有三角函数及**复指数函数**(complex exponential function)。二者是同一函数，只是表现不同，因此这里使用后者，假设式(2.3)的解为

$$x(t)=X_1e^{j\Omega t}+X_2e^{-j\Omega t} \tag{2.4}$$

式(2.4)中的 X_1 及 X_2 是未定系数，根据两个初始条件确定。式(2.4)中使用的是虚数。在表现振动这一实际现象时，为何使用实际上并不存在的虚数。这是自然而然产生的疑问，下面有必要对这个问题进行回答。

复数(complex number)是由实部和虚部(或大小与相位)2 个相互独立的要素组成的 2 维数。另外,振动是由大小和时间 2 个相互独立的元素组成的 2 量级现象。因复数及振动都是 2 量级的,如果使用复数,振动这一现象可以用 1 个数字完整地表现出来,非常方便。使用复数的理由,只是因为方便。这是由在数学上是好是坏、进展是否顺利决定的,且在实际上的进展也是很顺利的。

之后,只需要考虑实际现象与公式的对应即可。无论是数理公式的处理、展开的过程及结果,只要出现复数,此时或此阶段表达实际发生的现象的只有实部,虚部作为现象没有任何意义,通常这样考虑即可。

将式(2.4)代入式(2.3)中,两边用 $X_1 e^{j\Omega t}+X_2 e^{-j\Omega t}$ 去除:

$$(-\Omega^2 m+k)x(t)=0 \tag{2.5}$$

为使式(2.5)在任意时刻 t 都成立,有

$$x(t)=0 \quad 或 \quad -\Omega^2 m+k=0 \tag{2.6}$$

在式(2.6)中,因为 $x(t)=0$ 是系统静止状态,在动力学上没有意义,所以作为系统随时间变动的条件:

$$\Omega=\sqrt{\frac{k}{m}} \tag{2.7}$$

实际上,式(2.4)中的复数指数函数是周期函数,是角频率 Ω(rad/s)的振动的含义。有关这一点的详细介绍,请参考文献[1]。式(2.7)在自由状态下必定会按照该角频率振动,这意味着绝对不会产生除此以外的振动。

Ω 在图 2.1 所示的无阻尼振动系统中由固有性质 m 及 k 来决定,称为**无阻尼固有角频率**(undamped natural angular frequency)。如果 Ω 以 1 周期的角 2π 来除,会得到 1s 可以反复几周的结果,f_n(Hz)$=\Omega/(2\pi)$称为**无阻尼固有振动频率**(undamped natural frequency)。其倒数 T_n(s)$=1/f_n$,表示一个周期所需要的时间,称为**无阻尼固有周期**(undamped natural period)。固有振动频率之所以用英语 natural frequency 表示,是因为它不受来自外部的初始影响以外的任何作用,是自然的(natural)状态下的自发振动,称为**自由振动**(free vibration)。

固有振动频率的意义可单纯描述如下。数学上是使运动方程式具有动态解的条件。物理学上是在保持力的平衡的同时能够自由振动的振动频率,或更为根本的是在满足能量保存法则的同时可以自由振动的振动频率[1]。

2.1.2　阻尼的作用

实际的结构及机械中必然存在**阻尼**(damping)。因此,以图 2.1 的单自由度系统为对象,尝试对阻尼给振动带来的影响进行研究。力的平衡公式或

运动方程式，当然是式(2.2)。式(2.2)是将某个函数的1次、2次微分相加后等于0的公式。满足此条件的函数要求，无论对其进行多少次微分，必须保证同样的函数类型，于是只有指数函数。那么假设解如下：

$$x=x_0 e^{\lambda t}$$

将上式代入式(2.2)中，得

$$x_0(m\lambda^2+c\lambda+k)e^{\lambda t}=0 \tag{2.8}$$

若使任意时刻 t，式(2.8)都成立，则有

$$m\lambda^2+c\lambda+k=0 \quad 或 \quad x_0=0 \tag{2.9}$$

式(2.9)中的 $x_0=0$ 表示静止的含义，故采用左式。这是与 λ 有关的2次方程式，能够轻易求解。在此，导入用

$$\begin{cases} c_c=2\sqrt{mk}=2m\sqrt{\dfrac{k}{m}}=2m\Omega \\ \zeta=\dfrac{c}{c_c} \end{cases} \tag{2.10}$$

定义的 c_c 和 ζ 来表示式(2.9)的解：

$$\lambda=-\Omega\zeta\pm\Omega\sqrt{\zeta^2-1} \tag{2.11}$$

式(2.11)中包含 λ，下式是二者叠加之和：

$$x=X_1 e^{\lambda_1 t}+X_2 e^{\lambda_2 t} \tag{2.12}$$

式(2.11)中有平方根，根据 ζ 大小的不同会出现完全不同的结果。

首先考虑 $\zeta\geqslant1$ 的情况。很明显，从 $\zeta\geqslant\sqrt{\zeta^2-1}$ 来看，λ_1 和 λ_2 都是负实数。式(2.12)中，当 $t=0$ 时，有 $x=X_1+X_2$，当 $t\to\infty$ 时，有 $x=0$。如图2.2所示，随着时间的变化，其大小也在减小，最后趋近于零，此称为**无周期运动**(aperiodic motion)。

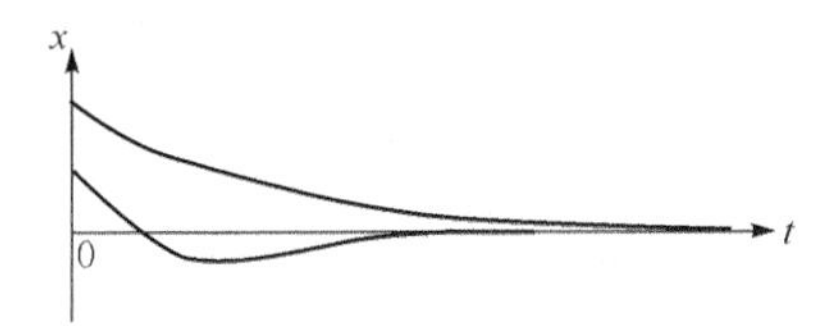

图2.2 阻尼较大情况下($c\geqslant c_c$)的无周期运动

接下来考虑 $\zeta<1$ 的情况，在此导入用

$$\begin{cases} \sigma=\Omega\zeta \\ \omega_d=\Omega\sqrt{1-\zeta^2} \end{cases} \tag{2.13}$$

定义的 σ 及 ω_d，替换式(2.11)：

$$\lambda_1, \lambda_2=-\sigma\pm j\omega_d \tag{2.14}$$

将式(2.14)代入式(2.12)中，得

$$x=e^{-\sigma t}(X_1 e^{j\omega_d t}+X_2 e^{-j\omega_d t}) \tag{2.15}$$

式(2.15)的括号中,是将式(2.4)中的 Ω 置换成 ω_d,表示振动。并且,系数 $e^{-\sigma t}$ 是 $t=0$ 时从 1 到 $t\to\infty$ 时向 0 减小的函数。因此,式(2.15)表示以角频率 ω_d 振动,且振幅随时间逐渐减少的现象。ω_d 是有阻尼的图 2.1 的单自由度系统在自由振动时的固有速度,称为**阻尼固有角频率**(damped natural angular frequency),$\omega_d/(2\pi)$ 称为**阻尼固有振动频率**(damped natural frequency)。因振幅在 1s 内只衰减 $e^{-\sigma}$,所以将 σ 称为**衰减率**(decay rate)。

如式(2.10)中明确的那样,黏性阻尼 c 比某个值 c_c 小就会产生了振动,比它大就不会产生,因此将 c_c 称为**临界阻尼系数**(critical damping coefficient)。$c_c=2\sqrt{mk}$,以质量为基础进行考虑,明显表示的是弹簧刚度 k 的大小,但为了与阻尼进行比较,仅单位和阻尼一样,即 kg/s。

如图 2.1 中明确的那样,在振动体系中质量 m 这一基本性质与弹簧的阻尼特性并列作用。弹簧促进(加速)振动,阻尼起到抑制振动的作用。凭借其相反作用的合并来决定系统的动态特性。$\zeta=\dfrac{c}{c_c}$ 是显示该动态特性的无量纲量,与阻尼成比例形态,因此称为**阻尼比率**(damping ratio)。在 $\zeta\geqslant1$ 的情况下,阻尼比弹簧更具有不会产生振动的优势,因此该状态称为**过阻尼**(over damping)。在 $\zeta<1$ 的情况下,弹簧比阻尼更具有会产生振动的优势,因此该状态称为**阻尼不足**(under damping)。

以图示显示式(2.15),即图 2.3 中的实线。另外,无阻尼情况下的式(2.4)以图示显示,即图 2.3 中的虚线。若对二者进行比较,可以知道阻尼有如下两种作用。

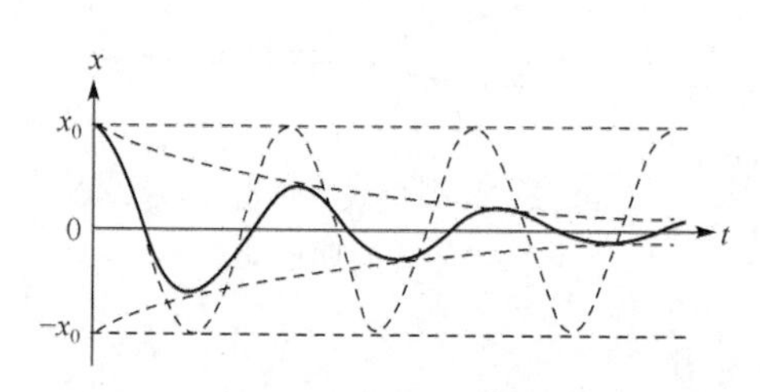

图 2.3 阻尼振动和无阻尼振动的比较
实线:黏性阻尼振动;虚线:无阻尼振动

(1) 振动随着时间的变化逐渐减少。这是由于运动能量转化为热能逐渐消散。

(2) 振动减慢。因为排斥运动的黏性对速度形成抵抗,从而抑制了振动。如从 $\omega_d=\Omega\sqrt{1-\zeta^2}$ 中可以看出的那样,当 $\zeta>1$ 时,因抑制作用过于强烈,导致起初就不会产生振动。

2.1.3 强迫振动

之前的内容中,就仅对给予初始外部干扰,系统即自发性发生自由振动进行了讨论。在此,作为外部**激振力**(exciting force)作用时的**响应**(response),对发生的振动进行研究。因其是在激振力 $f(t)$ 上以强制形态发生的，所以称为**强迫振动**(forced vibration)。

首先，为了了解发生强制振动的机构，忽视阻尼。此时作用于系统的力为惯性力 f_m、回复力 f_k、激振力 f，这些力之间在获取平衡的同时，现象发生推移，运动方程式由式(2.1)可得

$$m\ddot{x}+kx=f(t) \tag{2.16}$$

激振力在振幅 F、振动角频率 ω 的调和激振力下，由式(2.16)可得

$$m\ddot{x}+kx=Fe^{j\omega t} \tag{2.17}$$

式(2.17)的解是右边为零的一般解与特殊解的和。一般解为式(2.4)的自由振动[1]。为使式(2.17)两边相等，$x(t)$ 至少必须与右边保持同一函数形式，假设特殊解如下：

$$x(t)=Xe^{j\omega t} \tag{2.18}$$

将式(2.18)代入式(2.17)中求振幅 X，用无量纲量表示为

$$\frac{X}{X_{st}}=\frac{1}{1-\beta^2} \tag{2.19}$$

在此，X_{st} 是振幅 F 在静态作用时的形变量，Ω 是无阻尼固有角频率：

$$X_{st}=\frac{F}{k},\quad \beta=\frac{\omega}{\Omega} \tag{2.20}$$

式(2.19)中，当 $\beta>1$ 时 X 为负，实际上响应振幅的大小不会成负。对于这个问题，如果考虑 X 是由**振幅**(magnitude) $|X|$ 和**相位**(phase) ϕ 这两个相互独立的要素构成的，就能解决。若以复数显示，从 $X=|X|e^{j\phi}$ 来看，式(2.18)即

$$x(t)=|X|e^{j\phi}e^{j\omega t}=|X|e^{j(\omega t+\phi)} \tag{2.21}$$

若用图示来表示式(2.19)，如图 2.4 所示。

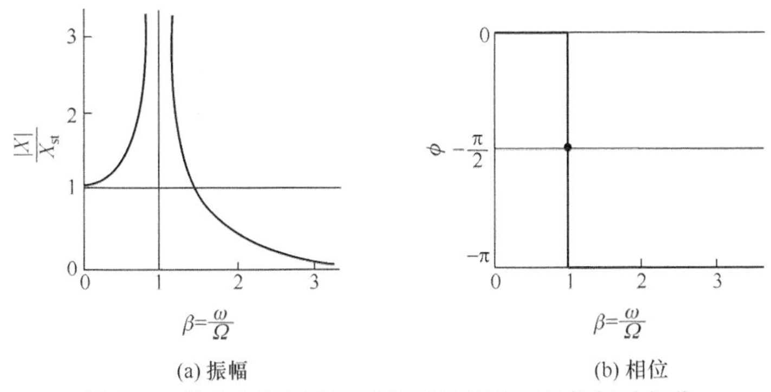

(a) 振幅　　(b) 相位

图 2.4 单自由度无阻尼系统强迫振动下的振幅及相位

那么，振幅达到极大的现象称为**共振**(resonance)，该峰值称为**共振峰**(resonance peak)，峰的顶点称为**共振点**(resonance point)。在单自由度系统中共振峰只有一个，在无阻尼系统中，如图 2.4 所示，在共振点处振幅达到无限大。接下来考虑产生共振的原因。

振动开始的同时，强迫振动和自由振动同时发生。前者是在外部强迫下发生的，振动源向系统内注入能量后，系统对该注入形成排斥，注入的能量被推回。能量的注入与推回就形成了强迫振动。后者是系统内自然发生的自发现象，系统对此并不抵抗。

两者振动频率不同时，两振动完全不同，相互间毫无关系进行推移。但是，振动频率相等时($\omega=\Omega$)，系统中两个振动就没有了区别，也不会对强制振动产生抵抗，向振动源中注入的能量被全部吸收。并且系统内的能量随着时间的变化持续呈比例增加，伴随着这个变化振幅也直线上升。这就是无阻尼系统的共振现象，可以用图 2.5 及下述公式来表示[1]：

$$x=\frac{F}{2m\Omega}t\,e^{j(\Omega t-\pi/2)} \tag{2.22}$$

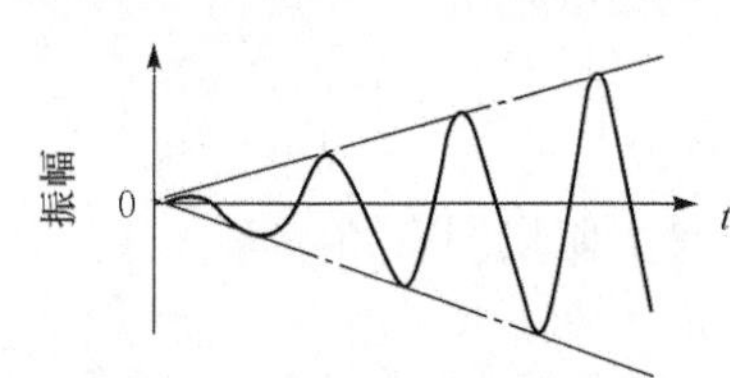

图 2.5　无阻尼系统的共振(振动随时间呈比例增加)

从式(2.22)可以看出，振幅随时间成正比增大，相位因振动延迟 90°。

图 2.4 中，以共振为界限相位自 0°到 −180°(延迟 180°)发生不连续变化。为什么会产生这样的现象呢？概括来说，就是振动速度加快后质量响应就出现跟不上的情况。下面进行详细的分析。

将式(2.18)代入式(2.1)中，内力中

$$\begin{aligned} &\text{惯性力}: f_{\mathrm{m}}=-m\ddot{x}=m\omega^2 x \\ &\text{回复力}: f_{\mathrm{k}}=-kx \end{aligned} \tag{2.23}$$

振动角频率 ω 在小区间内 $f_{\mathrm{k}}\gg f_{\mathrm{m}}$，弹簧发挥内力主角的作用。并且回复力与作为外力的振动力大小相同，而方向相反，相互平衡。如式(2.23)所示，因回复力通常作用于响应位移及相反方向，所以振动力与响应位移呈现出相同方向(相位为零)。

另外，振动角频率 ω 变大时，由式(2.23)可得到 $f_{\mathrm{k}}\ll f_{\mathrm{m}}$，质量发挥内力主角的作用。并且惯性力与作为外力的振动力大小相同，而方向相反，相互平衡。如式(2.23)所示，因惯性力通常作用于响应位移及相同方向，所以振动力与响应位移呈现出相反方向(相位为−180°)。

接下来，考虑存在阻尼时的强迫振动。在振幅 F、振动角频率 ω 的调和振

动作用下,力的平衡运动方程如下:

$$m\ddot{x}+c\dot{x}+kx=Fe^{j\omega t} \tag{2.24}$$

假定响应如式(2.18)所示,将其代入式(2.24)中求解可得

$$\frac{X}{X_{st}}=\frac{1}{1-\beta^2+2j\zeta\beta} \tag{2.25}$$

此时,$\beta=\dfrac{\omega}{\Omega}$,$\dfrac{m}{k}=\dfrac{1}{\Omega^2}$,$\dfrac{c}{k}=\dfrac{2\zeta}{\Omega}$。若用图示表示式(2.25),存在阻尼时的响应振幅的大小与相位如图2.6所示。

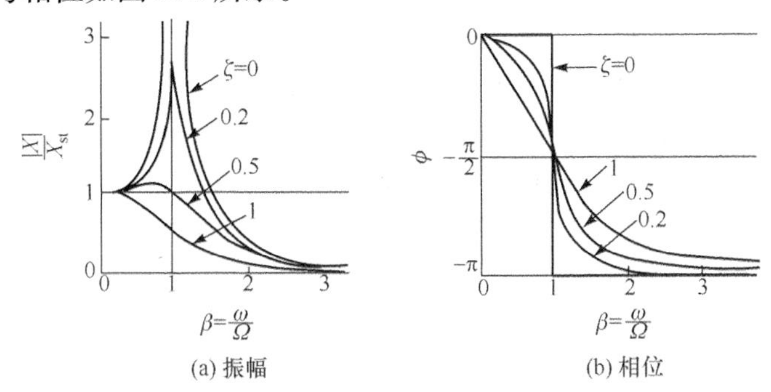

图2.6　单自由度黏性阻尼系统强迫振动下的振幅与相位

从图2.6可以了解到,**位移共振**(displacement resonance)时的振幅不会达到无限大,随着阻尼的增大逐渐减小。位移共振角频率 ω_f 比无阻尼共振的情况更小。若详细计算,会得到 $\omega_f=\Omega\sqrt{1-2\zeta^2}$[1]。另外,对应振动力响应的相位延迟伴随着振动频率的增加而连续增加,在 $\omega\to\infty$ 时,$\phi=-180°$。

从能量的方面来考察共振。振动力达到1周期的功率 W_0[1]为

$$W_0=-\pi F|X|\sin\phi \tag{2.26}$$

W_0 虽看上去是负值,但在相位 $-180°\leqslant\phi\leqslant0°$ 的范围内,$\sin\phi\leqslant0$ 时,必定有 $W_0\geqslant0$。另外,黏性阻尼力达到1周期时的功率 W_c[1]为

$$W_c=-\pi c\omega|X|^2 \tag{2.27}$$

振动开始的同时发生自由振动,在共振中自由振动与强制振动的角频率相等($\omega=\Omega$),且同步,能量 W_0 自振动源向系统流动。

另外,由于阻尼的作用,能量 W_0 开始自系统向外泄漏。W_0 如式(2.26)所示,相对于与位移振幅成正比的关系;如式(2.27)所示,W_c 与位移振幅的平方成正比。因此,在振动的初期,振幅在小区间内 $W_0>W_c$,能量随着时间的变化在系统内蓄积,振幅增大。随着振幅的增大,W_c 逐渐趋近于 W_0,振幅增加的程度放缓,最终达到一定值,$W_0=W_c$ 时实现恒定状态。用数学方法来

求解[1]：

$$x=\frac{F}{c\Omega}[1-e^{-ct/(2m)}]e^{j(\Omega t-\pi/2)} \tag{2.28}$$

从式(2.28)来看，阻尼系统中相位也是$-90°$。式(2.28)得到的$\omega=\Omega$中，惯性力f_m与回复力f_k相互抵消，仅留下阻尼力，与振动力平衡。由此，阻尼力在振动力延迟180°产生。那么，阻尼力如式(2.1)所示，以在速度上添加负号的形式表示。这是阻尼力比速度延迟180°产生的意义。由此看来，可以知道速度与振动力为同方向、同相位。位移通常比速度延迟90°[1]。因此，位移也比振动力延迟90°($\phi=-90°$)。

这样的共振中，阻尼成了主角。此时，与式(2.26)相比，振动能量W_0趋于最大，与此平衡的W_c也达到最大。能量的流向是振动源→系统→与阻尼在同一方向且达到最大，称为**能量共振**(energy resonance)。实际上，$\omega=\Omega$时，响应速度达到最大，产生**速度共振**(velocity resonance)[1]。能量共振即速度共振，可以认为是力学上看到的共振本质。

2.1.4 频率响应函数

位移及速度等决定系统状态的量称为**状态量**(state value)。并且，输入和输出的两个状态的比称为**传递函数**(transfer function)。在振动领域，多数采用输入作为振动力、输出作为响应。取频率(振动频率)作为独立变量，作为该函数定义的传递函数称为**频率响应函数**(frequency response function，FRF)。

图2.7是振动力与恒定响应(强制振动)的时刻波形图。图2.7(a)与(c)是输入与输出的原始数据。两者是完全不同的波形，看不出两者之间的关系。对两者实施**傅里叶变换**(Fourier transform)，分解成调和成分(单一正弦波成分)。

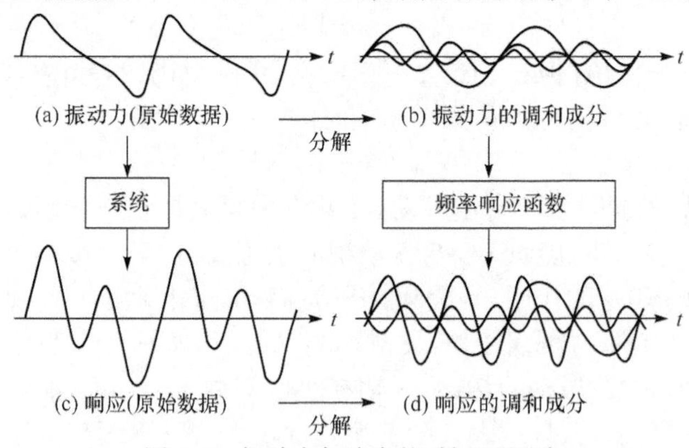

图2.7 振动力与响应的时间历程图

图 2.7(b)和(d)是共同处于低频率的 3 个成分。对两者进行比较,输入在通过系统内部时,振幅与相位发生的变化,可以从每个成分中看出。这种情况下,从低量级到第 2 个成分增幅很大,可以知道这附近的频率中可能发生了系统的共振。取图 2.7(b)与(d)的调和成分间的比,以频率函数显示即 FRF,其中包含作为对象的系统的动力学信息。

FRF 中,如表 2.1 所示有 6 个种类。其中,上面 3 项是通常使用的针对单位输入的响应;下面 3 项是上面 3 项的倒数,振动分析中并不怎么使用。6 个 FRF 间存在如表 2.1 所示的关系,如知道柔性 G,剩下的都可以求出。

表 2.1 频率响应函数的种类

定义	中文名称	英文名称	关系	单位
位移/力	柔性①	compliance	G	m/N
速度/力	移动性	mobility	$j\omega G$	m/(N · s)
加速度/力	加速性②	accelerance	$-\omega^2 G$	m/(N · s²)
力/位移	动态刚度	dynamic stiffness	$1/G$	N/m
力/速度	机械阻抗	mechanical impedance	$-j/(\omega G)$	N · s/m
力/加速度	表观质量	apparent mass	$-1/(\omega^2 G)$	N · s²/m

① 柔性也称为接受性(receptance)、导纳(admittance)或者动态柔性(dynamic flexibility)。

② 加速性也称为惯性(inertance)。

柔性 G 是位移和力的比,向式(2.25)中代入 $X_{st}=\dfrac{F}{k}$后,得

$$G(\omega)=\frac{X(\omega)}{F}=\frac{\frac{1}{k}}{1-\beta^2+2j\zeta\beta} \tag{2.29}$$

式中,$\beta=\omega/\Omega$。将上述值的实数、虚数分开表示[1],即

$$\begin{cases} G(\omega)=G_R(\omega)+jG_I(\omega) \\ G_R=\dfrac{\frac{1-\beta^2}{k}}{(1-\beta^2)^2+(2\zeta\beta)^2}, \quad G_I=\dfrac{-\frac{2\zeta\beta}{k}}{(1-\beta^2)^2+(2\zeta\beta)^2} \end{cases} \tag{2.30}$$

并且,振幅与相位可分开表示为

$$\begin{cases} G(\omega)=|G|e^{j\phi} \\ |G|=\dfrac{\frac{1}{k}}{\sqrt{(1-\beta^2)^2+(2\zeta\beta)^2}}, \quad \tan\phi=-\dfrac{2\zeta\beta}{1-\beta^2} \end{cases} \tag{2.31}$$

接下来用图显示 FRF。FRF 是实数与虚数或由量级及相位组成的 2 量纲量，因此不能将两者作为频率函数在一幅图中体现，通常使用以下 3 种方法。

第一，以频率（振动频率）作为共同的横轴，纵轴是以取得的振幅（量级）与相位的 2 个图纵向排列显示的方法，此方法称为**伯德图**（Bode plot）。柔性举例如图 2.8 所示。

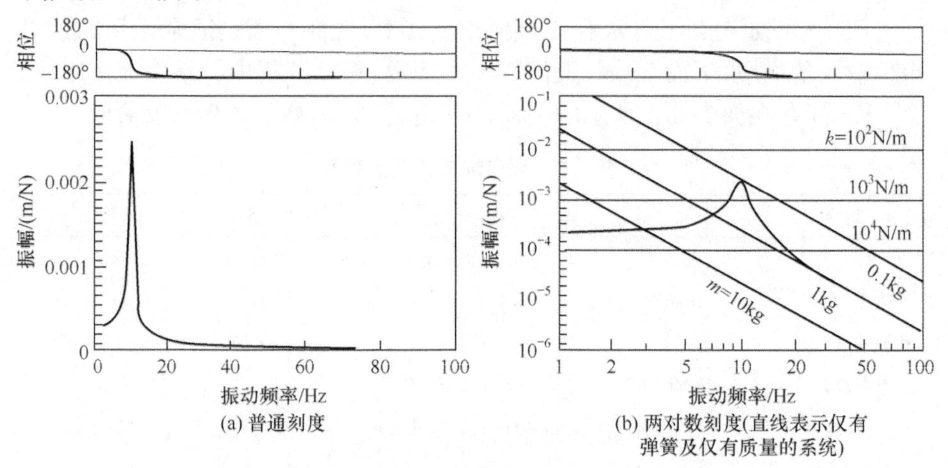

(a) 普通刻度

(b) 两对数刻度(直线表示仅有弹簧及仅有质量的系统)

图 2.8　柔性伯德图

图 2.1 的系统中 $m=1$kg，$k=3943.84$N/m，$c=6.28$N · s/m

图 2.8(a)是普通刻度，图 2.8(b)使用的是两对数刻度。与图 2.8(a)相比，图 2.8(b)中央具有很好的平衡。对此使用对数刻度，在振动中非常重要的低频率范围得以扩大的同时，还可以显示高频率范围，共振点以外的部分不会变得太小，共振点可以显示在图示中。对数刻度中，质量一定与弹簧刚度对应，可以用直线表示。

图 2.8(b)中，FRF 为低频率范围，逐渐趋近于刚度一定的直线，在比共振点低的频率中，弹簧发挥着主要作用。并且，高频率范围逐渐趋近于质量一定的直线，在比共振点高的频率中，质量发挥着主要作用。

共振点附近曲线急剧变化，这是因为弹簧与质量的作用相互抵消、阻尼发挥主要作用的区域。因阻尼力比弹簧力及惯性力小，所以在共振点附近对振动力的抵抗很弱，柔性形成峰。

第二，以频率作为共同的横轴，纵轴是以取得的实数与虚数的 2 个图纵向排列显示的方法，此方法称为**正交点重合图**（coincident quadrature polt）。图 2.9(a)是正交点重合图的例子。因正交点重合图中纵轴上无法使用对数刻度，在轻度阻尼的情况下精确显示存在困难，所以并不经常使用。

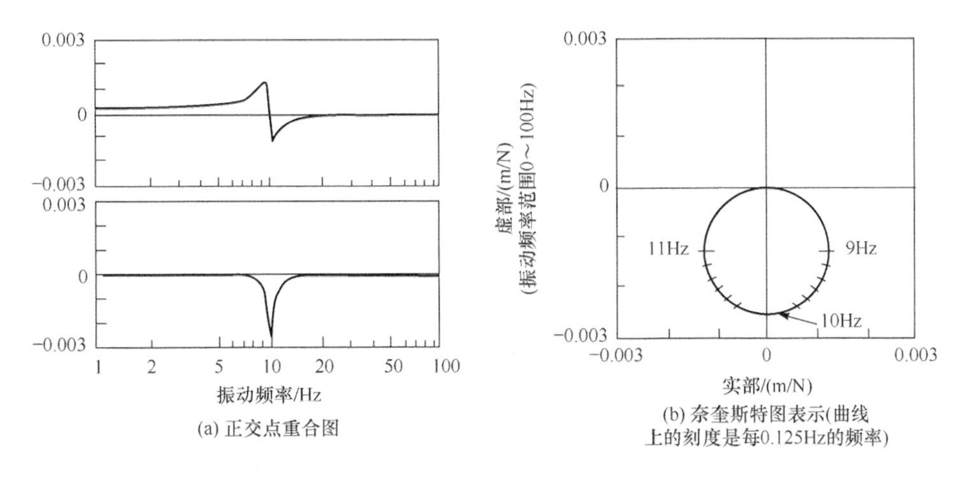

图 2.9　柔性(与图 2.8 为同一系统)

第三,取实部为横轴,虚部为纵轴的复数平面上,显示实部与虚部关系的方法,称为**奈奎斯特图**(Nyquist plot)。该方法用 1 个图即可表达,但频率却不显示在图中。图 2.9(b)显示的是奈奎斯特图的例子。该图中虽填写了频率点,但通常这样的点是不存在的。该图的特征在于,各固有模态可分离显示,只在重要的共振点附近可以扩大显示,因理论上的曲线形状呈圆形,由此能够识别出误差、噪声、非线性、曲线拟合的问题等导致的 FRF 弯曲及偏差。因具有这样的特征,在实验模态分析中经常用于单自由度曲线拟合的研究。

2.2　多自由度系统

2.2.1　两自由度系统

作为**多自由度系统**(multiple degrees of freedom)中最简单的例子,研究如图 2.10 所示的无阻尼两自由度系统。首先作用于质量 a 的力是弹簧 k_a 的回复力 $-k_a x_a$,弹簧 k_b 的回复力 $-k_a(x_a-x_b)$,质量 a 的惯性力为 $-m_a\ddot{x}_a$,在不受任何外力时,上述力的和为零,力的平衡式成立。

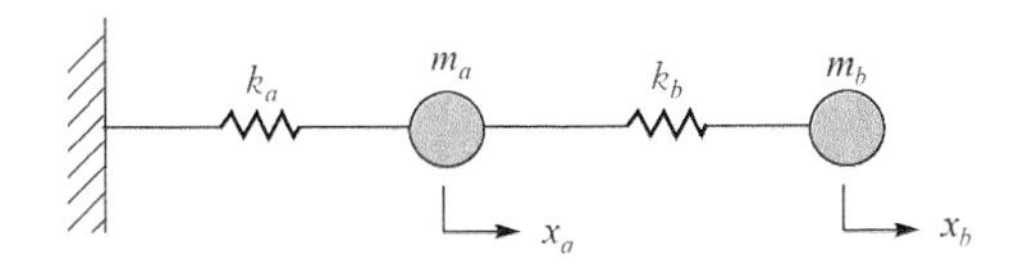

图 2.10　两自由度无阻尼系统

同样研究质量 b,该系统的平衡式即运动方程式为

$$\begin{cases} m_a\ddot{x}_a+(k_a+k_b)x_a-k_bx_b=0 \\ m_b\ddot{x}_b-k_bx_a+k_bx_b=0 \end{cases} \tag{2.32}$$

一般在多自由度系统中,只有自由度的数目影响力的平衡公式成立。使用矩阵和向量对式(2.32)进行置换,得

$$\begin{bmatrix} m_a & 0 \\ 0 & m_b \end{bmatrix}\begin{Bmatrix} \ddot{x}_a \\ \ddot{x}_b \end{Bmatrix}+\begin{bmatrix} k_a+k_b & -k_b \\ -k_b & k_b \end{bmatrix}\begin{Bmatrix} x_a \\ x_b \end{Bmatrix}=\begin{Bmatrix} 0 \\ 0 \end{Bmatrix} \tag{2.33}$$

式(2.33)用多自由度系统的一般形式表示为

$$[M]\{\ddot{x}\}+[K]\{x\}=\{0\} \tag{2.34}$$

式(2.34)的左边系数矩阵中,$[M]$是各要素基于质量构成的,因此称为**质量矩阵**(mass matrix),$[K]$是基于弹簧刚度(刚性)构成的,因此称为**刚性矩阵**(stiffness matrix)。$[M]$与$[K]$是该系统自由度与相同量纲的正方对称矩阵。$\{x\}$是各自由度的位移纵向并列排列的列向量,称为**位移向量**(displacement vector)。

用与单自由度系统相同的复数指数函数的形式,假设式(2.32)的解为

$$x_a=X_a\mathrm{e}^{\mathrm{i}\Omega t},\quad x_b=X_b\mathrm{e}^{\mathrm{i}\Omega t} \tag{2.35}$$

将其代入式(2.32)中,两边用 $\mathrm{e}^{\mathrm{i}\Omega t}$ 除,得

$$\left(-\Omega^2\begin{bmatrix} m_a & 0 \\ 0 & m_b \end{bmatrix}+\begin{bmatrix} k_a+k_b & -k_b \\ -k_b & k_b \end{bmatrix}\right)\begin{Bmatrix} X_a \\ X_b \end{Bmatrix}=\begin{Bmatrix} 0 \\ 0 \end{Bmatrix} \tag{2.36}$$

右式为零的式(2.36),为了使表示振幅为零的静止状态下的 $X_a=X_b=0$ 以外还有其他解,左边系数矩阵的矩阵公式必须为零[1]:

$$\begin{vmatrix} -\Omega^2m_a+k_a+k_b & -k_b \\ -k_b & -\Omega^2m_b+k_b \end{vmatrix}=0 \tag{2.37}$$

展开式(2.37),得

$$(-\Omega^2m_a+k_a+k_b)(-\Omega^2m_b+k_b)-k_b^2=0 \tag{2.38}$$

用 $\Omega^2=1/p$ 替换,对式(2.38)实施变形后,有

$$k_ak_bp^2-(m_ak_b+m_bk_a+m_bk_b)p+m_am_b=0 \tag{2.39}$$

该公式是关于 p 的 2 次方程。求解

$$p=\frac{g\pm\sqrt{g^2-4dh}}{2d} \tag{2.40}$$

因此

$$d=k_a k_b,\quad h=m_a m_b,\quad g=m_a k_b+m_b k_a+m_b k_b \tag{2.41}$$

因式(2.40)中 p 的任意值都是正值,从大的方面考虑,写成 p_1、p_2,则有

$$\Omega_1=\sqrt{\frac{1}{p_1}},\quad \Omega_2=\sqrt{\frac{1}{p_2}}\qquad (\Omega_1<\Omega_2) \tag{2.42}$$

对式(2.36)进行置换,可得

$$\begin{cases}(-\Omega^2 m_a+k_a+k_b)X_a-k_b X_b=0\\ -k_b X_a+(-\Omega^2 m_b+k_b)X_b=0\end{cases} \tag{2.43}$$

式(2.37)成立时,因式(2.43)中的两个公式是相同的[1],所以只有 1 个公式。因此,不能通过式(2.43)求解,无法分别确定 X_a 和 X_b,只能确定两者的比。于是,将 X_a 和 X_b 写成 ϕ_a 和 ϕ_b,它们的比值为

$$\frac{X_b}{X_a}=\frac{\phi_b}{\phi_a}=\alpha \tag{2.44}$$

根据式(2.42)中的两种 Ω,可从式(2.43)确定两种 α,写成 α_1 和 α_2,根据式(2.43),有

$$\begin{cases}\alpha_1=\dfrac{k_a+k_b-\Omega_1^2 m_a}{k_b}=\dfrac{k_b}{k_b-\Omega_1^2 m_b}\\[2ex] \alpha_2=\dfrac{k_a+k_b-\Omega_2^2 m_a}{k_b}=\dfrac{k_b}{k_b-\Omega_2^2 m_b}\end{cases} \tag{2.45}$$

在此,将两种 ϕ_a 和 ϕ_b 加下标 1 和 2 进行区别,用与式(2.33)中的位移向量 $\{x\}$ 相同的形式表示,有

$$\begin{cases}\{\phi_1\}=\begin{Bmatrix}\phi_{a1}\\ \phi_{b1}\end{Bmatrix}=\begin{Bmatrix}1\\ \alpha_1\end{Bmatrix},\begin{Bmatrix}\dfrac{1}{\alpha_1}\\ 1\end{Bmatrix},\begin{Bmatrix}\dfrac{1}{\sqrt{1+\alpha_1^2}}\\ \dfrac{\alpha_1}{\sqrt{1+\alpha_1^2}}\end{Bmatrix}\\[4ex] \{\phi_2\}=\begin{Bmatrix}\phi_{a2}\\ \phi_{b2}\end{Bmatrix}=\begin{Bmatrix}1\\ \alpha_2\end{Bmatrix},\begin{Bmatrix}\dfrac{1}{\alpha_2}\\ 1\end{Bmatrix},\begin{Bmatrix}\dfrac{1}{\sqrt{1+\alpha_2^2}}\\ \dfrac{\alpha_2}{\sqrt{1+\alpha_2^2}}\end{Bmatrix}\end{cases} \tag{2.46}$$

2.2.2 固有振动频率及固有模态

式(2.42)表示的是图 2.10 中的两自由度系统以这两种角频率振动的现象。由于这是该系统固有的值,与单自由度系统一称为**固有角频率**,用 2π 除

的数值，称为**固有频率**。

如式(2.46)所示，因振幅在绝对值不固定的状态下取系统固有振动形态（模态），所以称为**固有模态**(natural mode)。因固有模态与固有振动频率成对确定，两者数值相等，与系统的自由度呈相同数值。

固有振动频率与固有模态，虽可通过式(2.37)所示的矩阵公式求出，但展开后，会呈现出如式(2.38)所示的高次方程式。两自由度系统中，如式(2.39)所示，构成2次方程式，可以求解，但在一般的 N 自由度系统中就变成了 N 次方程式，无法求解。因此，可以以式(2.37)所示的矩阵公式作为一般特征值问题考虑，通过特征值解析求解。

研究固有频率和固有模态的含义。首先，右边为零的运动方程式是有数学意义的，指的是数学上的含义。其次，物理学上的含义是，在没有外力的自由状态下，通常内力相互平衡的同时，可振动的速度及形态，其本质是，在与外界隔断的状态下，初期流入的能量作为系统整体的能量保存的同时，形成可振动的速度和形态。

反过来看，N 自由度系统有 N 个固有模态，也就是说，N 自由度系统在这 N 个固有模态以外的形态下是无法振动的。然而，实际的机械及结构的振动，有自由振动和强迫振动等各种形式，所以可以发生无限的变化。该矛盾可以用以下3种理由来说明。

第一，固有模态仅表示振动的形态，其量级即绝对量可以无限变化。第二，单一的固有模态下的振动是很少的，在大多数振动中，复数的固有模态相互混合形成一个现象。并且，这种混合也可以无限变化。第三，实际机械及结构都是连续体，因为自由度无限大，所以也存在无限个固有模态。

其中，第二点从学术观点处理，即**模态分析**(modal analysis)。即通过模型化确定对象物的自由度，做成物理模型，根据力的平衡和能量原理转换为数学模型，得到的运动方程式通过理论分析及数值计算求出固有频率及固有模态，施加振动力确定固有模态的混合情况，合成后求得响应。该过程即标准的模态分析，称为**理论模态分析**(theoretical modal analysis)。

与此相反，通过对振动实验中测定的振动力与响应的实验数据进行分析，明确其中以潜在的形式混合的固有频率、固有模态、阻尼率的量级的过程，即**实验模态分析**(experimental modal analysis)。

2.2.3 固有模态的正交性

两个向量具有**正交性**(orthogonality)，是指相互间在直角处相交。例如，2量级平面上的 x 轴与 y 轴的基准向量[0　1]与[1　0]具有正交性。众所周知，有正交性的向量间的内积为零。

那么，具有**一般正交性**(generalized orthogonality)是什么含义呢？仅从答案显示来看，是指相互独立[1]。例如，可以从[1 1]与[-1 2]了解到，相互间不相交于直角，所以内积也并非是零。但是无论将[1 1]扩大几倍，也不会得到[-1 2]，所以两者间是相互独立的。因此，这两个向量间存在着一般正交性。具有一般正交性的向量，其间夹杂有特定矩阵的形态的积为零。例如，该向量间有如下关系：

$$[1 \quad 1]\begin{bmatrix}1 & 1\\ 3 & 1\end{bmatrix}\begin{Bmatrix}-1\\ 2\end{Bmatrix}=0 \tag{2.47}$$

正交性与一般正交性一一对应，能够从满足前者的向量中导出满足后者的向量，反过来也是可以的[1]。

那么，相互不同的两个固有模态(r 次和 l 次)间，能够简单地证明具有下述一般正交性[1]。

$$\begin{cases}\{\phi_l\}^{\mathrm{T}}[M]\{\phi_r\}=0\\ \{\phi_l\}^{\mathrm{T}}[K]\{\phi_r\}=0\end{cases} \quad (r\neq l, r=1\sim N, l=1\sim N) \tag{2.48}$$

固有模态的一般正交性的物理学意义，可通过力学基本原理之一的**虚功原理**(principle of virtual work)来进行说明。

可以从单自由度系统公式(2.1)类推，惯性力向量和回复力向量为

$$\{f_{\mathrm{m}}\}=-[M]\{\ddot{x}\}, \quad \{f_{\mathrm{k}}\}=-[K]\{x\} \tag{2.49}$$

N 自由度系统在 r 次固有模态中自由振动时的位移和加速度为

$$\{x\}=\{\phi_r\}\mathrm{e}^{\mathrm{j}\Omega_r t}, \quad \{\ddot{x}\}=-\Omega_r^2\{\phi_r\}\mathrm{e}^{\mathrm{j}\Omega_r t} \tag{2.50}$$

此时系统的内力，可将式(2.50)代入式(2.49)中

$$\{f_{\mathrm{m}}\}=\Omega_r^2[M]\{\phi_r\}\mathrm{e}^{\mathrm{j}\Omega_r t}, \quad \{f_{\mathrm{k}}\}=-[K]\{\phi_r\}\mathrm{e}^{\mathrm{j}\Omega_r t} \tag{2.51}$$

式(2.51)中给出的内力，角频率 Ω_r 随着时间的变化呈现出周期性的变化，可设想某个瞬间 t 时，时间停止。在这种假想状态下，与 r 次不同的 l 次具有相同变形的固有模态位移为

$$\{\Delta x\}=\{\phi_l\} \quad (r\neq l) \tag{2.52}$$

尝试施加在系统中。该$\{\Delta x\}$称为**虚拟位移**(virtual displacement)。一般若对受力系统施加位移，就会产生功率。这在虚拟状态下也成立，通过虚拟位移产生功率的现象称为**虚功**(virtual work)。一般用$\{f\}$表示内力，虚功就是$\{\Delta x\}^{\mathrm{T}}\{f\}$。从这一点和式(2.51)、式(2.52)来看，惯性力获得的功率 W_{m} 与

回复力获得的功率 W_k 为

$$\begin{cases} W_{\mathrm{m}}=\Omega_r^2\{\phi_l\}^{\mathrm{T}}[M]\{\phi_r\}\mathrm{e}^{\mathrm{i}\Omega_r t} \\ W_{\mathrm{k}}=-\{\phi_l\}^{\mathrm{T}}[K]\{\phi_r\}\mathrm{e}^{\mathrm{i}\Omega_r t} \end{cases} \tag{2.53}$$

将表示固有模态的一般正交性的式(2.48)代入式(2.53)中，有

$$W_{\mathrm{m}}=0,\quad W_{\mathrm{k}}=0 \tag{2.54}$$

式(2.54)与实际时间没有关系，在任何时候都成立。对此，l 次的固有模态变形形式相对于与之不同的 r 次固有模态变形形式下的振动系统，通常不做功。即不同的固有模态相互间在力学上(能量上)是无关系的变形形式。

运动能量与拉伸能量分别可以通过质量及刚度的带重量位移的 2 次形式表现。直接的 2 次形式为零的是正交性，带重量的 2 次形式为零的是一般正交性。固有模态不是直接的正交性，而是具有质量矩阵与刚度矩阵的带重量的一般正交性，也就是说，表示不同固有模态的向量不相交于直角，从能量的观点来看在力学上是相互独立的。

下面更加具体地阐述所谓的在力学上独立。在图 2.10 的系统中，对质量 m_a 施加冲击力后，据此流入的能量通过弹簧 k_b 传递质量 m_b，m_b 也会动起来。因此，质量 m_a 与 m_b 通过弹簧在力学上耦合。像这样的振动系统，全自由度在实际空间中在力学的耦合，构成一体化系统。为此，振动成为能量贯穿系统整体重复空间移动和变形的统一现象。

但是在不同的固有模态之间，这样的能量移动是绝对不会发生的。

因固有模态在力学上相互独立，所以会产生下述现象。首先，在单一固有模态下自由振动的系统中，只要不施加新的外力，就不会出现向其他固有模态的转换，以及其他的固有模态在中途出现的情况。并且在强迫振动中，与某种固有模态对应的振动力，只会产生固有模态的振动，绝不会激起其他的固有模态。并且，不论与其不同的固有模态所对应的振动力如何组合，某固有模态的振动也绝不会激起振动。

以上是固有模态一般正交性的物理意义[1]。

2.2.4 模态坐标

一般在 N 维空间中，如果存在 N 个相互独立的(具有一般正交性)向量群 $\{\phi_1\}\sim\{\phi_N\}$，形成以此作为基准的坐标系，证明可据此显示任意的 N 维向量[1]。其表达式为

$$\{x\}=\xi_1\{\phi_1\}+\xi_2\{\phi_2\}+\cdots+\xi_r\{\phi_r\}+\cdots+\xi_N\{\phi_N\}$$

$$=\sum_{r=1}^{N}\xi_r\{\phi_r\}=[\{\phi_1\}\{\phi_2\}\cdots\{\phi_r\}\cdots\{\phi_N\}]\begin{Bmatrix}\xi_1\\ \vdots\\ \xi_r\\ \vdots\\ \xi_N\end{Bmatrix}=[\phi]\{\xi\} \tag{2.55}$$

假定 N 自由度系统可以形成 N 维空间，那么从这 N 个固有模态作为与质量矩阵$[M]$及刚度矩阵$[K]$相关的具有一般正交性 N 维向量群来看，能够形成以固有模态为基础向量的坐标系。

像这样以固有模态为基准坐标使用的坐标系称为**模态坐标**（modal coordinate）。并且，通过**空间坐标**（spatial coordinate）显示的 N 自由度系统的任意位移$\{x\}$，可以使用这 N 维模态坐标来表示。该表达公式，自然是式(2.55)。

相互独立的 N 个向量中，只要缺少 1 个，严格地说，式(2.55)就不能成立。但是，在振动分析中使用模态坐标的情况下，只采用从低量级到 n 个($n\ll N$)的固有模态，很多情况下省略比其更高量级的固有模态。此时，将式(2.55)中的和用 $1\sim n$ 来代替 $1\sim N$。

之所以允许这样的现象，是因为决定振动主要特性及性质的是低量级固有模态，在很多情况下，省略高量级模态，在实际应用中仍可以得到高精度的解。据此振动分析被大幅简化。另外，为了使解从严密向近似转换，偶尔有必要对由此引起的误差进行补偿。

2.2.5 比例黏性阻尼系统

如图 2.11 所示，将由质量、弹簧、阻尼器组成的两自由度黏性阻尼系统的运动方程式模仿无阻尼时的式(2.33)，用矩阵和向量表示为

$$\begin{bmatrix}m_a & 0\\ 0 & m_b\end{bmatrix}\begin{Bmatrix}\ddot{x}_a\\ \ddot{x}_b\end{Bmatrix}+\begin{bmatrix}c_{ma}+c_{ka}+c_{kb} & -c_{kb}\\ -c_{kb} & c_{mb}+c_{kb}\end{bmatrix}\begin{Bmatrix}\dot{x}_a\\ \dot{x}_b\end{Bmatrix}+\begin{bmatrix}k_a+k_b & -k_b\\ -k_b & k_b\end{bmatrix}\begin{Bmatrix}x_a\\ x_b\end{Bmatrix}=\begin{Bmatrix}0\\ 0\end{Bmatrix} \tag{2.56}$$

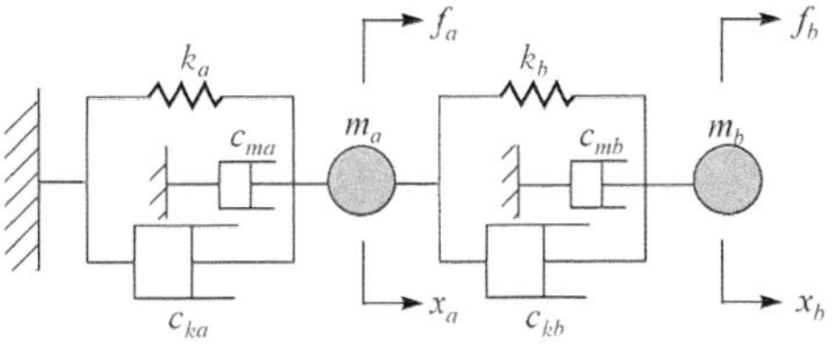

图 2.11 双自由度黏性阻尼系统

与式(2.34)相同,将式(2.56)一般化后扩展至 N 自由度系统,有

$$[M]\{\ddot{x}\}+[C][\dot{x}]+[K]\{x\}=\{0\} \tag{2.57}$$

式中,$[C]$ 是由黏性阻尼系数组成的 N 行的正方矩阵,称为**阻尼矩阵**(damping matrix)。下面针对该阻尼矩阵进行简单的论述。

考虑阻尼力可以分为如下两大类。

第一,从外部可以直接作用于系统,围绕系统的外界空气及水等流体成为主要的原因。这是系统的各个自由度(质点)的独立作用的结果,与各自由度的绝对速度成正比。因此,具有与各质点的绝对加速度成正比的惯性力相似的性质。

第二,系统是内部原本持有的系统,材料本身的内部能量损失,零件的结合部与接触部的构造阻尼是主要的原因。在系统的自由度间作用,与各自由度间的相对速度成正比。因此,具有与各自由度间的相对位移成正比的回复力类似的性质。

图 2.11 中,用 c_{ma} 和 c_{mb} 表示前者,用 c_{ka} 和 c_{kb} 表示后者,实现模型化。在此,将式(2.56)中的阻尼矩阵分割为两者来表示:

$$\begin{bmatrix} c_{ma}+c_{ka}+c_{kb} & -c_{kb} \\ -c_{kb} & c_{mb}+c_{kb} \end{bmatrix}\begin{Bmatrix} \dot{x}_a \\ \dot{x}_b \end{Bmatrix}=\begin{bmatrix} c_{ma} & 0 \\ 0 & c_{mb} \end{bmatrix}+\begin{bmatrix} c_{ka}+c_{kb} & -c_{kb} \\ -c_{kb} & c_{kb} \end{bmatrix} \tag{2.58}$$

参照式(2.56),可以看出,式(2.58)右边的第 1 项与质量矩阵、第 2 项与刚度矩阵各自的外形是相似的。并且,以此为契机,大胆假设“阻尼矩阵由与质量矩阵成正比的成分和与刚度矩阵成正比的成分组成”。基于此假设定义的阻尼称为**比例黏性阻尼**(proportional viscous damping)。假设图 2.11 是比例黏性阻尼系统,式(2.58)可以表示为

$$\begin{bmatrix} c_{ma}+c_{ka}+c_{kb} & -c_{kb} \\ -c_{kb} & c_{mb}+c_{kb} \end{bmatrix}=\alpha_c\begin{bmatrix} m_a & 0 \\ 0 & m_b \end{bmatrix}+\beta_c\begin{bmatrix} k_a+k_b & -k_b \\ -k_b & k_b \end{bmatrix} \tag{2.59}$$

式中,α_c 与 β_c 是比例常数。式(2.59)写成如下形式:

$$[C]=\alpha_c[M]+\beta_c[K] \tag{2.60}$$

尝试解比例黏性阻尼系统的运动方程(2.57)。为此假设位移

$$\{x\}=\{\phi\}e^{\lambda t} \tag{2.61}$$

将其代入式(2.57)中,两边同时用 $e^{\lambda t}$ 除:

$$\lambda^2[M]+\lambda[C]+[K]\{\phi\}=\{0\} \tag{2.62}$$

将式(2.60)代入式(2.62)中:

$$\{(\lambda^2+\alpha_c\lambda)[M]+(\beta_c\lambda+1)[K]\}\{\phi\}=\{0\} \tag{2.63}$$

此时

$$p^2=-\frac{\lambda^2+\alpha_c\lambda}{\beta_c\lambda+1} \tag{2.64}$$

那么式(2.63)为

$$(-p^2[M]+[K])\{\phi\}=\{0\} \tag{2.65}$$

式(2.65)是无阻尼系统的特征值问题，之后求得的固有模态与无阻尼系统相同。即使存在比例黏性阻尼，固有模态也与无阻尼时没有变化。

为解式(2.65)，将求得的 $p_r(r=1\sim N)$代入式(2.64)中，λ_r 为

$$\lambda_r=-\sigma_r\pm j\omega_{dr} \tag{2.66}$$

其中

$$\begin{cases}\sigma_r=\Omega_r\zeta_r, \quad \omega_{dr}=\Omega_r\sqrt{1-\zeta_r^2}\\ \zeta_r=\dfrac{1}{2}\left(\dfrac{\alpha_c}{\Omega_r}+\beta_c\Omega_r\right)\end{cases} \tag{2.67}$$

式(2.67)中定义的 ζ_r、σ_r、ω_{dr}分别是比例黏性阻尼作用时的 r 次的**模态阻尼比**(modal damping ration)、**模态衰减率**(modal damping rate)、阻尼固有角频率，Ω_r 是 r 次的无阻尼固有角振动频率。

如上所述，在比例黏性阻尼系统中，固有模态与无阻尼系统的情况没有变化，因此以式(2.48)显示的与[M]和[K]有关的固有模态的一般正交性成立。将式(2.48)代入式(2.60)中，可以了解有关比例黏性阻尼矩阵[C]，一般正交性也成立。

如式(2.60)所示的比例黏性阻尼的假设，不论是否来自大胆的假设，其广泛使用的理由如下。

(1) 因为阻尼由摩擦、流体黏性、材料损失等各种因素混合产生，一般来说，公式化是存在困难的。获取振动分析中不可缺少的阻尼矩阵的方法，目前只有这一种。

(2) 阻尼力分为两大类，从上述观点来看，这种假设也并不是完全没有根据的。

(3) 有限元法中，因能够自动得到[M]和[K]，所以这种假设非常方便，很适合振动的数值分析。

(4) 除去存在大的局部阻尼的特殊情况，考虑阻尼分布在全系统时的一般情况下，通过该假设，也可以得到能够更好表达实际现象的解。

(5) 即使是阻尼矩阵,固有模态的正交性也是成立的,模态分析能够严密适用。并且,不管阻尼有多大,固有模态都与无阻尼系统形成同样的实际固有模态。

2.2.6 一般黏性阻尼系统

考虑如式(2.60)所示的比例关系不成立的一般情况,称为**一般黏性阻尼**(general viscous damping)。此时的运动方程(2.57)可写成

$$[C \quad M]\begin{Bmatrix} \dot{x} \\ \ddot{x} \end{Bmatrix}+[K \quad 0]\begin{Bmatrix} x \\ \dot{x} \end{Bmatrix}=\{0\} \tag{2.68}$$

另外,修改公式$[M]\{\dot{x}\}-[M]\{\dot{x}\}=\{0\}$,得到

$$[M \quad 0]\begin{Bmatrix} \dot{x} \\ \ddot{x} \end{Bmatrix}+[0 \quad -M]\begin{Bmatrix} x \\ \dot{x} \end{Bmatrix}=\{0\} \tag{2.69}$$

将式(2.68)和式(2.69)上下并排表达成一个公式,有

$$\begin{bmatrix} C & M \\ M & 0 \end{bmatrix}\begin{Bmatrix} \dot{x} \\ \ddot{x} \end{Bmatrix}+\begin{bmatrix} K & 0 \\ 0 & -M \end{bmatrix}\begin{Bmatrix} x \\ \dot{x} \end{Bmatrix}=\{0\} \tag{2.70}$$

在此,表达成如

$$\begin{cases} [D]=\begin{bmatrix} C & M \\ M & 0 \end{bmatrix}, \quad [E]=\begin{bmatrix} K & 0 \\ 0 & -M \end{bmatrix} \\ \{y\}=\begin{Bmatrix} x \\ \dot{x} \end{Bmatrix}, \ \{\dot{y}\}=\begin{Bmatrix} \dot{x} \\ \ddot{x} \end{Bmatrix} \end{cases} \tag{2.71}$$

的形式后,由式(2.70)可得

$$[D]\{\dot{y}\}+[E]\{y\}=\{0\} \tag{2.72}$$

矩阵$[D]$和$[E]$是$2N$行、$2N$列的正方对称矩阵。并且,$\{y\}$是$2N$行的列向量,上半部分用$\{x\}$,下半部分用$\{\dot{x}\}$来表示。作为式(2.72)的解,假设式(2.61)成立,有

$$\begin{cases} \{y\}=\begin{Bmatrix} \phi \\ \lambda\phi \end{Bmatrix}e^{\lambda t}=\{\Phi\}e^{\lambda t} \\ \{\dot{y}\}=\begin{Bmatrix} \lambda\phi \\ \lambda^2\phi \end{Bmatrix}e^{\lambda t}=\lambda\{\Phi\}e^{\lambda t} \end{cases} \tag{2.73}$$

将式(2.73)代入式(2.72)中,用$e^{\lambda t}$除:

$$(\lambda[D]+[E])\{\Phi\}=\{0\} \tag{2.74}$$

式(2.74)与式(2.65)是同样的公式,可以作为$2N$次方的特征值问题求解。解的$2N$行的固有向量中,上半部分是固有模态的位移振幅,下半部分是固有模态的速度振幅。式(2.74)是$2N$量纲,不管是特征值还是固有模态也是$2N$

个，能够形成两个相互起作用的 N 个复数组合。

像这样在一般黏性阻尼的情况下，固有模态为复数，称为**复数固有模态**(complex natural mode)。有关一般黏性阻尼中固有模态显示为复数现象的物理性说明，可以通过文献[1]进行。

2.2.7 频率响应函数

外力$\{f\}$作用于 N 自由度系统时的运动方程式为

$$[M]\{\ddot{x}\}+[C]\{\dot{x}\}+[K]\{x\}=\{f\} \tag{2.75}$$

其中，假设阻尼矩阵$[C]$是比例黏性阻尼。向式(2.75)中代入将式(2.55)中的下标 r 变成 l 后的公式及其时间微分，并左乘 r 次固有模态$\{\phi_r\}$的转置后，有

$$\sum_{l=1}^{N}\{\phi_r\}^{\mathrm{T}}[M]\{\phi_l\}\ddot{\xi}_l+\sum_{l=1}^{N}\{\phi_r\}^{\mathrm{T}}[C]\{\phi_l\}\dot{\xi}_l+\sum_{l=1}^{N}\{\phi_r\}^{\mathrm{T}}[K]\{\phi_l\}\xi_l=\{\phi_r\}^{\mathrm{T}}\{f\} \tag{2.76}$$

式(2.76)的左边3项，是下标 l 从1到 N 的变化数值的总和，$r\neq l$ 的全项中，从固有模态的一般正交性变成零。在此仅留下了 $l=r$ 的项。在此，有

$$\begin{cases}\{\phi_r\}^{\mathrm{T}}[M]\{\phi_r\}=m_r\\ \{\phi_r\}^{\mathrm{T}}[C]\{\phi_r\}=c_r\\ \{\phi_r\}^{\mathrm{T}}[K]\{\phi_r\}=k_r\end{cases} \tag{2.77}$$

其中，m_r 称为**模态质量**(modal mass)，c_r 称为**模态阻尼系数**(modal damping coefficient)，k_r 称为**模态刚度**(modal stiffness)。m_r、c_r、k_r 具有与该多自由度系统的 r 次固有模态的共振产生同样振动的等价的单自由度系统的质量、阻尼系数、刚度的物理意义[1]。

将式(2.77)代入式(2.76)后，有

$$m_r\ddot{\xi}_r+c_r\dot{\xi}_r+k_r\xi_r=\{\phi_r\}^{\mathrm{T}}\{f\}=f_r\quad(r=1\sim N) \tag{2.78}$$

式(2.78)是与 r 次固有模态等价的单自由度系统的运动方程式。

这样的 N 自由度系统中，只要针对式(2.78)中所示的 N 个相互独立且非耦合的单自由度系统微分方程分别求解，将结果代入式(2.55)中即可求得解。仅将运动方程式从空间坐标转换为模态坐标，多自由度系统就会变成复数的相互独立的单自由度系统。这是非常方便的，对于使用有限元法的大自由度系统的振动分析，模态分析能够发挥极大的威力。

为什么会产生这种现象呢？如式(2.48)～式(2.54)证明的那样，因为固有模态在力学上相互非耦合，在能量上相互独立，所以如果运动方程式不是根据空间自由度，而是根据固有模态进行分类，相互间就没有了关系。这是模态

分析的基础。

角振动频率ω、振幅F_i的调和振动力只作用于多自由度系统内的自由度i时，外力向量$\{f\}$第i行为$F_i e^{j\omega t}$，其他各项都变成零。将其代入式(2.78)，有

$$m_r\ddot{\xi}_r+c_r\dot{\xi}_r+k_r\xi_r=\phi_{ri}F_i e^{j\omega t}\quad (r=1\sim N) \tag{2.79}$$

式中，ϕ_{ri}是r次固有模态$\{\phi_r\}$的第i行的项。式(2.79)与单自由度系统中的式(2.24)相同。式(2.24)的解的响应能够如式(2.18)所示显示，假设式(2.79)的解ξ_r用调和函数表示，得到$\dot{\xi}_r=j\omega\xi_r$，$\ddot{\xi}_r=-\omega^2\xi_r$。将其代入式(2.79)中，有

$$\xi_r=\frac{\phi_{ri}F_i}{-m_r\omega^2+jc_r\omega+k_r}e^{j\omega t}\quad (r=1\sim N) \tag{2.80}$$

式(2.80)是对调和振动力响应的模态坐标上的解。将式(2.80)代入式(2.55)中，可求得空间坐标上的解：

$$\{x\}=\sum_{r=1}^{N}\frac{\phi_{ri}F_i}{-m_r\omega^2+jc_r\omega+k_r}\{\phi_r\}e^{j\omega t} \tag{2.81}$$

式(2.81)是调和振动力作用于点i上时的全自由度响应。仅取出自由度j的响应，置换成$x_j=X_j e^{j\omega t}$，有

$$X_j(\omega)=\left(\sum_{r=1}^{N}\frac{\phi_{ri}\phi_{rj}}{-m_r\omega^2+jc_r\omega+k_r}\right)F_i \tag{2.82}$$

位于多自由度系统的自由度i和j间的频率响应函数(FRF)，从表2.1和式(2.82)中得

$$G(\omega)=\frac{X_j(\omega)}{F_i}=\sum_{r=1}^{N}\frac{\dfrac{\phi_{ri}\phi_{rj}}{k_r}}{-\dfrac{m_r}{k_r}\omega^2+j\dfrac{c_r}{k_r}\omega+1} \tag{2.83}$$

其中

$$\begin{cases}\dfrac{m_r}{k_r}=\dfrac{1}{\Omega_r^2},\quad \dfrac{c_r}{k_r}=2\zeta_r\dfrac{1}{\Omega_r}\\ \beta_r=\dfrac{\omega}{\Omega_r},\quad K_r=\dfrac{k_r}{\phi_{ri}\phi_{rj}}\end{cases} \tag{2.84}$$

柔性表示为

$$G(\omega)=\sum_{r=1}^{N}\frac{\dfrac{1}{K_r}}{1-\beta_r^2+2j\zeta_r\beta_r} \tag{2.85}$$

将式(2.84)定义的K_r，称为r次的**等效刚度**(equivalent stiffness)。因$1/K_r$

呈现出固有模态振幅积的形式，所以称为**模态常数**(modal constant)或**余数**(residue)。

从式(2.85)的右边总和内的各项除去下标 r 后，就变成了与单自由度系统的柔性公式(2.29)相同的公式。像这样以多自由度柔性表示与各固有模态成分等价的单自由度系统的柔性之和，即叠置。

在实验模态分析中利用这一点，将振动实验中求得的 $G(\omega)$ 的测定数据定义为模态模型。即确定使用 $G(\omega)$ 的实验值，使固有振动频率 Ω_r、模态阻尼比 ζ_r 和固有模态 $\{\phi_r\}$ 的**模态特性**(modal parameter)，适用于式(2.85)中。

FRF 是如式(2.85)所示的与系统的全自由度 N 同数的固有模态成分的和。但是，在使用 FRF 时，限定对象频率数范围，仅采用包含在其中的固有模态，省略范围之外的固有模态。此时，省略的固有模态以下述近似项的形式进行补偿。

目前，对象频率数范围内包含着从 p 到 p' 的 n 个($n \ll N$)固有模态。因 $p-1$次以下的低次固有模态的固有振动频率比该范围下限还要小，故假定 $\beta_r = \omega/\Omega_r \gg 1$，从式(2.85)可得

$$\sum_{r=1}^{p-1} \frac{1/K_r}{1-\beta_r^2+2\mathrm{j}\zeta_r\beta_r} \approx \sum_{r=1}^{p-1} \frac{1/K_r}{-\beta_r^2} = \sum_{r=1}^{p-1} -\frac{\Omega_r^2/K_r}{\omega^2} = -\frac{1}{\omega^2}\sum_{r=1}^{p-1}\frac{\Omega_r^2}{K_r} = \frac{C}{\omega^2} \quad (2.86)$$

式中，C 是常数，称为**惯性约束**(inertia restraint)。此外，$1/C$ 具有与质量相同的量纲，称为**剩余质量**(residual mass)。式(2.86)总结了低次固有模态，是与没有弹性变形的刚体的固有模态，即**刚性模态**(rigid mode)近似的模态。

另外，$p'+1$ 次以上的高次固有模态的固有振动数，因比范围的上限还要大，假设 $\beta_r \ll 1$，由式(2.85)得

$$\sum_{r=p'+1}^{N} \frac{1/K_r}{1-\beta_r^2+2\mathrm{j}\zeta_r\beta_r} \approx \sum_{r=p'+1}^{N} \frac{1}{K_r} = D \quad (2.87)$$

式中，D 是常数，称为**剩余柔性**(residual compliance)。$1/D$ 总结了高次模态的影响，是 1 个近似弹簧的物体，具有与弹簧刚度一样的量纲，称为**剩余刚度**(residual stiffness)。使用式(2.86)和式(2.87)，近似于式(2.85)，从 p 次到 p'次，写成从 1 次到 n 次为

$$G(\omega) = \sum_{r=1}^{n} \frac{1/K_r}{1-\beta_r^2+2\mathrm{j}\zeta_r\beta_r} + \frac{C}{\omega^2} + D \quad (2.88)$$

通常，因固有模态从低次开始采用，得到 $p=1$，系统在自由状态时，C 仅代表真正的刚体模态，系统在具有固定点而不进行刚性运动时，$C=0$。

下面以单边悬臂为例，对强制振动及 FRF 进行说明。图 2.12 是左端固定的水平方向的单边悬臂，其顶端在上下方向上调和振动，该振动是频率从比

1 次固有振动频率稍小开始逐渐增加到比 2 次固有振动频率稍大的强迫振动。图中显示从①到⑦的 7 个主要的频率点，描绘了振动力朝向上方的瞬间响应波形。

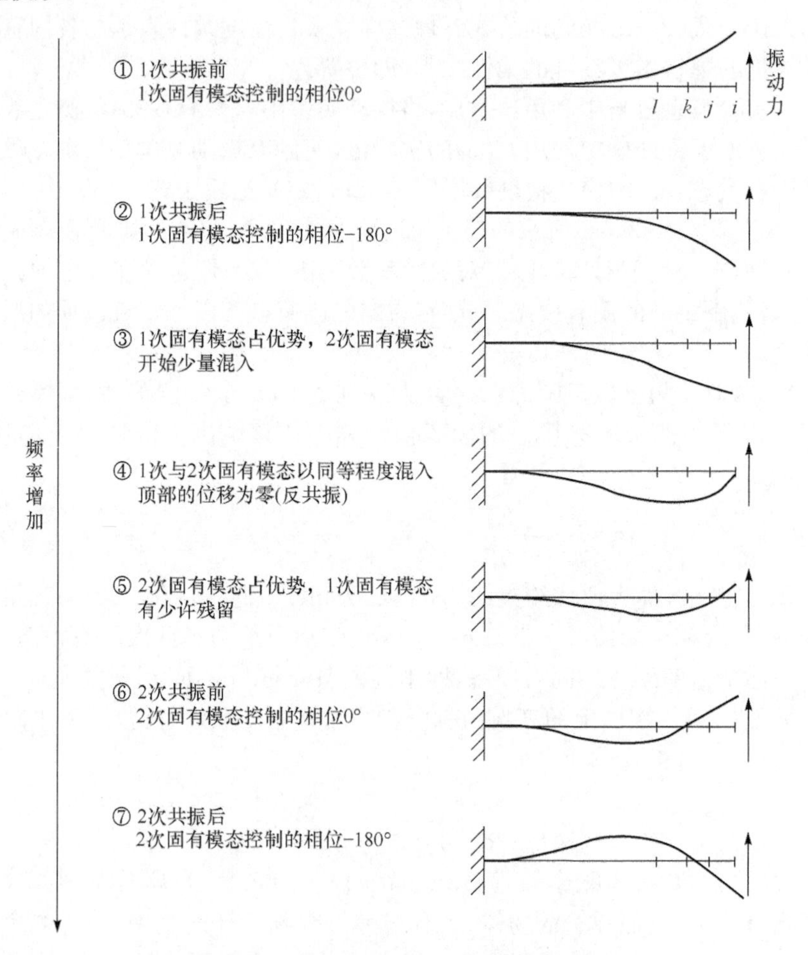

图 2.12　单边悬臂的顶端点 i 调和振动时的响应

相位是顶端自有柔性的相位，是相对于振动力顶端的位移的偏移

点 k 是 2 次固有模态的节

①和②之间有 1 次共振，1 次固有模态的相位发生逆转。③中，相位 $-180°$ 的 1 次固有模态中混入位移 $0°$ 的 2 次固有模态，并渐渐增大。④中，为使两者达到大致相同程度，顶端相互反相的两个固有模态相互抵消，振动幅度变成 0。将这样即使施加振动也不振动的点称为强迫振动的**节**(node)或**节点**

(nodal point)。⑤中,2次固有模态更具有优势,强迫振动的节自顶端开始逐渐向2次固有模态的节的方向移动。⑥和⑦之间有2次共振,2次固有模态的相位逆转。图2.12中的i、j、k、l是悬臂上的点,i是顶端,k是2次固有模态的节,j是i和k的中间的点,l是k与固定端的中间的点。

图2.13(a)是顶端i的自身柔性,顶端作为节频率点④的大小变得很小。像这样,为了使不同的固有模态间形成相互反相,使之正好可以相互抵消的现象称为**反共振**(anti-resonance),图中的沟称为**反共振沟**(anti-resonance dip),极小点称为**反共振点**(anti-resonance)。如果系统是只有两个相互抵消的固有模态的双自由度系统,反共振沟的量级正好为零。但是,本例中存在3次以上的固有模态成分,因此不会变成零。

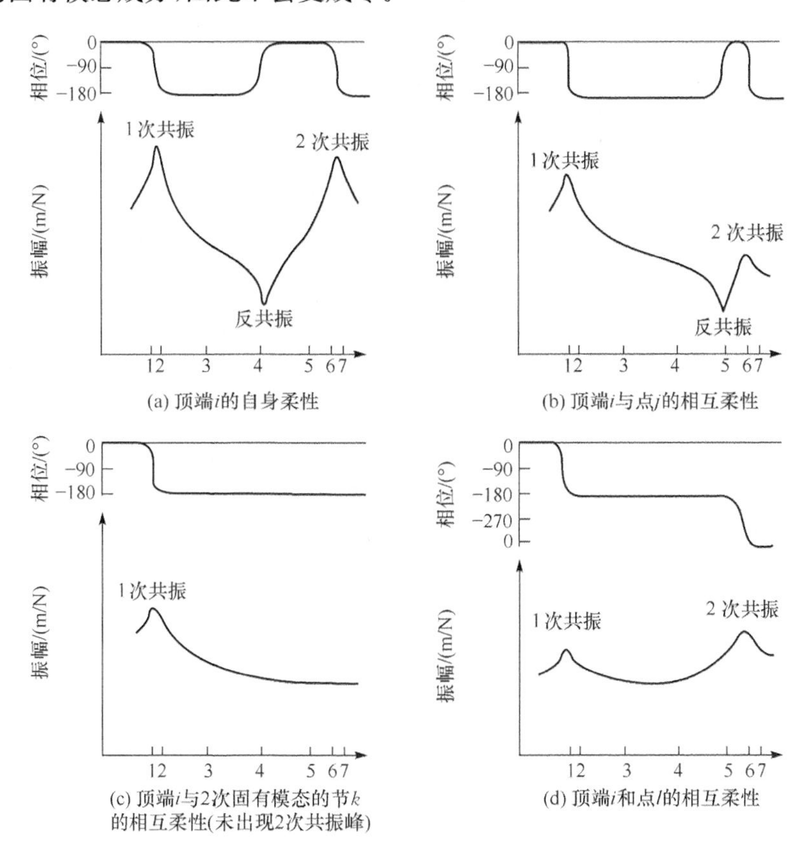

图2.13 图2.12所示的单边悬臂的频率响应函数的伯德图

横轴上显示的是图2.12中描绘的状态下产生的频率点①~⑦

图 2.13(b)是顶端 i 与点 j 的相互柔性，反共振频率比图 2.13(a)大，变成频率点⑤。

图 2.13(c)是顶端 i 与 2 次固有模态的节 k 的相互柔性，因反共振频率增加，与 2 次共振频率一致，所以 2 次共振峰与反共振沟相互抵消，2 次共振峰不体现在频率响应函数上。这是因为 2 次固有模态的节上无法观测 2 次固有模态，2 次共振本身不可能消失。相反，对点 k 施加振动，观测与顶端 i 的相互柔性，也和图 2.13(c)相同。这是即使对节施加振动，也不会激起 2 次固有模态、不会产生共振峰的原因。

图 2.13(d)是顶端 i 与点 l 的相互柔性，如图 2.12 所示，频率点②到⑥不产生相位的逆转，也不产生节点，其间不存在反共振点。相位从 1 次共振的 0°到 −180°变化，延迟响应，因不存在反共振点，如此维持原来的形态达到 2 次共振，之后因 2 次共振响应进一步延迟，变成 −360°即 0°，从 1 次共振前来看，以延迟 1 周期的形态返回至原点。

图 2.13(a)的所有共振点中，在频率增加的方向上通过共振点时，相位从 0°逆转至 −180°。在共振点附近其固有模态很卓越，因产生单自由度系统的特性，相位如图 2.6(b)所示变化。为了使该现象成为可能，从某一共振点开始到下一个共振点频率增加的过程中，位移从 −180°逆转到 0°，必定会返回至原点。相位逆转仅限于共振点或反共振点。因此，在自身柔性上，共振与共振之间必然存在着 1 个反共振。在相互柔性的情况下，从某一共振到下一个共振的过程中，加振点与响应点之间节的数目呈奇数个变化时（如图 2.12 中的点 i 和点 l，节的数目从 0 个变成 1 个），不存在反共振[图 2.13(d)]。但是，当节的数目不变或呈偶数个变化时，存在反共振。例如，图 2.12 中的点 i 和点 j，节的数目为 0，存在如图 2.13(b)所示的反共振。

从图 2.13(a)和(b)来看，1 次共振峰随着响应点从悬臂顶端移动到固定端逐渐变小。这是因为 1 次固有模态的振幅逐渐减小。另外，2 次共振峰的点 k 一旦消失，若靠近固定端，将会再次出现反相。

参 考 文 献

[1] 長松昭男：モード解析入門，コロナ社 (1993)

第3章 声　　学

3.1 引　　言

如图 3.1 所示，以汽车为例，会发现有很多的噪声现象。从噪声源(noise sourse)发出的噪声(noise)，可以大致分为直接传递给乘客和车外的**空气噪声**(air-borne sound)，以及因道路的凹凸导致轮胎的颠簸输入和发动机起振输入引起的悬架系统的振动，车体钢板变成了扩音器发出声音的**固体噪声**(solid-borne sound)。并且，这种情况下，车室空间(cabin space)起到了共鸣系统(resonance system)的作用。

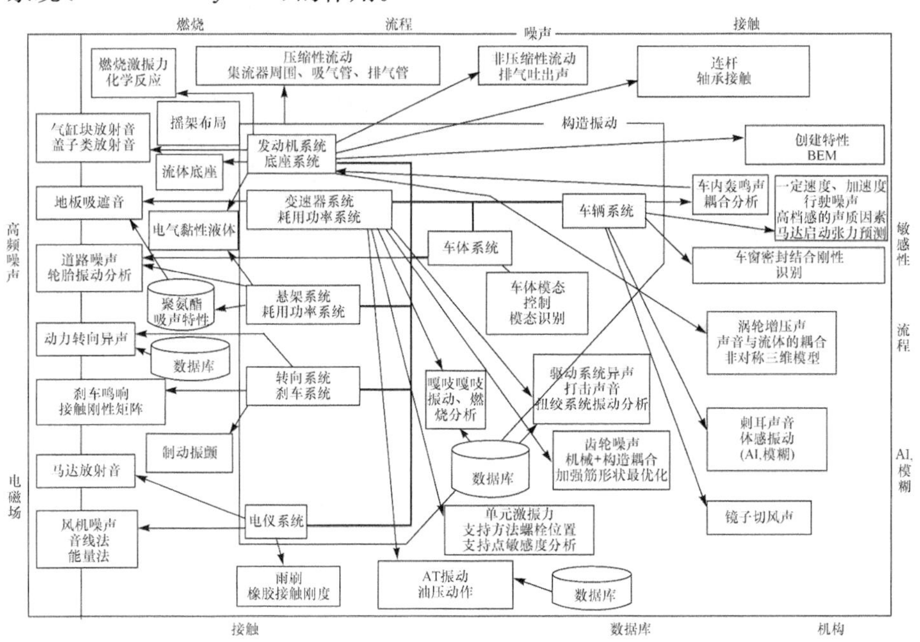

图 3.1　汽车噪声振动分析的整体图

这些噪声与商品性存在着深刻的关系，必须在设计阶段(design stage)考虑对策。在第 5 章中，将阐述以此为目标使用计算机有限元法为中心的声学仿真方法。

为了能够达到这样的目标而进行的仿真，也必须对本章所阐述的声学有一个准确的理解。前半部分的目的是掌握声音的物理现象，后半部分针对噪声对策中有代表性的方法，即隔声(sound insulation)和吸声(sound absorption)的理论与设计进行了阐述。

3.2 声学基础

3.2.1 声波

声波(sound wave)是表示空气中的压力变动的波动现象，空气粒子的振动方向与传递方向一致的是**纵波**(longitudinal wave)。对空气中的一点施加干扰，该部分就会产生过倾斜，会依次向周围空气传播扩散。一般来说，空气是广阔的等反向弹性介质，倾斜在球面上传播。因此，声波的等位相面呈现球面形状的现象称为**球面波**(spherical wave)。

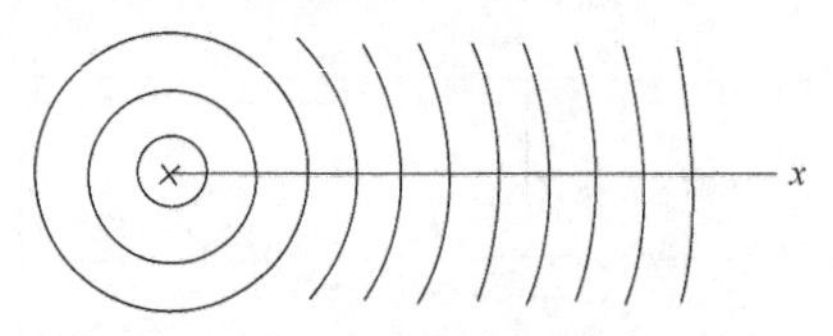

图 3.2 声波的等位相面

另外，如图 3.2 所示，在干扰的附近，距离球面的等位相面非常远的点处，可作为与声波的前进方向垂直的平面形状处理。将具有与前进方向垂直的平面形状的声波称为**平面波**(plane wave)。

3.2.2 声波的波动方程式

声波仅在 x 方向上传播时，设媒介(medium)的杨氏模量(Young's modulus)为 K，密度(density)为 ρ，媒介中的声速(sound velocity)为 c，得

$$\frac{\partial^2 p}{\partial t^2}=c^2\frac{\partial^2 p}{\partial x^2} \tag{3.1}$$

式中，$c^2=K/\rho$。声波在球面形状的 x 方向、y 方向、z 方向上传播时，同样得

$$\frac{\partial^2 p}{\partial t^2}=c^2\left(\frac{\partial^2 p}{\partial x^2}+\frac{\partial^2 p}{\partial y^2}+\frac{\partial^2 p}{\partial z^2}\right) \tag{3.2}$$

上述公式称为声波的**波动方程式**(wave equation)。式(3.1)的一般解可以为

$$p(x,t)=f_1(ct-x)+f_2(ct+x) \tag{3.3}$$

式中，f_1 是 x 方向上以速度 c 前进的**前进波**(progressive wave)；f_2 是 $-x$ 方向上以速度 c 前进的前进波。也就是说，时间和空间函数的声压 ρ 是以速度 c 在相反方向上前进的前进波 f_1 和 f_2 的和。因此，声速 c 表示状态的移动速度。

3.2.3　声源

具有某种表面积的固体在空气中振动会产生声波。像这样，将发出声波的物体统称为**声源**。把半径为 a 的球体的表面与在半径方向上以一致速度 u 振动的状态称为**球面声源**(spherical source)，产生理想的球面波。因这种球体内的空气呈现出以同样且按照一定的比例朝所有方向吹出及吸入的反复动作，所以也称为**脉动球体**(pulsating sphere)。

并且，与发生的球面波的波长相比，当 a 非常小时，在球面声源的中心点上，可以视为进行呼吸的**点声源**(noise source)。并且，脉动球在单位时间内呼吸的空气量(相当于体积排放量)的实效值 U_0，可称为点**声源的强度**(intensity of noise source)，得

$$U_0 = 4\pi a^2 u \quad (\mathrm{m^3/s}) \tag{3.4}$$

一般来说，声源的形态比较复杂，所产生的声波也不单纯。但是，可以作为点声源的集合体进行分析。从这个意思上来说，球面声源可以说是在理解声学理论问题上最基本的声源形态。

3.3　声音的传播

3.3.1　声功率及声强

1s 内从声源发出的声音能量称为**声功率**(acoustic power)，简写为 W(Watt)。从声波的传递介质粒子的振动状态来看，形成了振动能量的传递。因此，取介质中与声音传播方向垂直的面，通过该面的单位面积的每 1s 的能量作为**声强**(sound intensity)，能够定量地表现声音，其单位为 $\mathrm{W/m^2}$。在平面前进波中，声强 I 和声压 p 的关系为

$$I = \frac{p^2}{\rho c} \tag{3.5}$$

因从产生球面波的点声源，声音的能量向四周无差别地放射，所以以点声源为中心的球面上的声强是一样的。因此，自声源到距离为 r 的点的声强 I，是用半径为 r 的球的表面积除以声源的声功率得到的数值。现在把声源的声功率记作 W，则

$$I = \frac{W}{4\pi r^2} \tag{3.6}$$

并且，如果该小声源不是自由空间，如位于地板那样的平面上，向半自由空间

放射声音，则式(3.6)为

$$I=\frac{W}{2\pi r^2} \tag{3.7}$$

也就是说，点声源的声场的声音强度表示与距离的平方成反比的距离阻尼，这样的关系称为**平方反比定律**(inverse-square law)。

3.3.2 辐射阻抗

振动着的物体使空气振动发出声响的情况下，自振物体的表面出现空气介质的机械阻抗(mechanical impedance)，称为**辐射阻抗**(radiation impedance)。也就是说，辐射阻抗表示相对于声源的振动，以阻抗的形式抵抗周围的空气(介质)的反作用，辐射阻抗越大，声源的振动越能高效地转换为声音。

在这里，把声源表面的振动速度(vibration velocity)记作 u，空气波及声源表面的反作用力为 f，辐射阻抗 Z_R 为 f/u。并且，声源的表面积记作 S，声源表面的声压记作 p，因为 $f=Sp$，所以 $Z_R=S(p/u)$。一般来说，除声源振动形态比较单纯的情况外，了解声源的辐射阻尼是存在困难的，因振动速度 u 与声压 p 之间存在相位差，Z_R 是复数阻抗的形式，用 $Z_R=S(R+\mathrm{j}X)$表示。

下面研究持有最简单的振动形态的脉动球的辐射阻抗。脉动球表面的声压 p 在脉动球表面的振动速度为 u 时，因为

$$p=-\rho cu\left(\frac{\mathrm{j}ka}{1-\mathrm{j}ka}\right)$$

所以

$$\begin{aligned} Z_R &= S\left(\frac{p}{u}\right)=-4\pi a^2\rho c\left(\frac{\mathrm{j}ka}{1-\mathrm{j}ka}\right) \\ &= 4\pi a^2\rho c\left(\frac{k^2a^2}{1+k^2a^2}-\frac{\mathrm{j}ka}{1+k^2a^2}\right) \end{aligned} \tag{3.8}$$

式中，a 是脉动球的半径；ρ 是空气密度；c 是声速。并且，k 是波数(wave number)，若声源的波长(wave length)以 λ 表示，则定义为 $k=2\pi/\lambda$。

图 3.3 表示脉动球的阻抗与 ka 的关系。在纵轴上取 $Z_R/(4\pi a^2\rho c)$，可认为图示表示的是放射阻抗的频率特性。ka 是脉动球的周长和波长的比，长波长比短波长高频声波更容易辐射，为了发出波长较长的低频声波，有必要增大脉动球的直径。

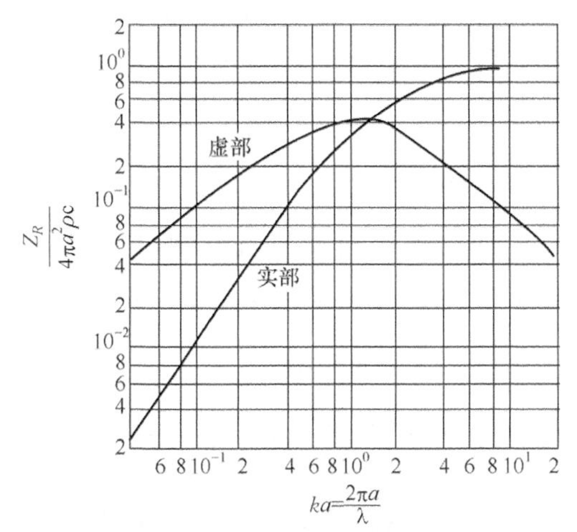

图 3.3　脉动球的辐射阻抗

3.3.3　声音强弱的评价

人耳感觉声音的强弱大致与声压的对数成正比。并且，感觉到的声压值跨度范围非常广。因此，用声压 p(Pa)的对数值来评价声音有利于分析。用如下的方式定义**声压级**(sound pressure level，SPL)L_p，用分贝(dB)表示为

$$L_p=20\lg\frac{p}{p_0} \tag{3.9}$$

式中，p_0 是表示等级的标准声压值，在 1000Hz 中，取人类能听到的声压的最小值。也就是说，$p_0=2\times10^{-5}$Pa。

声音的强度 I 也是如此：

$$I=10\lg\frac{I}{I_0} \tag{3.10}$$

声音强度的等级用分贝来定义。标准值 I_0 为 $I_0=10^{-12}\text{W/m}^2$，这是在空气中，式(3.9)中相对于标准声压值 p_0 的平面进行波的声音强度。因常温空气的密度 ρ 及音速 c 分别为 $\rho=1.2\text{kg/m}^3$，$c=340\text{m/s}$，所以在常温空气下，有

$$I=10\lg\frac{I}{10^{-12}}\approx20\lg\frac{p}{2\times10^{-5}}=L_p \tag{3.11}$$

由此看来，可以认为在空气中声压级与**声强级**(sound intensity level)的数值基本相等。并且，式(3.6)和式(3.7)中的小声源，理想情况下量级为 0 的点声源声强，自声源开始距离每增大 2 倍，就减少 6dB。

对此，如果声源变成一条直线，即**线声源**(linear source)的声强级和声压

级，共同从声源开始距离每增大 2 倍，就减少 3dB。进一步来说，面积非常大的面整体振动的声源，即**面声源**(plane source)的声场中，不存在距离引起的等级变化。

3.3.4 声功率级及指向性增益

对于声功率，声压级及声强级同样，也是取对数。标准值 W_0 为 $W_0=10^{-12}$W，**声功率级**(acoustic power level)L_w 可以用分贝定义为

$$L_w=10\lg\frac{W}{10^{-12}} \tag{3.12}$$

式中，声功率级 L_w 与距声源 r(m)处的点的声强级 L_i 的关系为

$$L_i=L_w-20\lg r-10\lg 4\pi \tag{3.13}$$

尤其是在空气中，因 $L_i=L_p$ 的关系成立，所以在球面波传播的情况下，可以得到

$$L_w=L_p+20\lg r+11 \tag{3.14}$$

同样地，在半球波面传播的情况下，从式(3.7)可以得

$$L_w=L_p+20\lg r+8 \tag{3.15}$$

这些公式都表现了声源的声功率级与其周围的声压级的关系，能够比较容易地测出 L_p 和 L_w，因此经常用于求声源的全音响输出的解的过程中。

球面声源向各个方向辐射均一的声波，在强度相等、相位差接近 180°的两个点声源构成的**二重声源**(double source)的情况下，如图 3.4 所示，就会辐射具有方向性的声波。前者称为**无指向性声源**(non-directional sound source)，后者称为**指向性声源**(directional sound source)。

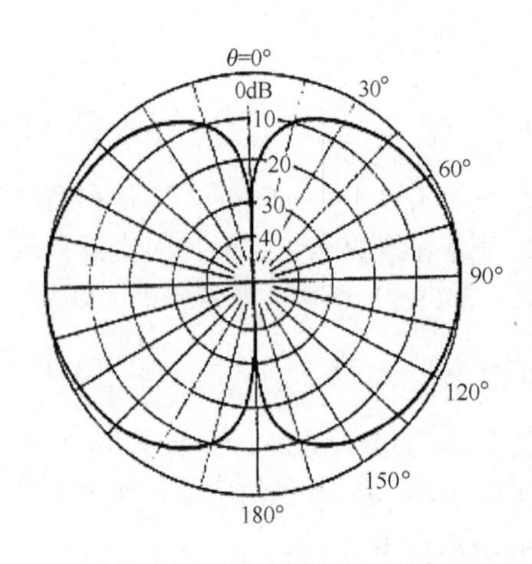

图 3.4 二重声源的指向性[1]

一般来说，通过复数的点声源的组合，可以形成各种各样的指向性声源。指向性声源往往被用于在某一特定方向上，集中声音的能量。用于表示**指向性**(directivity)的强度称为**指向性因数**(directivity factor)Q。指向性因数 Q 由指向性声源的最大辐射方向的声强与同一音响输出的点声源的声强的比来定义，其分贝值称为**指向性增益**(directivity gain，directivity index)DI。即 DI$=10\lg Q$。声功率级 L_w 与指向性因数 DI 间存在：

$$L_w = L_p + 10\lg S - \mathrm{DI} \tag{3.16}$$

式中，S 指的是扩散面积。

3.3.5　声阻抗

粒子速度(particle velocity)u 和与粒子速度垂直的微小面积 S 的积 Su，是指 1s 内通过面积 S 的介质的体积，称为**体积速度**(volume velocity)。声场内一个点的声压 p 与体积速度 Su 的比称为**声阻抗**(acoustic impedance)Z_A。Z_A 与辐射阻抗相同，是复数阻抗，可以写成 $Z_A = R_A + \mathrm{j}X_A$。$Z_A$ 的实部 R_A 是**声阻**(acoustic resistance)，虚部 X_A 是**声抗**(acoustic reactance)。由于体积速度的单位是 $\mathrm{m^3/s}$，所以音响阻抗的单位是 $\mathrm{Pa \cdot s/m^3}$。

声压 p 与粒子速度 u 的比称为**固有声阻抗**(specific acoustic impedance)Z_S。Z_S 也是复数阻抗，实部是比声阻，虚部是比声抗。此外，考虑固有声阻抗的单位为 $\mathrm{Pa \cdot s/m^3}$，即声阻是单位面积的比声阻抗。

平面波声场中，声压与粒子速度间存在 $p = \rho c u$ 的关系，这表示平面波声场中固有声阻抗为 ρc。并且，ρc 是介质的特征值，称为**特性阻抗**(characteristic impedance)。此外，ρc 为实数，由此看来，平面波声场中声压与粒子速度是同相位的。另外，球面波声场中固有声阻抗 Z_S，在距离声源为 r 时，有

$$Z_S = \frac{\rho c \mathrm{j} k r}{1 + \mathrm{j} k r} \tag{3.17}$$

在此，$r \to \infty$ 时，$Z_S = \rho c$，可以认为是按距声源非常远的点的球波面声场处理。

3.3.6　声波的衰减(吸收)

从球波面的传播中可看到的**距离衰减**(decrement by distance)，是由于扩散导致的声强减少，而非能量的损失。声波由于空气的黏性(viscosity)、热传导及热辐射导致能量损失，发生衰减。一般称之为声波的吸收，与距离衰减有着本质的区别。用以表达与声波吸收相关的介质特性的，有阻尼系数 β。β 是声压及粒子速度的振幅衰减 $1/\mathrm{e}$(e 是自然对数的基数)时的距离的倒数，单位是 $1/\mathrm{m}$。

平面波的情况下，设声波的波长为 λ，则 $\beta = A/\lambda^2$，波长越短，频率越高的声波，β 的值越大，声波越容易被吸收。并且 A 是由空气的黏性系数、热传导系数、密度、多变指数(比定压热容与比定容热容的比)和声速决定的常数，温度和湿度越低，其值越大，声波越易被吸收。

3.3.7 声波的反射、透射

以一个平面为界，密度不同的两种介质连接的情况下，如图 3.5 所示，传递到一方介质中的声波在边界表面，通常一部分发生**反射**(reflection)，另一部分发生**透射**(transmission)。在这里，设入射波、反射波和透射波的能量分别为 E_0、E_1、E_2，则 $E_0=E_1+E_2$ 成立。并且在边界表面的两侧，粒子速度和声压相等。以此为条件求 E_0、E_1、E_2 的关系，得

$$R_R=\frac{E_1}{E_0}=\frac{(\rho_1 c_1-\rho_2 c_2)^2}{(\rho_1 c_1+\rho_2 c_2)^2} \tag{3.18}$$

$$R_T=\frac{E_2}{E_0}=1-\frac{E_1}{E_0}=\frac{4\rho_1\rho_2 c_1 c_2}{(\rho_1\rho_2+c_1 c_2)^2} \tag{3.19}$$

式中，R_R 是声音的反射系数(反射率)；R_T 是声音的透射系数(透射率)。并且，$\rho_1 c_1$、$\rho_2 c_2$ 分别是两种介质的固有阻抗。

例如，尝试求垂直射入水面的平面波的 R_R 和 R_T，$R_R=0.9988$，$R_T=0.0012$，可以看出平面波的能量几乎全部被水的表面反射回来。

图 3.6 是刚体壁面($R_R=1$)上的球面波反射的情况。自点声源 A 放射的球面波，正好与边界面相对，如自与 A 呈现对称位置处的某个点声源 A' 放射的球面波那样，被边界表面反射。也就是说，刚体壁附近的点声源 A 处的点 P 的声压，可以通过 A 以 A 的像 A' 这两个声源的合成声场来求出，称为镜像原理。

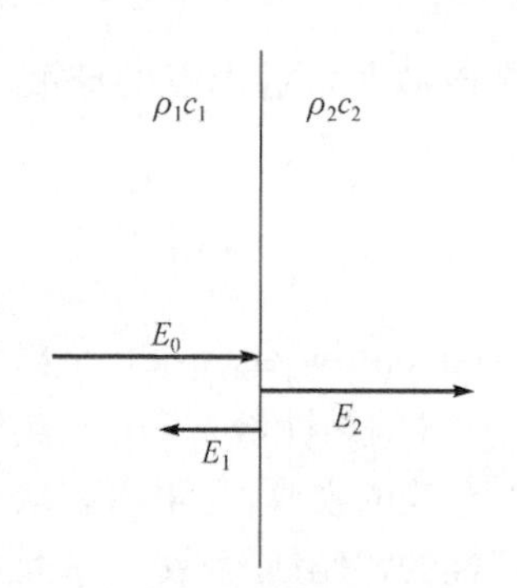

图 3.5 声源的反射与透射

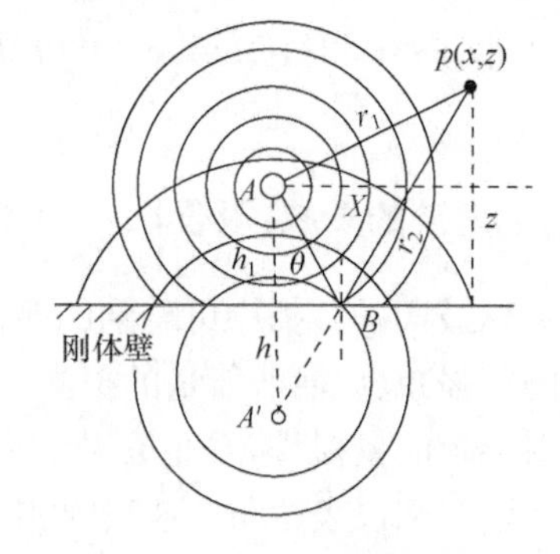

图 3.6 球面波的反射[2]

3.3.8 声波的折射、衍射

如图 3.7 所示，固有阻抗的两个不同介质的边界表面斜射入的声波的入射角(incident angle)θ_1、折射角 θ_2 之间，与光的折射现象具有完全相同的关系：

$$\frac{\sin\theta_1}{\sin\theta_2}=\frac{c_1}{c_2} \tag{3.20}$$

与光学中体现的情况具有同样的现象，几何学上，声音到达背面场所的现象即为**衍射**(diffraction)。尤其是，可听频率的声音的波长比可见光的波长长得多，由此看来，该衍射现象极其明显。

图 3.8 表示**隔声屏障**(sound insulation barrier)导致的声波衍射的情况，波长较长的声波比可见光线的衍射现象明显。散射(scattering)是由比波长小的刚体障碍物引起的，具有障碍物的比压缩性成分及障碍物的不动性成分。前者相当于脉动球，后者相当于二重声源，散射声场中可以放置这些物体以代替障碍物。并且，与障碍物距离较远的点的散射波的声压与障碍物的体积成正比，与波长的平方成反比。

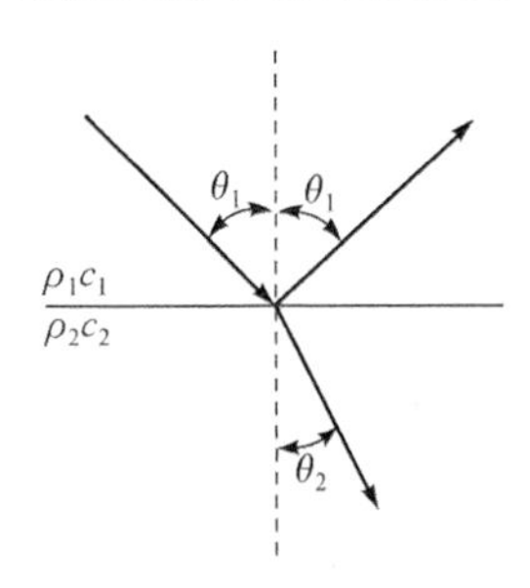

图 3.7　声波的折射

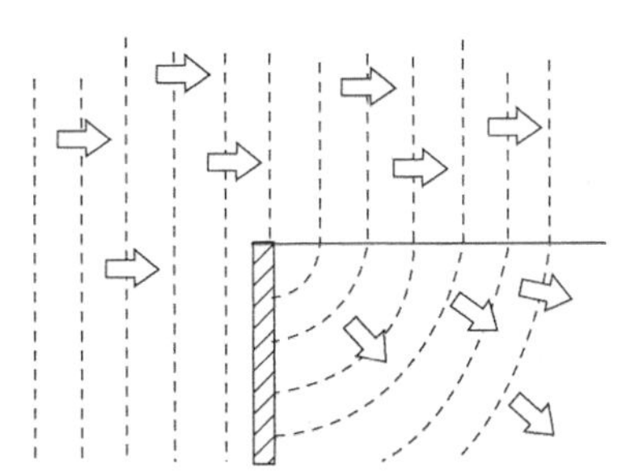

图 3.8　声波的衍射

3.3.9　气柱振动——声管及射声器

在纵长方向上等截面的管子一般称为**声管**(acoustic tube)，这是声传播系统的基础构造。也就是说，在直径比波长小很多的声管中传播，管长达到无限大时是行进波，在有限长的管内是不同的。图 3.9 显示的是通过以 $u_0 e^{j\omega t}$ 的速度进行正弦波振动的活塞，使一端封闭的管内发生气柱振动的模型。这种情况下，边界条件为 $u_{x=0}=u_0 e^{j\omega t}$，$u_{x=l}=0$，根据式(3.1)的一次波动方程式求管内粒子速度的瞬时值后，得到下述公式：

$$u(x,t)=\sqrt{2}u_0\frac{\sin k(l-x)}{\sin kl}\cos\omega t \tag{3.21}$$

式中，$k=2\pi/\lambda$。也就是说，在有限长的管内，粒子速度的分布状态受 $\sin k(l-x)$ 所支配，与时间 t 无关。这样的波称为**驻波**(standing wave)，与正弦波形的位移随时间移动的行进波有着本质的不同。并且，$x=l-n\lambda/2(n=0,1,2,\cdots)$，也就是说，从封闭端开始每远离半个波长的位置，$\sin k(l-x)=0$，粒子速度 u 为 0。

这样的点称为节。并且,在节与节的中间 u 具有最大值,这个点称为腹。该有限长的声管可以从具有固定值的驻波声场获取,所以作为共振器用于乐器中。此外,因长声管可传播无距离衰减的平面行进波,所以可以用于传声管中。

对此,如图 3.10 所示的横截面面积 $S(x)$在纵长方向上不同的管,是声管的一种,称为**射声器**(acoustic horn),与一般声管不同。在射声器中传播的声波的波动方程式与声管的情况稍微有些不一样,如式(3.22)所示,追加了横截面面积变化的项:

$$\frac{\partial^2 p}{\partial x^2}+\frac{1}{S}\cdot\frac{\mathrm{d}S}{\mathrm{d}x}\cdot\frac{\partial p}{\partial x}=\frac{1}{c^2}\cdot\frac{\partial^2 p}{\partial t^2} \tag{3.22}$$

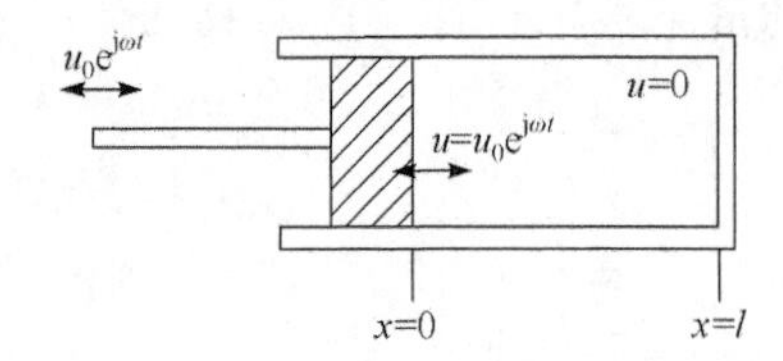

图 3.9　闭管内的气柱振动模型

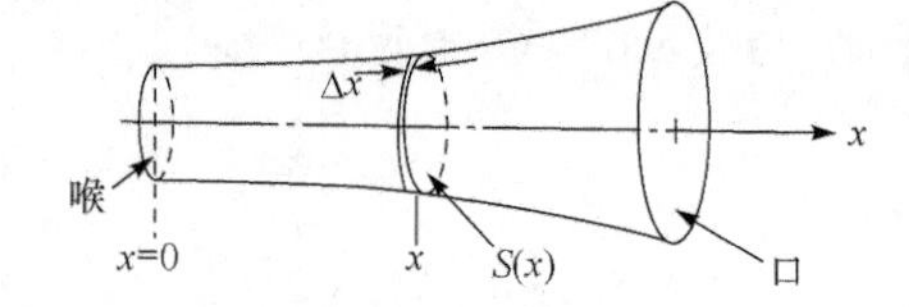

图 3.10　射声器

该波动方程式一般无法解出,只有 $S(x)$在简单的函数形式的情况下才可以解出。代表性的有 $S(x)=S_0 e^{mx}$ 的指数射声器和 $S(x)=S_0 x^2$ 的圆锥形射声器。射声器作为一种音响性阻抗整合器发挥作用,在与音响放射系统组合高效输出声响的情况下使用。并且,若反方向使用就构成了集音器。

3.4　声　测　量

3.4.1　声压的测量

扩音器(microphone)在声测量中能够将声响能量转化为电能,所以,如下所示,能够准确地响应压力变化及粒子速度是极为关键的。

(1) 电气音响的变换灵敏度较为稳定,对温度、湿度、气压、机械性冲击等外在条件和时间不会出现特性的变化。

(2) 灵敏度的频率特性是平稳且单调的。

(3) 灵敏度高,即使测定微小的声压,也可以获取充分的增幅器的SN 比。

按照原理制作的各种设备,大致可分为声压式扩音器(pressure microphone)和速率式扩音器(velocity microphone)。本节采用的静电式扩音器(condenser microphone)属于前者。构造原理简单,容易满足上述(1)~(3)

的要求，因通过相互校准可轻易实现绝对校准，所以作为标准扩音器和精密测定用仪器而广泛使用。

这里，静电式扩音器的结构如图3.11所示。振动板是薄且灵敏度高的膜，作为背面点击，通过数十微米的空隙与平行的金属面绝缘。为了使振动板的第1次的共振频率 f_0 比再启动时所要的频率高，需施加接近弹性限度的强大张力。

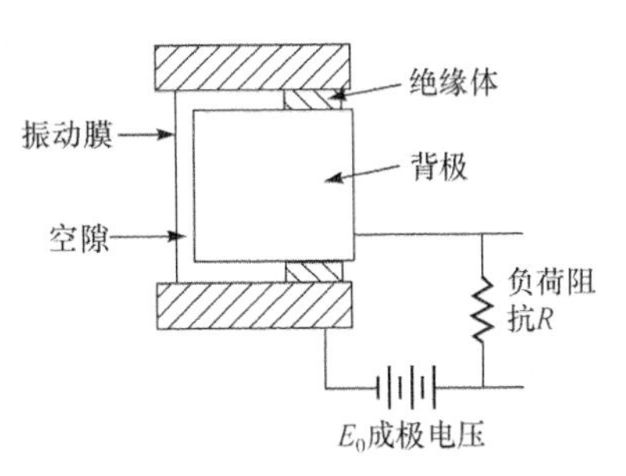

图3.11　电容式麦克风的构造[1]

若将相当于弹性限度的容许形变设为 T，密度为 ρ，则 f_0 与 $\sqrt{T/\rho}$ 成正比。为提高 f_0，选 T/ρ 的值较大的材料即可。这样的材料，可以使用金属中的硬铝板、不锈钢，还可以使用质轻且强度大的金属钛膜。

有关指向性，当声压式话筒的振动板长度比波长小很多时，几乎没有指向性。然而，随着波长变短逐渐显示出指向性，通常在与振动板垂直方向上的灵敏度最大。因此，要求高频波无指向性的情况下，就必须使用小型的扩音器。而且，速率式扩音器从原理上显示出了8字形的双指向性。因此，用于测定特定方向的声音。

3.4.2　声级计

声级计(sound level meter)由如图3.12所示的扩音器、电阻**衰减器**(attenuator)、增幅器(amplifier)、**频率加权电路**(frequency weighting circuit)、整流电路、指示机构、电源、校准装置等构成。电路由使自扩音器到指示器的综合频率特性接近听觉特性的电阻和电容器组合构成，有A特性、B特性、C特性、D特性。该频率补正电路的频率特性如图3.13所示。

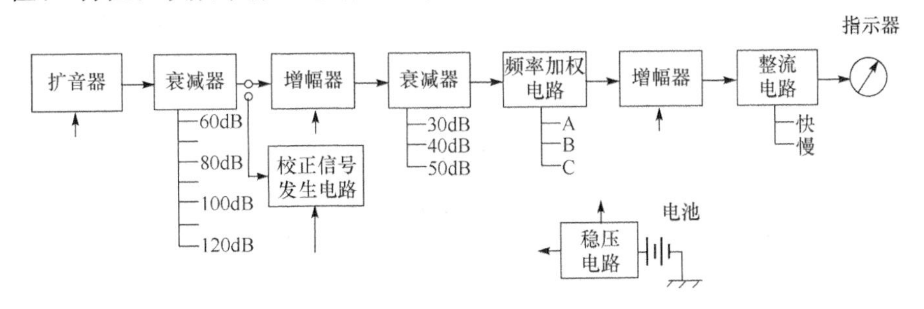

图3.12　声级计的构成图[3]

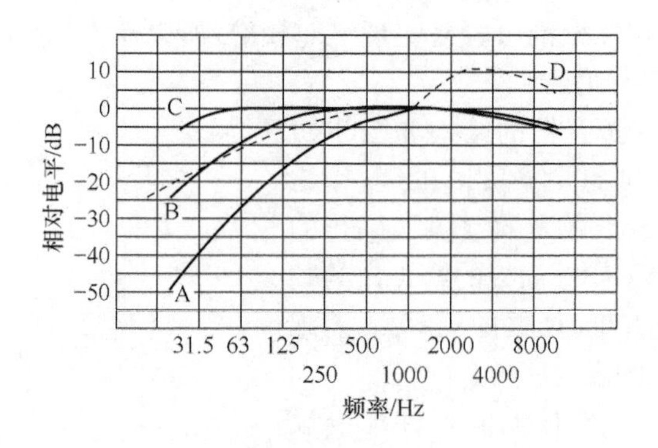

图 3.13 频率补正电路的频率特性[3]

测定法中，噪声等级定义为 **A 特性**(A-weighting network)，国际上也统一用 A 特性进行测定。此外，C 特性的频率特性基本平稳，可作为声压级计使用。D 特性用来测定飞机噪声，如图 3.13 所示，在 2500～5000Hz 时比 A 特性高 10dB 左右。喷气噪声中该范围的频率成分最多。

对于噪声的时间性变动，为了使在某种程度上与耳朵的特性一致，在实效值整流电路之后，通过具有一定时间常数的 RC 回路的积分电路进行连接。这称为快(fast)特性，原理也包含指针的动态特性，换算成电路的时间常数大致相当于 125ms。此外，在电机转动的噪声情况下，为了能够稳定地测量指示值，还规定了慢(slow)特性，该动态特性以时间常数表示大致相当于 1s。并且，作为声级计中最具代表性的有普通声级计、精密声级计(precision sound level meter)、冲击声级计和超级频率声级计。

3.4.3 声强的测量

声强(acoustic intensity)是表示所给位置的声音能量流动的大小和方向的向量，强度向量等于该位置的瞬时声压 $p(t)$ 与瞬时粒子速度 $\bar{u}$ 的积的时间平均值，用 $\bar{I}=\overline{p(t)u(t)}$ 表示。也就是说，声强度的测定中，必须要知道瞬时声压及粒子速度。声压的测定，在 3.4.1 节中已提到，直接测定粒子速度是非常困难的，要使用热线流速计等仪器进行测定。间接的方式有用系统校准较为容易的 2 个声压式话筒，运用以下的运动方程式可求出粒子速度。

$$\rho\frac{\partial\bar{u}_r}{\partial t}=-\mathrm{gard}p \tag{3.23}$$

对于 r 方向

$$\rho \frac{\partial \bar{u}_r}{\partial t} = -\frac{\partial p}{\partial r} \tag{3.24}$$

声压梯度与粒子加速度成正比，粒子速度是声压梯度的微积分，可通过下述公式求得

$$u_r = -\frac{1}{\rho}\int \frac{\partial p}{\partial r} \mathrm{d}t \tag{3.25}$$

实际上，声压梯度可以通过对接近的点 A、点 B 的声压 p_A、p_B 测定，得到用扩音器间隔 Δr 除以声压差 $p_B - p_A$ 的近似值。由此看来，r 方向上的粒子速度 $\hat{u}_r$ 为

$$\hat{u}_r = -\frac{1}{\rho \Delta r}\int (p_B - p_A) \mathrm{d}t \tag{3.26}$$

该近似在 Δr 比波长 λ 短很多，求得的精确度更高。在实际声强的测量中，为了测量沿连接扩音器中心线的声压和声压梯度，使用 2 个邻接配置的声压式扩音器。

3.4.4 声功率的测量

从声源放射出的声功率，在围绕声源处的合适的面上，可对强度进行测定，根据下述公式求得

$$W = \iint_S \bar{I} \mathrm{d}\bar{A} = \iint_S I_n \mathrm{d}A \tag{3.27}$$

声功率可从式(3.14)中，通过测量声压得到，强度测定中因对声场没有限制，所以比从声压求声功率有更多的优点。此外，式(3.27)中，无论封闭曲面是什么样的形状，都可以不受封闭曲面外所放置的声源流动的影响(高斯定理)，这也是其中一个优点。

这样的**背景噪声**(background noise：是指环境噪声中某种特定噪声以外的噪声的情况)，大型机械的每个部分的声功率都可通过强度法测定。

3.4.5 频率分析仪器

不仅能测定噪声的大小，还能够明确该噪声中有什么样的频率成分，是以什么程度的大小包含在其中的仪器，就是**频率分析仪器**(frequency analysis instrument)。目前经常使用的频率分析仪器有基于①过滤器切换方式、②外差法、③计算机法的倍频程分析仪器、1/3 频程分析仪器、带分析仪器等。带

域(带)的区分方法中有定比形和定幅形。如果带的下限频率为 f_1、上限频率为 f_2,则前者 f_2/f_1 一定,后者 f_2-f_1 一定。

1. 倍频程和 1/3 频程分析器

噪声的频率分析中经常使用的有过滤器切换方式的倍频程或 **1/3 频程过滤器**的分析器,因为听觉对声音大小和频率存在对数关系。

有关过滤器特性的定义如图 3.14 所示。带通滤波器的中心频率通过几何学来定义,截止频率 f_1 和 f_2 的关系为 $f_m=\sqrt{f_1f_2}$。并且定比形过滤器中,**倍频程过滤器**的情况下,$f_2/f_1=2$;1/3 频程过滤器的情况下,$f_2/f_1=2^{1/3}=1.26$。

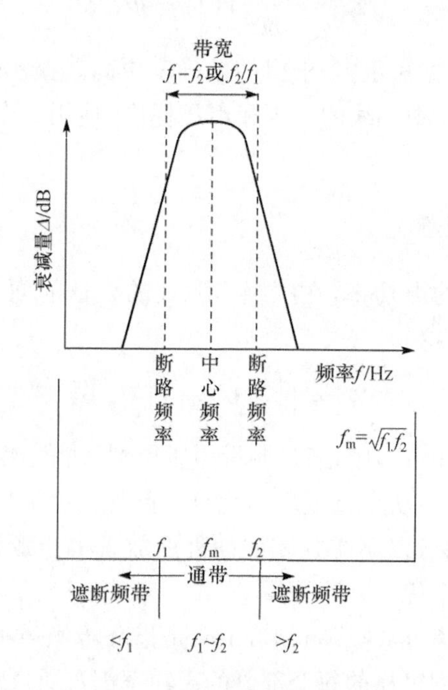

图 3.14 过滤器特性的定义[3]

2. 窄带分析仪器

外差法是使局部发振器的发振频率连续变化,并使输入信号在传播频率带上平行移动之后,分析频率固定的带域过滤器的频率的一种方法。但是近来,计算机式的快速傅里叶变换方式正逐渐成为主流。

并且，**窄带分析器**中一种衰减域形很尖锐的跟踪过滤器被广泛应用于阶次分析中。

3.5　隔声理论与设计

3.5.1　穿透墙壁损耗

1. 吸声率和透射损耗

设射入墙壁的声音强度为 E_i，如图 3.15 所示，其部分能量 E_r 发生反射，一部分 E_a 被墙壁吸收，剩下的 E_t 穿透墙壁，可大致进行以上划分。即

$$E_i = E_r + E_a + E_t \tag{3.28}$$

此时**吸声率**(absorption coefficient)α 定义为

$$\alpha = 1 - \frac{E_r}{E_i} = \frac{E_a + E_t}{E_i} \tag{3.29}$$

反射声音以外的都可认为是吸声。

声音的**透射系数**(transmission coefficient)τ 定义为

$$\tau = \frac{E_t}{E_i} \tag{3.30}$$

其倒数用分贝单位表示，称为**传输损耗**(transmission loss)TL(或 R)，通常使用下述公式：

$$\mathrm{TL} = 10\lg\frac{1}{\tau} = 10\lg\frac{E_i}{E_t} \tag{3.31}$$

2. 相邻房间之间的噪声传输

研究通过透射系数 τ、面积 F 间的隔墙，自声源室侵入噪声的情况。在图 3.16中，声源室的能量密度为 E_1 时穿透过隔墙的入射能量为 $cE_1F/4$，侵入隔壁房间的能量为 $cE_1F\tau/4$。假设受声室里的能量密度为 E_2，入射至室内表面积为 S 的整个墙面的能量为 $cE_2S/4$，平均吸声率为 $\bar{\alpha}$，则吸收的能量为 $cE_2S\bar{\alpha}/4$，因全吸声力 $A_2 = S\bar{\alpha}$，所以在常态下，有

$$\frac{c}{4}E_1F\tau = \frac{c}{4}E_2A_2, \quad \frac{E_1}{E_2} = \frac{1}{\tau}\cdot\frac{A_2}{F} \tag{3.32}$$

声源室、受声室的声压级为 L_1 和 L_2，空间水平差为

$$\begin{aligned} L_1 - L_2 &= 10\lg\frac{E_1}{E_2} = 10\lg\frac{1}{\tau} + 10\lg\frac{A_2}{F} \\ &= \mathrm{TL} + 10\lg\frac{A_2}{F} \end{aligned} \tag{3.33}$$

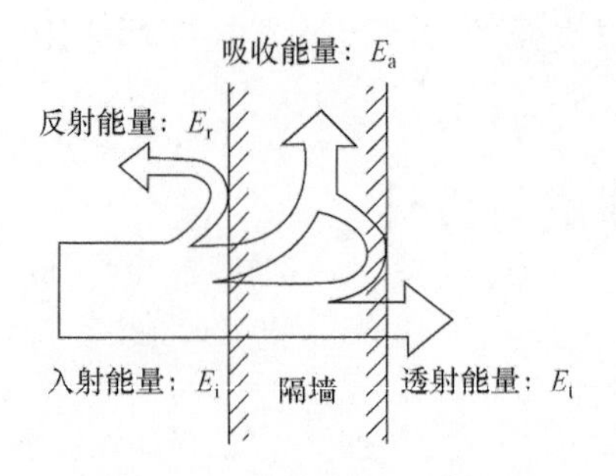

图 3.15　隔墙的吸声与隔声[1]

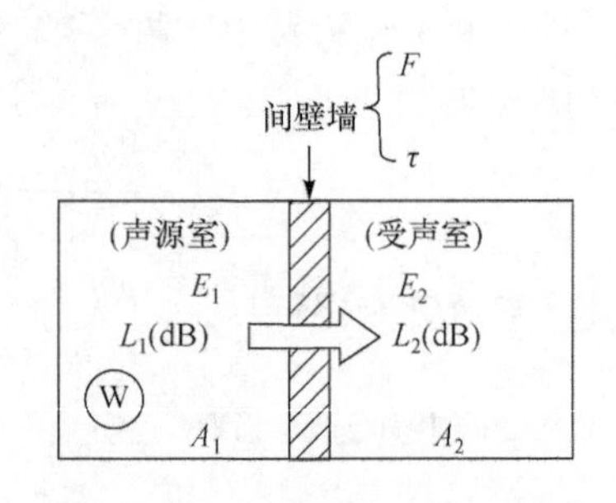

图 3.16　邻室间的噪声传输

3.5.2　单层墙壁的隔声相关的质量定律

1. 垂直射入的情况

研究无限扩大的薄壁中射入角速度为 $\omega=2\pi f$ 的平面波的情况[图 3.17(a)]。

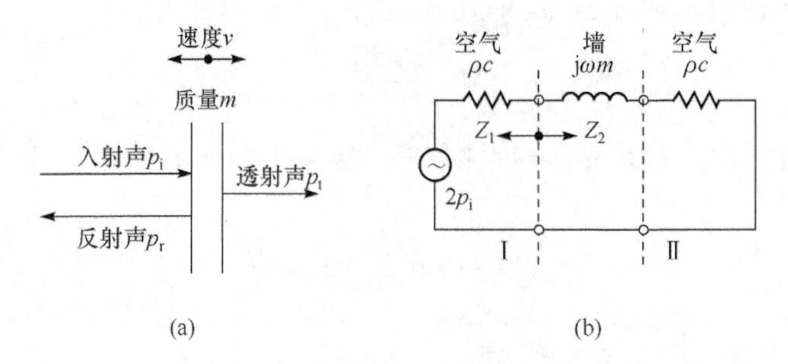

图 3.17　单层壁的隔声及其等效电路[4]

设 p_i、p_r、p_t 分别为入射声、反射声、透射声的声压，墙壁因两面的压力差 $p=(p_i+p_r)-p_t$ 产生振动。设其速度为 v，墙壁的单位面积的质量（墙面密度）为 m，则运动方程为

$$(p_i+p_r)-p_t=m\frac{\mathrm{d}v}{\mathrm{d}t} \tag{3.34}$$

因单弦振动的情况下 $\mathrm{d}/\mathrm{d}t=\mathrm{j}\omega$，得到

$$(p_i+p_r)-p_t=p=\mathrm{j}\omega mv \tag{3.35}$$

所以 $\mathrm{j}\omega m=p/v$ 就是墙壁单位面积的阻抗。

并且，如果接触墙壁两边的空气的粒子速度都等于 v，则

$$\begin{cases} \dfrac{p_i}{\rho c}-\dfrac{p_r}{\rho c}=\dfrac{p_t}{\rho c}=v \\ p_i-p_r=p_t=\rho c v \end{cases} \tag{3.36}$$

由式(3.35)和式(3.36)得到

$$\frac{p_i}{p_t}=1+\frac{j\omega m}{2\rho c} \tag{3.37}$$

所以,传输损失就是

$$TL_0=10\lg\frac{1}{\tau}=10\lg\left|\frac{p_i}{p_t}\right|^2=10\lg\left[1+\left(\frac{\omega m}{2\rho c}\right)^2\right] \tag{3.38}$$

一般情况下,由于$(\omega m)^2 \gg (2\rho c)^2$,所以

$$TL_0\approx 10\lg\left(\frac{\omega m}{2\rho c}\right)^2=20\lg fm-43 \tag{3.39}$$

与频率和墙面密度的对数成正比。这就是与隔声相关的质量定律(mass law)。如果墙壁的质量或频率达到2倍,那么TL_0就增加6dB,存在这样的关系。

用等价回路表示该墙壁的运动,如图3.17(b)所示。

该回路中,如果没有墙壁,如图3.18所示,在墙壁表面的位置上,声压只有入射声p_i。如果是速度为0的完全刚性墙,等价回路的电流不产生流动,回路开放,墙面表面位置上$p_i+p_r=2p_i$,因此$p_r=p_i$。

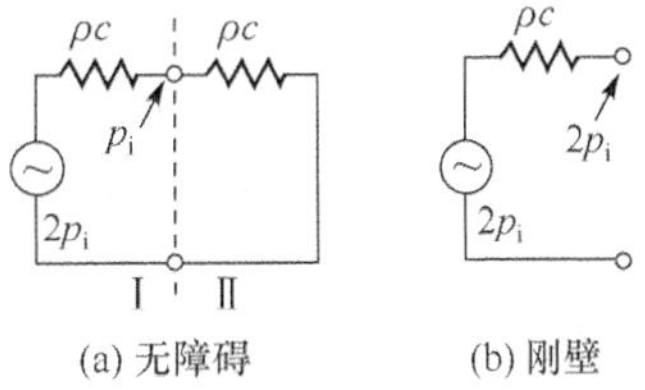

(a) 无障碍　　(b) 刚壁

图3.18　无障碍时的等效电路[4]

在图3.17的回路的截面Ⅰ中,左侧的阻抗为Z_1,右侧的阻抗为Z_2,若墙壁内部没有吸收,则式(3.28)为$E_i=E_r+E_t$,传输系数τ用$\tau=1-|r_p|^2=1-|(Z_2-Z_1)/(Z_2+Z_1)|^2$表示,从公式$Z_1=\rho c$,$Z_2=j\omega m+\rho c$中,可得到式(3.38)。其中,$r_p=p_r/p_i$。

2. 随机入射时的质量定律

当入射角为θ时,同样导出

$$TL_\theta=10\lg\frac{1}{\tau_\theta}=10\lg\left[1+\left(\frac{\omega m\cos\theta}{2\rho c}\right)^2\right] \tag{3.40}$$

计算$\theta=0°\sim 90°$范围的平均值,则随机入射的质量定律公式为$TL_m\approx TL_0-10\lg(0.23TL_0)$。但是,在实际的声场中,在$\theta=0°\sim 78°$的范围内进行

计算，可得到近似公式为

$$TL_m \approx TL_0 - 5 \tag{3.41}$$

使用该公式更接近现实。该定律称为声场入射质量定律。

3. 重合效应

质量定律是由假设墙壁都同样做活塞运动而导出的。但是，平面板还伴随着弯曲振动，就构成了 TL 比质量定律的值要低的原因。

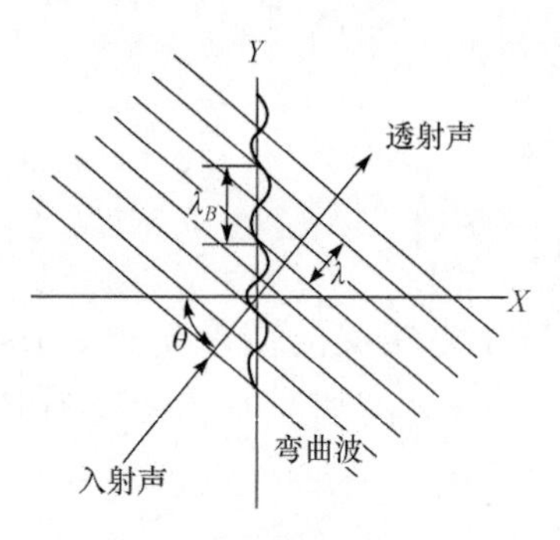

图 3.19 单层墙的声音入射与吻合效应

如图 3.19 所示，波长为 λ 的平面波以入射角 θ 射入墙壁时，在墙面上波长为

$$\lambda_B = \frac{\lambda}{\sin\theta} \tag{3.42}$$

的声压的强弱条纹沿着墙面移动，墙壁发生弯曲振动，该弯曲波在墙壁上传播。

另外，厚度为 h 的平面板的弯曲波的传播速度，是从玻璃的弯曲振动理论导出的，其中密度为 ρ、杨氏模数为 E，泊松比为 ν，则

$$c_B = \left[2\pi h f\sqrt{\frac{E}{12\rho(1-\nu^2)}}\right]^{1/2} \tag{3.43}$$

随频率 f 增加而增加。并且，相对于空气中的声速 c，在满足式(3.42)的条件的频率中，有

$$c_B = \frac{c}{\sin\theta} \tag{3.44}$$

墙壁的弯曲波的振幅与入射声波的振幅发生同等程度的激烈振动，隔声能力明显下降。该频率称为**相干频率**(coincidence frequency)，如图 3.20 所示，不满足质量定律的情况下，相干频率中出现谷的现象，区别于共振，称为**重合效应**(coincidence effect)。

并且相干频率由式(3.42)和式(3.44)可得到

$$f = \frac{c^2}{2\pi h\sin^2\theta}\sqrt{\frac{12\rho(1-\nu^2)}{E}} \tag{3.45}$$

其最低频率在 $\theta = 90°$ 时，有

$$f_c \approx \frac{c^2}{2\pi h}\sqrt{\frac{12\rho}{E}} \tag{3.46}$$

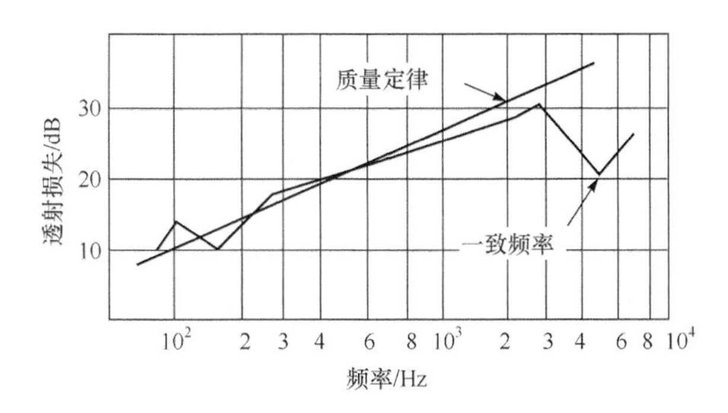

图 3.20 透射损失的测量举例(3mm 厚的玻璃板)[5]

该 f_c 称为边界频率，在比该边界频率更低的频率中，$c_B<c$，不会产生重合效应；在比 f_c 高的频率下，可对于适当的 θ 产生重合效应。

3.5.3 双层墙壁的隔声

根据上述的质量定律，即使壁厚增加 2 倍，单层壁的传输损失只增大 5～6dB。而且随着厚度的增加，相干频率进入低声域，所以危险也有增加的可能性。对此，如果完全独立的隔声墙变成两层，被单层墙阻隔的声音进一步被下一层墙壁阻隔，整体的传输损耗等于每层传输损失之和，这样就会得到非常好的隔声效果。

现实中，两面墙完全独立是不可能的，通过①结构上的结合、②中间的空气层的声响性结合所传输的声音，尤其是在某个频率范围内因存在共鸣，会出现比单层壁的隔声效果差的现象。因此，为了接近理想状态，二者的结合如何隔绝声音，就成为必须要面临的一个问题。

为了隔绝结构上的结合，支持双壁的各自独立，或周围的安装部分可用柔软的材料浮起，尽量避免连续与接触。此外，为隔绝空气层导致的结合，要保证空气层尽可能厚，该空间可做吸声处理。在隔声窗的情况下，空气层的吸声处理仅限于周边部分，为扩大吸声面积，尽可能取厚度大的空气层，使吸声特性与空气层的共鸣频率保持同步。并且，还可以想办法改变玻璃的厚度，与相干频率错开，使一边的玻璃倾斜，不产生明显的共鸣。玻璃压在毛毡上，用橡胶垫圈安装，并且各个窗框在结构上都实现绝缘，制作出独立的双层墙壁是最理想的。

3.6 吸声理论与设计

3.6.1 吸声机构原理

1. 吸声和隔声的比较

隔声是弹回声波的结构，而吸声是吸收声波的结构。因此，隔声根据质量定律实现了高效的隔声性能，但因为吸声材料一般密度都非常小，所以传输损失也很小。

2. 吸声的声能量变换机构

吸声结构中，除了**多孔材料**(porous material)的吸声，还有振动吸声和共鸣吸声等方式。声音的能量转换为板的振动和空气的振动的摩擦热能量进行消耗，故吸声产生的能量转换结构可以分为如下两类。

1) 流动损失

有效的吸声结构中，具有相互连接的气孔和孔，声波在其中传播，通过结构体。在传播过程中，根据声波的粒子速度，引起介质(空气)及周围材料间的运动，结果在结构体中产生边界部分的**黏性流动损失**(viscous flow losses)。

2) 内部摩擦

某种吸声材料通过声波的传播，具有能够压缩或弯曲的弹性纤维结构和多孔结构，能量的散失，除了黏性流动损失，还产生于材料自身的**内部摩擦**(internal friction)。

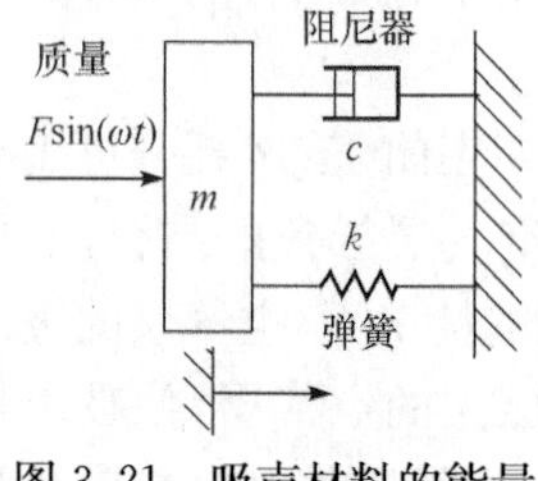

图 3.21 吸声材料的能量转换模型

3. 吸声材料的能量转换模型

如图 3.21 所示，用这种简单化的机械系统模型来说明吸声材料的能量转换结构。m 是内部孔结构中介质的质量，k 是内部结构中介质的体积弹性模数，c 是结构体的能量散失特性(传输损耗和内部摩擦损耗)。

4. 多孔材料的吸声特性与空气层的关系

吸声是将声波的运动能量转换为热能的作用。因此，在空气振动的粒子速度越大的部位使用吸声材料，其效果越好。所以，需要考虑墙壁附近的驻波。向刚性墙壁射入波长为 λ 的声波时，由于入射波的粒子速度 u_1 和反射波

的粒子速度 u_2 的干涉，在墙壁前面产生驻波。

关于入射波，

$$u_1=\frac{p_m}{\rho c}\sin(\omega t-kx)$$

关于反射波，

$$u_2=\frac{p_m}{\rho c}\sin(\omega t+kx)$$

关于合成波，

$$\begin{aligned} u&=u_1-u_2=\frac{p_m}{\rho c}\sin(\omega t-kx)-\frac{p_m}{\rho c}\sin(\omega t+kx) \\ &=-2\frac{p_m}{\rho c}\cos(\omega t)\sin(kx) \end{aligned} \tag{3.47}$$

式中，p_m 是声压的最大振幅值；ρ 是空气密度；c 是空气中的声速；ω 是角速度；$k=\omega/c$；x 是与墙面垂直方向上到墙面的距离。

由式可得，$kx=n\pi$（n 是正整数）时，粒子速度 u 达到最小，$kx=(2n-1)\pi/2$ 即 $x=(2n-1)\lambda/4$ 时，粒子速度 u 达到最大。

换言之，在距离墙壁 1/4 波长的奇数倍的位置，即 $\lambda/4$，$3\lambda/4$，$5\lambda/4$，…的位置，粒子速度达到最大，所以在这个位置设置吸声材料，可以使声波的运动能量有效地转换为热能。因此，将吸声材料直接粘贴在墙壁上是没有意义的，这样只能吸收波长比吸声材料厚度的 4 倍小的高频声音。也就是说，直接贴在墙上时的吸声率，在超过一定频率的高频区域时较大，但在低频区域中则非常小。

对此，取气隙(air gap)平行设置于吸声材料的墙面上，可在低频的特定频率下获得良好的吸声率。此外，理想的平面波在垂直射入吸声材料的情况下，虽然也可按照上述计算，但实际的声场中，因斜射和随机入射的情况较多，有效的气隙层厚度自然会变大，偏离垂直入射的结果。

表示多孔材料性能的两个特性值是**多孔性**(porosity)和**流动阻力**(flow resistance)。多孔性是指相对于材料的整体容积所含的空气容积的比例。流动阻力是指通过空气材质难易程度的特性值，可公式表示为$R_f=\Delta p/(dv)$。这里，Δp 是通过材料时的压力损失，v 是通过空气的速度，d 是材料的厚度。

5. 共鸣器的吸声

声系统各要素的尺寸与波长相比足够小的情况下，系统媒介（空气）的运动可通过具有质量、刚性、阻尼因素的机械系统来表现。如图 3.22 所示，**亥姆霍兹共振器**(Helmholtz resonator)是可以与简单机械发振器相比的重要的声学系统。

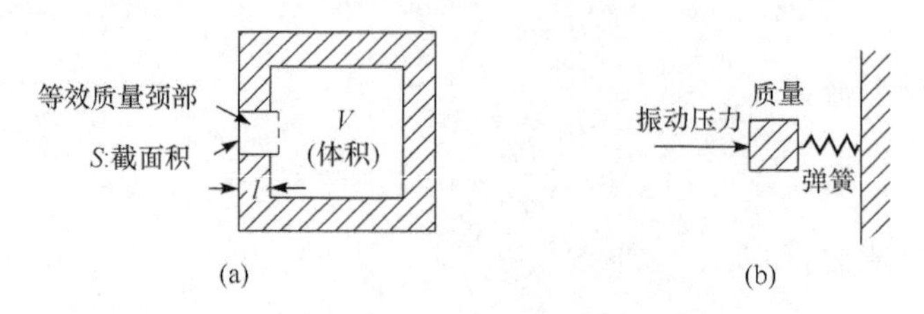

图 3.22　与亥姆霍兹共振器等效的机械系统

亥姆霍兹共振器是由容积为 V 的空洞和外部的介质与截面为 S、长为 l 的头部组成。头部的空气系统发挥着质量因素的作用。共振器的空洞内的空气的压力，通过介质经头部进出时的媒介被压缩、扩大的过程发生变化，也就是构成了刚性因素。在开口部位引起声音向周围的介质辐射，是促进产生声能量的散失衰减因素。因此，亥姆霍兹共振器的最大吸声频率可表示为 $f_0=c\sqrt{S/(lV)}/(2\pi)$。

亥姆霍兹共振器虽然对任意特定频率的降低都有效，但是对宽频频率的降低无效。

6. 振动吸声

1) 吸声板材(panel absorber)

如图 3.23 所示的板状物质，在刚体墙前设置空气层后，就构成了以板材为质点、空气层发挥刚性作用的质点，即刚性系统。能量吸收达到最大时的频率，是与该系统的共振频率一致的情况。因板材自身具有惯性和衰减特性，所以音响能量的一部分转换为运动能量，另一部分以热的形式散失，引起吸声。但是，因板材自身发生振动发挥声放射板的作用，吸声率超过 0.5 的振动吸声系统是很少见的。

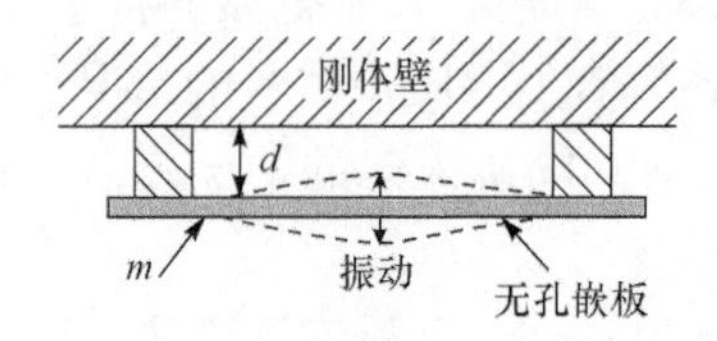

图 3.23　代表性的板状吸声板
d:刚体与嵌板的距离；
m:板的质量

这种平板共振器，对低中频区域是很有效的，但是，超过共振频率后吸声率就会急剧下降。为进一步提高性能，在墙壁与平板间插入衰减材料后，可扩展该共振器可以发挥作用的频率范围。

2）多孔吸声板

作为运用亥姆霍兹共振器原理的吸声结构，通常是如图 3.24 所示的多孔吸声板的结构。

连续打开位于头部的连续小孔，墙壁与平板间封闭有空气层的连续的亥姆霍兹共振器。

如图 3.25 所示，在墙与板材间插入玻璃棉及金属棉等的衰减材料，可以增大共振频率的上下效果。并且理所当然的是，在使一定的孔径连续的共振器中，虽只能出现一个频率的效果，但在理论上只要改变孔径及间隙，可使任意的多个频率都能吸声。

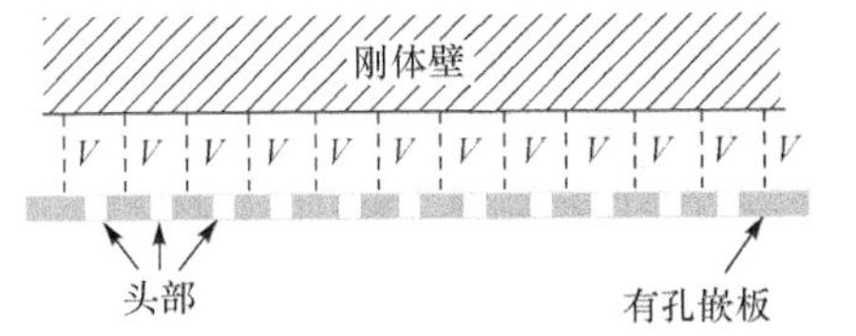

图 3.24 多孔吸声板（亥姆霍兹型）
V:体积的大小

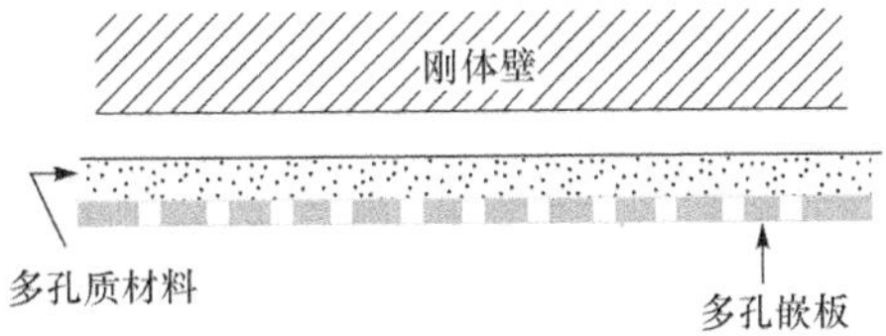

图 3.25 配有多孔质吸声材料的多孔吸声板

7. 消声室的设计

在等质的介质中，可以忽略边界影响的声场称为**自由声场**(free field)。吸声材料的目的，不仅是不让声波穿过，还在于不使声波发生反射。也就是说，使自墙面反射的声波尽可能小，使室内的声场接近自由声场是最理想的，被吸声率为 1 的墙壁围绕的房间完全没有反射声，等同于自由空间。将接近于这种状态的房间称为**消声室**(anechoic room)。

图 3.26 是消声室的理想图。

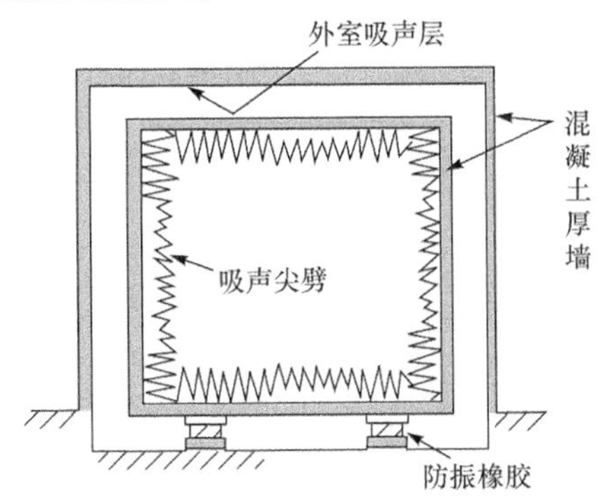

图 3.26 消声室的理想图

消声室的目的之一是使室内自由声场化，还有一个就是遮断来自外部的噪声，所以作为传输损耗较大的材料，使用的是钢筋混凝土做成的厚墙。虽要求有一定的厚度，但厚度超过 20cm 时也是没有意义的，超过该厚度后，只是徒增经济负担，而达不到增加传输损耗的效果。例如，与其选择 25cm 厚度的墙壁，不如选择 15cm 和 10cm 的双壁结构的隔声效果更好。

3.6.2 吸声系数

1. 吸声系数的定义

吸声系数已在式(3.29)中体现，即使是同一种材料，声音的频率、声音的入射角、材料的性能条件等各异，所以并不是材料固有的值。实际上，各种吸声材料所公布的吸声系数，通常用正入射吸声系数 α_n 或混响室法吸声系数 α_{SAB}来表示。进而在理论分析中，在概念上加入重要的统计性吸声系数 α_{st}，来描述各自的定义。

2. 正入射吸声系数

对自材料表面的法线方向垂直射入的平面声波，其吸声系数称为**正入射吸声系数**(normal incident absorption coefficient)，用 α_n 表示。正入射吸声系数的测定方法有驻波法和混响法两种，无论哪一种方法都要用到图 3.27 所示的声管。

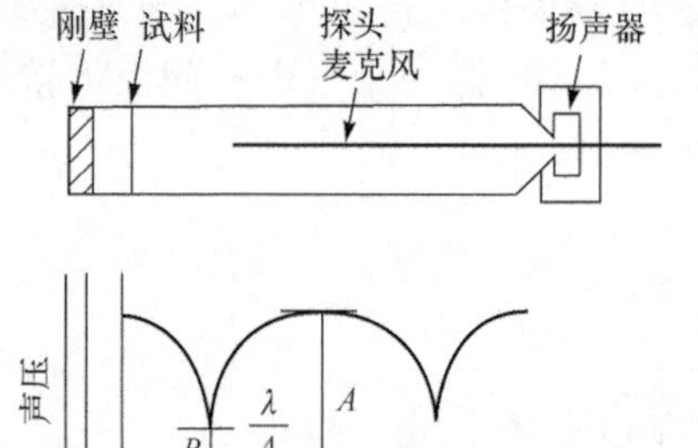

图 3.27 测定正入射吸声系数的声管和管内的声压分布[5]

在前一个方法中，在管的一端设置扬声器产生平面波，使之向设定在另一端的试料(吸声材料)上垂直入射，测得驻波比 n。此时的正入射吸声系数 α_n 定义为

$$\alpha_n=\frac{4}{n+\frac{1}{n}+2} \tag{3.48}$$

并且有关驻波比 n，设管内驻波的峰的压力振幅为 A，谷的压力振幅为 B，则 $n=A/B$。

3. 统计性吸声系数

该吸声系数在无限大的表面放置于完全的**扩散声场**(diffuse field：在声

场内的任意点上实施充分长时间的观测，所关注的频率范围内的平面波无论在任何方向都以同样的强度入射的声场)时，是表示所吸收能量的比例的理想物理量。该概念应用在环绕于其中的**声的成长**(built-up:声源突然鸣响后，声场的声压逐渐增大的状态)的理论分析及相邻房间的能量流的理论分析中。

统计性吸声系数(statistical energy absorption coefficient)α_{st}，具体来说，是用斜入射吸引系数 α_θ 计算以入射角 θ 射入吸声材料表面的声波。有关 α_θ 的求法，有各种各样的提议。一般都比较难，所以这里省略，London 提出了不用 α_θ，根据 α_n 的测定值通过其他的统计方法来计算 α_{st} 的计算公式[6]。

4. 混响室法吸引系数

混响室法吸引系数(reverberation chamber absorption coefficient)，是在混响度较高的声场(扩散声场)内，放入规定面积的材料与不放入规定面积材料时的两种状态下的测定结果，测定**混响室**(reverberation room)的**混响时间**(reverberation time:声源停止后声音存在于室内的时间)，是使用 Sabine[7] 或 Eyring[8] 等学者采用的**混响方程**(reverberation equation)计算出的吸声系数。通常所公布的各种吸声材料的吸声系数，几乎都是通过本方法得出的结果。这是在非常接近扩散声场的情况下进行的测定。

5. 室内平均吸声系数

室内平均吸声系数(room-averaged sound absorption coefficient)是表示室内整体吸声性能的评估量，为了预测接近扩散声场的稳定声场的室内平均声压级，而广泛使用，可表示为

$$\bar{\alpha} = \frac{\sum_{i}^{n} \alpha_i S_i}{S} \tag{3.49}$$

式中，S_i 是第 i 个表面的面积；α_i 是第 i 个表面的吸声系数；$S = \sum S_i$ 是室内的总表面积；n 是室内吸声面的总数。

式(3.49)的分子称为室内吸声力，用 A 表示。即

$$A = \sum \alpha_i S_i = \bar{\alpha} S \tag{3.50}$$

如果室内是阻抗为 I 的扩散声场，则室内单位时间内被吸收的声能量可表示为

$$I\sum_{i}^{n}\alpha_i S_i = I\bar{\alpha}S = IA \tag{3.51}$$

3.7 听觉与声音

本节将讲述处于声音通信系统末端的人的**听觉**(hearing)构造及与声音的发生机构相关的若干问题。

3.7.1 耳朵的构造及功能

人类对于声音的知觉，基于耳朵这一精巧的接收器才能实现。耳朵的构造如图 3.28 所示，大致分为外耳(external ear)、中耳(middle ear)和内耳(inner ear)3 个部分。

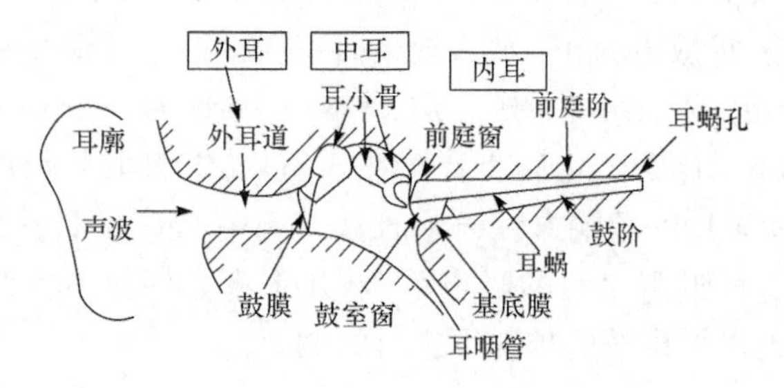

图 3.28 人的听觉器官

外耳由集音器的耳廓(pinna)及相当于传声管的外耳道(auditory canal)组成，外耳道的末端是**鼓膜**(eardrum)。外耳道是直径 7mm、长 27mm 左右的管，在 3000Hz 附近具有共振频率。中耳及外耳通过鼓膜连接。鼓膜是长轴 10mm、短轴 8.5mm 左右的椭圆状的 0.1mm 厚的薄膜。在背离中心的部位附着有称为耳小骨的小骨。耳小骨发挥着将鼓膜的振动传递入内耳的整合阻抗的作用。

内耳是一个充满淋巴液的全长 30mm 的扁平长管，由 $2\frac{3}{4}$ 回旋的**耳蜗**(cochlea)形成，由**基底膜**(basilar membrane)分割开的前庭阶(scala vestibuli)和鼓阶(scala tympani)组成。前庭阶的一端通过前庭窗被机械驱动，另一端通过耳蜗孔连通鼓阶。该动作的机械结构如图 3.29 所示。淋巴液被庭窗驱动后，行波与基底膜相互作用的同时，传播前庭阶。这种情况下，达到基底膜(神经控制)最大振幅的位置，因波长(频率)不同，所以将频率光谱转换为空间光谱进行分析。

图 3.29 是这个耳蜗的二维模型。假设淋巴液是非压缩的、无旋涡的完全流体,假设液体的压力为 p,拉普拉斯方程为

$$\nabla^2 p(x, y)=0 \tag{3.52}$$

以基底膜为中心,前庭阶与鼓阶对称,如图 3.29(b)所示,以除基底膜、前庭窗和鼓阶窗的壁面作为刚性壁,给基底膜施加阻抗作为边界条件进行分析。

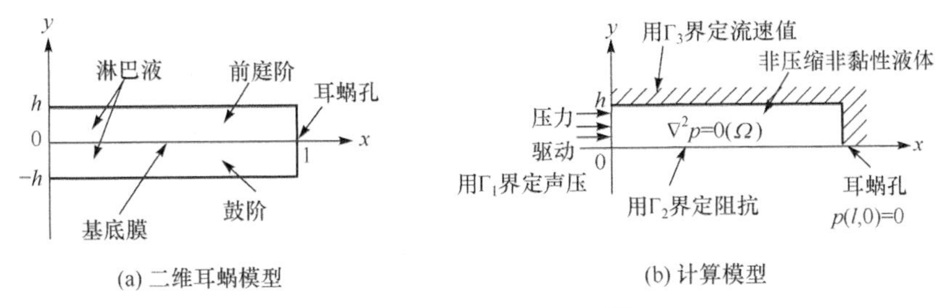

图 3.29 二维耳蜗模型[9]

通过该分析的驱动频率,展示了基底膜位移达到最大位置的不同响应,验证在该阶段,已实施了部分声音频率分析和等级的检出。有关由基底膜检出的相关声音信息,经听觉神经刺激大脑进行传输,作为声音被知觉。并且听觉神经并不仅传达与声音相关的情报,还会引起抑制效果和顺应现象,同时具有识别音色及音调等知觉的功能。

3.7.2 发声机构

声道(vocal tract)是自声门到嘴唇的声波传输路径。其形态如图 3.30 所示。自肺输送的空气通过喉头(larynx)、咽头(pharynx),经口腔(mouth cavity)或鼻腔(nasal cavity)向外部释放。声音中必要的交流成分的发生,在有声音时是靠声带(vocal cord)的振动,无声音时是靠部分声道引起的摩擦及紊流。在口腔内,由下颚、舌头、嘴唇等的运动使声道的形状及内部容积发生变化,从而产生拥有各种频谱和时间构造的语言声音。

声带通常是打开的,若想要发声,关闭时气管的压力上升,突然打开后压力下降,再关闭后压力再上升。像这样发生振动,其振动波形(声门的开口面积)如图 3.31 所示。也就是呈具有停顿时间的三角波形状,其周期为基本频率,其中包含大量的高频波。并且基本频率增高时,声门关闭时间缩短,呈现出接近正弦波的波形。声带的振动波形,并不根据**音位**(phoneme)的不同产生变化,所以主要由音质与音色的个人差别决定。

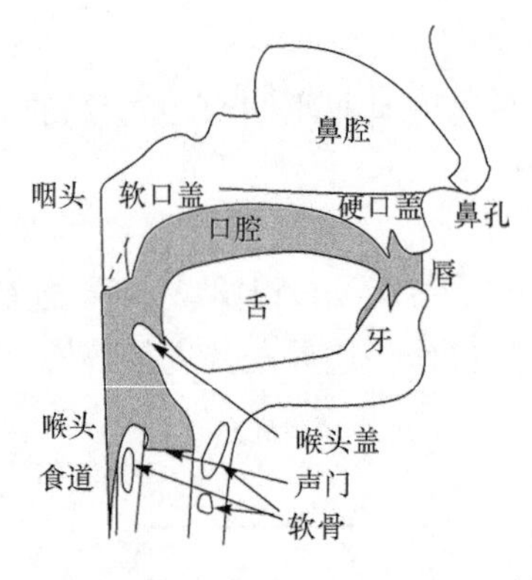

图 3.30 人的声道系统

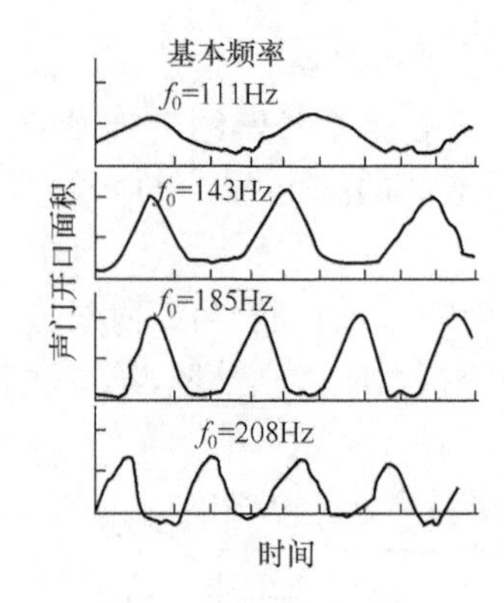

图 3.31 基本频率与声带振动波形[1]

声道是截面的形状和面积发生持续变化的声管，中途被鼻腔(nasal cavity)分成两路。该声管受到激振后，根据传播阻抗，输出时会产生共振及反共振频率。该共振位置称为**共振峰**(formant)，对各种音韵标注特征。像这样调整声道形状的**发音**(articulation)具有生理性的时间限制，受连续发声的说话速度的限制。有报道显示，对于这样的声道发声结构，以壁面作为刚性壁，发自嘴唇的音响，与其横截面积等效的圆板放射阻抗声道末端附着物的分析中得到的共振峰频率是一致的。

参考文献

[1] 西山，池谷，山口，奥島：音響振動工学，コロナ社 (1979)
[2] 伊藤毅：音響工学原論，コロナ社 (1955，1957)
[3] (社)計量管理協会編：騒音と振動の計測，コロナ社 (1995)
[4] 前川純一：建築音響，共立出版 (1978)
[5] 五十嵐寿一責任編集：音響と振動，共立出版 (1968)
[6] London, A.: The Determination of Reverberant Sound Absorption Coefficients from Acoustic Impedance Measurements, J. Acoust. Soc. Am., 22, p. 263 (1950)
[7] Sabine, W. C.: Collected Papers on Acoustic, Harvard Univ. Press (1927)
[8] Eyring, C. F.: J. Acoust. Soc. Am., 1, p. 217 (1930)
[9] 加川幸雄：有限要素法による振動・音響工学，培風館 (1981)

第 4 章　模态特性识别

4.1　引　　言

对机械构造物的振动，有必要实施相应的对策时，首先通过某种方法把握振动特性，理解振动现象是尤为重要的。把握振动特性的方法中，用数学模型来表示系统的振动特性，通过振动实验数据来确定该振动特性的方法称为动态特性的识别。本章用模态特性的形状来表示构造物的动态特性，对此以实验中获取的频率响应函数对模态特性识别进行说明。

由连续体构成的机械构造物中，原本具有无限多的固有模态，而作为振动分析对象，只有限定的频率区域，在该频率区域内只存在有限个固有模态。通常，作为对象的固有模态数从几个到几十个不等，这与使用有限元法分析时的模型化的自由度（几百到几千自由度）相比要少得多。也就是说，模态特性中的模态化特征之一，可列举限定对象频率范围的低量级模型。

并且根据模态分析理论，多自由度的振动现象，通过非耦合化的单自由度振动特性的重合来表示。固有振动频率、固有模态、模态衰减比的模态特性，都是表示非耦合化的每个单自由度系统的振动特性，掌握这些特性，对理解共振等振动现象有很大的帮助。

从实验得到的频率响应函数的模态特性识别，为了拟合频率响应函数的曲线而制定了模态特性，所以称为**曲线拟合**(curve fitting)。很多这种模态特性识别的程序，或组装入 FFT 光谱分析装置等，或作为 EWS(工程工作站)上的软件被市场化。伴随着这样的状况，开发出了各种各样的模态特性识别法，从着眼于一个固有模态抽取模态特性的单自由度法，到采用多输入多输出的频率响应函数矩阵，抽取全部模态特性的方法，可以看到多种多样的扩展。

本章将从目前开发的各种模态特性识别法中选出几个具有代表性的方法进行说明。

4.2　模态特性识别法的分类

4.2.1　识别法的分类

对目前为止开发的模态特性识别法的主要内容进行分类，如图 4.1 所示。

通过实验得到的频率响应函数,进行傅里叶逆变换,可以转换为单位脉冲响应函数。即模态特性识别法可分为频率范围法和时间范围法。但是,傅里叶变换中需要注意的是,只含有限的频率成分的截止误差有可能会混入时间范围数据中。这一般称为时域泄漏误差(time domain leakage)。

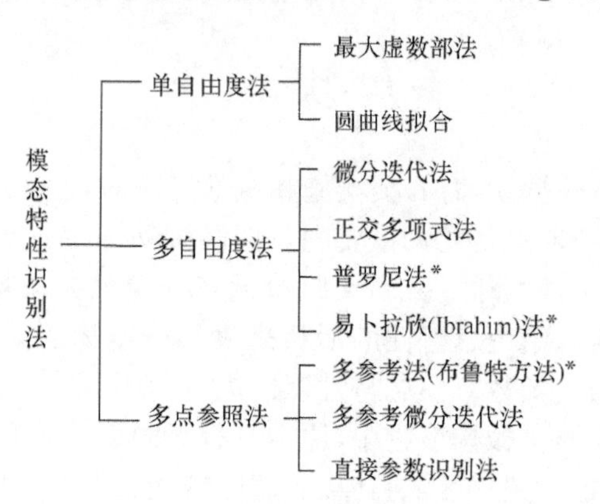

图 4.1 模态特性识别法的分类

* 为时域法,其他为频域法

以识别法为对象按照自由度数进行分类,可分为**单自由度法**(single degree of freedom method,SDOF)和**多自由度法**(multiple degree of freedom method,MDOF)。单自由度法是指只着眼于包含在一个频率响应函数中的固有模态,对此进行识别的方法。也就是说,将各共振峰视为相互独立的单自由度系统的共振峰,独立确定各固有模态的模态特性。另外,多自由度法是在考虑不同的固有模态间的相互影响的同时,对复数的固有模态的模态特性进行识别的方法。在识别精度上,多自由度法更加优越,但因单自由度法可以得到简便的模态特性,可作为近似法,可作为求多自由度法的初始值的方法。

那么,在考虑由构造物的复数频率响应函数求固有振动频率、模态衰减率、固有模态等的模态特性时,虽然固有振动频率、模态衰减率即使在加振点及响应点变化时也不会发生变化,但因固有模态是表示各点的振幅率的特性,所以会随加振点及响应点变化。因此,前者称为**全局参数**(global parameter),后者称为**局部参数**(local parameter)。

识别法中,同时按照所参照的频率响应函数的数值进行分类,分为仅参照一个频率响应函数来求模态特性的**单点法**和同时参照复数的频率响应函数的**多点法**。即使运用单点法,也可以对复数的频率响应函数进行反复的识别计算得到整个系统的模态特性,但是,原本应作为系统的特征值的整体项,由于测定误差和识别误差，每个频率响应函数会得到不同的值。因此，当同时参照复数的频率响应函数时，在提高整体精度的同时，期望得到一贯的模态特性的方法是多点法。

图 4.2 是复数的频率响应函数作为矩阵排列的形式，i 对应的是响应点，j 是加振点。单点法在图中是根据每个频率响应函数识别每个 G_{ij} 的方法。多点法则是指一个加振点所对应的复数的频率响应函数 G_{ij} ($i=1,\cdots,l$)，在图中，同时参照 1 列频率响应函数。加振点为复数的情况下，同时参照图中的复数列的频率响应函数，开发出对应于多点加振的多点法。也就是说，多点法是同时参照图 4.2 所示的一列，或复数列中所有的频率响应函数，识别模态特性的方法。

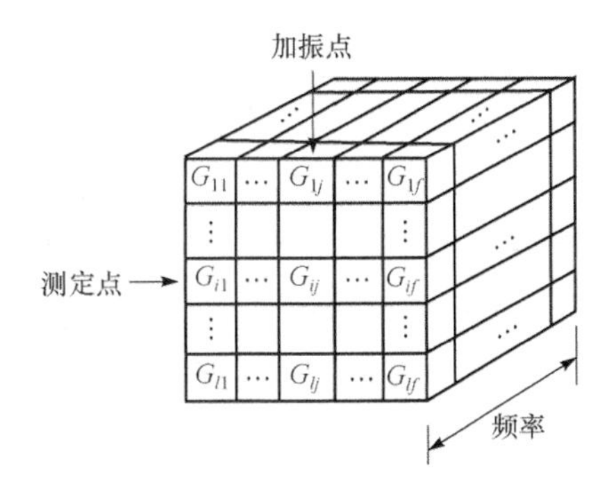

图 4.2　频率响应函数矩阵

4.2.2　频率响应函数的公式化

为对本章中的模态特性识别法进行说明，在此进行频率响应函数的公式化。阻尼的种类除了黏性阻尼外，还使用滞后阻尼，本章中使用的是最普通的一般黏性阻尼。

N 自由度是用矩阵$[\overline{G}(\omega)]$表示一般黏性阻尼系统的柔量(位移/力)的频率响应函数

$$[\overline{G}(\omega)]=\sum_{r=1}^{N}\left[\frac{a_r\{\overline{\phi_r}\}\{\overline{\phi_r}\}^{\mathrm{T}}}{\mathrm{j}\omega-s_r}+\frac{a_r^*\{\overline{\phi_r^*}\}\{\overline{\phi_r^*}\}^{\mathrm{T}}}{\mathrm{j}\omega-s_r^*}\right]\tag{4.1}$$

式中，* 表示复共轭，s_r 表示特征值

$$s_r=-\sigma_r+\mathrm{j}\omega_{\mathrm{d}r}\tag{4.2}$$

其中，σ_r 是模态衰减率，rad/s；$\omega_{\mathrm{d}r}$是阻尼固有角振动频率，rad/s；$\{\overline{\phi_r}\}$是固有模态(N 维)；a_r 是模态系数。$[\overline{G}(\omega)]$是 $N\times N$ 的矩阵，(i,j)成分表示以点 i

为测定点，以点 j 为加振点的频率响应函数。

在实际的构造物中，N 被认为是极大的，位于分析的对象频率范围内的固有模态数 n 与其相比是非常小的($n \ll N$)，并且，测定点及加振点的数量同样也被限定。因此，规定测定点有 l 个，在固有模态向量中只排列这 l 个元素的量为$\{\phi_r\}$，其中的 f 应由加振点选择，这些排成的向量用$\{\phi_r\}_f$ 来表示，可测定的 l 行、f 列的频率响应函数矩阵$[G(\omega)]$可表示为

$$[G(\omega)] = \sum_{r=1}^{N}\left[\frac{a_r\{\phi_r\}\{\phi_r\}_f^{\mathrm{T}}}{\mathrm{j}\omega - s_r} + \frac{a_r^*\{\phi_r^*\}\{\phi_r^*\}_f^{\mathrm{T}}}{\mathrm{j}\omega - s_r^*}\right] \tag{4.3}$$

该公式相当于图 4.2 的频率响应函数矩阵。

并且在 1 点处加振，在多点进行测定的情况下，测定的频率响应函数只是 1 列频率响应函数，将标量的 $a_r\phi_{rj}$(j 是加振点编号)重新设置为 a_r，得到表达式为

$$\{G(\omega)\} = \sum_{r=1}^{n}\left[\frac{a_r\{\phi_r\}}{\mathrm{j}\omega - s_r} + \frac{a_r^*\{\phi_r^*\}}{\mathrm{j}\omega - s_r^*}\right] \tag{4.4}$$

进而，仅使用一个频率响应函数的单点参照的情况下，分子变成标量，加振点为 i，响应点为 j，$G_{ij}(\omega)$可表示为

$$G_{ij}(\omega) = \sum_{r=1}^{n}\left(\frac{a_r}{\mathrm{j}\omega - s_r} + \frac{a_r^*}{\mathrm{j}\omega - s_r^*}\right) \tag{4.5}$$

式中，a_r 是留数(residue)，与式(4.3)的对应关系中，有

$$a_r = a_r\phi_{ri}\phi_{rj} \tag{4.6}$$

进而，以 U_r，V_r 为实数，则

$$a_r = U_r + \mathrm{j}V_r \tag{4.7}$$

可得到

$$G_{ij}(\omega) = \sum_{r=1}^{n}\left(\frac{U_r + \mathrm{j}V_r}{\mathrm{j}\omega - s_r} + \frac{U_r - \mathrm{j}V_r}{\mathrm{j}\omega - s_r^*}\right) \tag{4.8}$$

比例黏性阻尼在普通黏性阻尼的特殊情况下，在式(4.8)中 $U_r = 0$，即对应留数是纯虚数的情况。比例黏性阻尼中的频率响应函数，可以表示成如下近似单自由度系统的柔量公式：

$$G_{ij}(\omega) = \sum_{r=1}^{n}\frac{\dfrac{1}{K_r}}{1 - \left(\dfrac{\omega}{\Omega_r}\right)^2 + 2\mathrm{j}\zeta_r\left(\dfrac{\omega}{\Omega_r}\right)} \tag{4.9}$$

式中，Ω_r、ζ_r、K_r 分别表示无阻尼固有角振动频率(rad/s)、模态衰减率、等价刚性，下述关系成立。

$$\Omega_r=\sqrt{\sigma_r^2+\omega_{dr}^2}$$

$$\zeta_r=\frac{\sigma_r}{\Omega_r}$$

$$\frac{1}{K_r}=\frac{2V_r\sqrt{1-\zeta_r^2}}{\Omega_r} \tag{4.10}$$

下面设分析对象角振动频率的范围为 $\omega_a\leqslant\omega\leqslant\omega_b$，研究该范围外存在的固有模态的影响的补正方法。式(4.9)中若 $\Omega_r\ll\omega$，则 r 次的成分 $G_{ij}^{(r)}(\omega)$ 为

$$G_{ij}^{(r)}(\omega)\approx\lim_{\frac{\Omega_r}{\omega}\to 0}\frac{-\frac{1}{K_r}}{\left(\frac{\omega}{\Omega_r}\right)^2\left[1-\left(\frac{\Omega_r}{\omega}\right)^2-2\mathrm{j}\zeta_r\left(\frac{\Omega_r}{\omega}\right)\right]} \tag{4.11}$$

设等价质量为 M_r，由 $\Omega_r^2=K_r/M_r$，得到

$$G_{ij}^{(r)}(\omega)\approx\lim_{\frac{\Omega_r}{\omega}\to 0}\frac{-\frac{1}{M_r\omega^2}}{1-\left(\frac{\Omega_r}{\omega}\right)^2-2\mathrm{j}\zeta_r\left(\frac{\Omega_r}{\omega}\right)}=\frac{1}{M_r\omega^2}=\frac{Y_{ij}}{\omega^2} \tag{4.12}$$

并且，如果 $\Omega_r\gg\omega$，则

$$G_{ij}^{(r)}(\omega)\approx\lim_{\frac{\omega}{\Omega_r}\to 0}\frac{\frac{1}{K_r}}{1-\left(\frac{\omega}{\Omega_r}\right)^2+2\mathrm{j}\zeta_r\left(\frac{\omega}{\Omega_r}\right)}=\frac{1}{K_r}=Z_{ij} \tag{4.13}$$

式中，Y_{ij}/ω^2 是比对象振动频率范围低量级存在的固有模态($\Omega_r<\omega_a$)的补正项，因 $1/Y_{ij}$ 表示与质量同量级，所以称为**剩余质量**(residual mass)；Z_{ij} 是比对象振动频率范围高量级存在的固有模态($\Omega_r>\omega_b$)的补正项，$1/Z_{ij}$ 总结高次模态的影响，因类似于一个弹簧，所以称为**剩余刚度**(residual stiffness)。

通过追加这样的剩余项，式(4.9)的频率响应函数可以改写为

$$G_{ij}(\omega)=\sum_{r=1}^{n}\frac{\frac{1}{K_r}}{1-\left(\frac{\omega}{\Omega_r}\right)^2+2\mathrm{j}\zeta_r\left(\frac{\omega}{\Omega_r}\right)}+\frac{Y_{ij}}{\omega^2}+Z_{ij} \tag{4.14}$$

同样，在式(4.3)的右边加上$[Y]/\omega^2$，$[Z]$；在式(4.4)的右边加上$\{Y\}/\omega^2$，$\{Z\}$，可对对象振动频率范围外的固有模态的影响进行补正。

4.2.3　单位脉冲响应函数的公式化

在 4.2.2 节中，进行了频率响应函数的公式化，在此，通过将其进行傅里叶逆变换，导出单位脉冲响应函数。单位冲击响应函数可作为拟合时间领域

曲线的输入数据使用。

频率响应函数为$G(\omega)$，单位冲击响应函数为$h(t)$，则可以得到如下傅里叶逆变换对：

$$\begin{cases} G(\omega) = \int_0^{\infty} h(t)\mathrm{e}^{-\mathrm{j}\omega t}\,\mathrm{d}t \\ h(t) = \dfrac{1}{2\pi}\int_{-\infty}^{\infty} G(\omega)\mathrm{e}^{\mathrm{j}\omega t}\,\mathrm{d}\omega \end{cases} \tag{4.15}$$

据此求单位脉冲响应函数时，式(4.3)中对应的l行、f列的单位脉冲响应函数矩阵为

$$[h(t)] = \sum_{r=1}^{n}[a_r\{\phi_r\}\{\phi_r\}_f^{\mathrm{T}}\mathrm{e}^{s_r t} + a_r^*\{\phi_r^*\}\{\phi_r^*\}_f^{\mathrm{T}}\mathrm{e}^{s_r^* t}] \tag{4.16}$$

并且，加振点为j、响应点为i的单位脉冲响应函数为

$$h_{ij}(t) = \sum_{r=1}^{n}[a_r\mathrm{e}^{s_r t} + a_r^*\mathrm{e}^{s_r^* t}] \tag{4.17}$$

并且，如果用U_r、V_r表示，则

$$h_{ij}(t) = 2\sum_{r=1}^{n}\mathrm{e}^{-\sigma_r t}(U_r\cos\omega_{\mathrm{d}r}t - V_r\sin\omega_{\mathrm{d}r}t) \tag{4.18}$$

一般来说，在单位脉冲响应函数中，不考虑剩余项的模型化。

4.3 单自由度法

单自由度法是仅着眼于包含在频率响应函数的复数中的一个固有模态，求模态特性的方法。本方法中，将共振峰视为相互独立的单自由度系统的共振峰，来识别模态特性，模态衰减率相对较小，接近的频率中不存在其他固有模态等，所以固有模态间的小规模耦合是必要的。

在不满足该条件，或共振峰附近的频率响应函数中混入的杂声较强的情况下，会出现无法识别或精度显著下降的情况。但是如果是这样，可通过简单的计算得到良好的近似值。

4.3.1 伯德图的使用方法

该方法是通过直接读取图表求得共振频率和模态衰减率的方法。

若以比例黏性阻尼为例，所关注的r次的共振峰，可近似地用下述单自由度表示：

$$G_{ij}(\omega)=\sum_{r=1}^{n}\frac{\frac{1}{K_{ij}^{(r)}}}{1-\left(\frac{\omega}{\Omega_r}\right)^2+2\mathrm{j}\zeta_r\left(\frac{\omega}{\Omega_r}\right)} \tag{4.19}$$

首先读取伯德图上作为对象的共振峰顶点的角振动频率 ω_f 和量级 $|G|_{\max}$，ω_f 视为固有振动频率($\Omega_r=\omega_f$)。然后读取量级 $|G|$ 在最大值 $|G|_{\max}$ 的 $1/\sqrt{2}$ 处的 2 个角振动频率 ω_a 和 ω_b，$\omega_b-\omega_a=\Delta\omega(\omega_a<\omega_f<\omega_b)$。此时的模态衰减率可近似地通过下述公式求得：

$$\zeta_r=\frac{\Delta\omega}{2\omega_f} \tag{4.20}$$

该方法是从绝对值的平方达到最大值的一半时的频率推定出的，所以称为**半功率法**(half power method)。并且

$$|G_{ij}|_{\max}\approx\frac{1}{2K_{ij}^{(r)}\zeta_r} \tag{4.21}$$

据此，可得到 $K_{ij}^{(r)}$。但是，为了避免受到邻接的其他模态的影响，代替式(4.21)，使用频率响应函数的虚部：

$$\mathrm{Im}\{G_{ij}(\omega_f)\}\approx\frac{-1}{2K_{ij}^{(r)}\zeta_r} \tag{4.22}$$

根据式(4.22)求 $K_{ij}^{(r)}$。

$1/K_{ij}^{(r)}$ 是留数，对于不同的响应点($i=1,\cdots,l$)，可依次参照频率响应函数求$1/K_{ij}^{(r)}$，求出固有模态，即

$$\left\{\frac{1}{K_{1j}^{(r)}},\cdots,\frac{1}{K_{lj}^{(r)}}\right\}=a_r\{\phi_{r1},\cdots,\phi_{rl}\} \tag{4.23}$$

4.3.2　圆曲线拟合

一般黏性阻尼系统中，在 r 次的固有模态比较突出的共振点附近频率范围内，可无视其他固有模态的影响，或可用与频率无关的复常数表示的情况下，该共振点附近的频率响应函数可以如下单自由度系统来表示。

$$G_{ij}(\omega)=\frac{U_r+\mathrm{j}V_r}{\sigma_r+\mathrm{j}(\omega-\omega_{dr})}+\frac{U_r-\mathrm{j}V_r}{\sigma_r+\mathrm{j}(\omega+\omega_{dr})}+R_r+\mathrm{j}I_r \tag{4.24}$$

式中，右边第一项 $\omega=\omega_{dr}$ 中，或第二项 $\omega=-\omega_{dr}$ 中，表示各自的绝对值达到极大。因此，$\omega\approx\omega_{dr}$ 时，右边第 2 项与第 1 项相比十分小，可近似包含在剩余项 $R_r+\mathrm{j}I_r$ 中。此时，式(4.24)就变成

$$G_{ij}(\omega)=\frac{U_r+\mathrm{j}V_r}{\sigma_r+\mathrm{j}(\omega-\omega_{dr})}+R_r+\mathrm{j}I_r \tag{4.25}$$

注意式(4.25)右边的第一项,若实部为 x,虚部为 y,则

$$\frac{U_r+\mathrm{j}V_r}{\sigma_r+\mathrm{j}(\omega-\omega_{\mathrm{d}r})}=x+\mathrm{j}y \tag{4.26}$$

式中

$$x=\frac{U_r\sigma_r+V_r(\omega-\omega_{\mathrm{d}r})}{\sigma_r^2+(\omega-\omega_{\mathrm{d}r})^2},\quad y=\frac{-U(\omega-\omega_{\mathrm{d}r})+V_r\sigma_r}{\sigma_r^2+(\omega-\omega_{\mathrm{d}r})^2} \tag{4.27}$$

且已经确认 x、y 必须满足

$$\left(x-\frac{U_r}{2\sigma_r}\right)^2+\left(y-\frac{V_r}{2\sigma_r}\right)^2=\frac{U_r^2+V_r^2}{4\sigma_r^2} \tag{4.28}$$

式(4.28)表示在复平面中的 $x+\mathrm{j}y$ 的轨迹,形成中心为 $(U_r/(2\sigma_r), V_r/(2\sigma_r))$,半径为 $\sqrt{U_r^2+V_r^2}/(2\sigma_r)$ 的一个圆。这个是以 $R_r+\mathrm{j}I_r$ 平行移动的公式(4.25),显示如图 4.3 所示的形状。

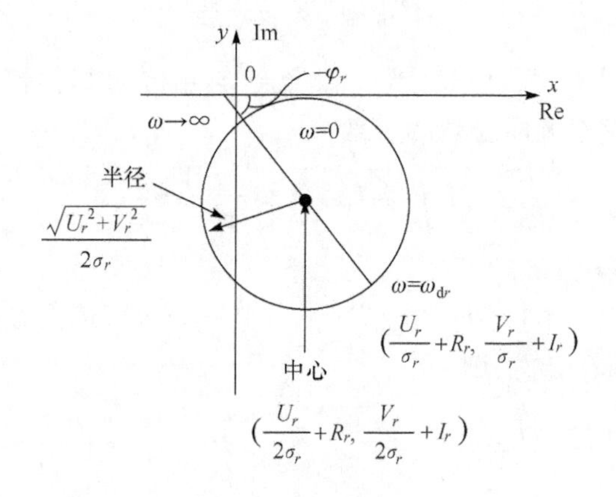

图 4.3 单自由度系统柔量与奈奎斯特圆

通过实验得到的频率响应函数的共振峰附近的 m 个离散数据 (x_k, y_k) $(k=1\sim m)$,根据最小平方法对最适合这些点所组成的圆进行参数估算,称为**圆曲线拟合**(circle curve fitting)。

圆的方程式为

$$x^2+y^2+ax+by+c=0 \tag{4.29}$$

对于第 k 个数据

$$x_k^2+y_k^2+ax_k+by_k+c=\varepsilon_k \tag{4.30}$$

式(4.30)右边的 ε_k 是误差,考虑求该平方和达到最小时的 a,b,c。设误差的平方和得到 λ,则

$$\lambda=\sum_{k=1}^{m}\varepsilon_k^2=\sum_{k=1}^{m}(x_k^2+y_k^2+ax_k+by_k+c)^2 \tag{4.31}$$

误差 λ 用未知数 a,b,c 微分，设得到零，则

$$\begin{cases}\dfrac{\partial\lambda}{\partial a}=2\sum\limits_{k=1}^{m}(x_k^2+y_k^2+ax_k+by_k+c)x_k=0\\ \dfrac{\partial\lambda}{\partial b}=2\sum\limits_{k=1}^{m}(x_k^2+y_k^2+ax_k+by_k+c)y_k=0\\ \dfrac{\partial\lambda}{\partial c}=2\sum\limits_{k=1}^{m}(x_k^2+y_k^2+ax_k+by_k+c)=0\end{cases} \tag{4.32}$$

对 a,b,c 进行整理，得

$$\begin{bmatrix}\sum x_k^2 & \sum x_k y_k & \sum x_k\\ \sum x_k y_k & \sum y_k^2 & \sum y_k\\ \sum x_k & \sum y_k & m\end{bmatrix}\begin{Bmatrix}a\\ b\\ c\end{Bmatrix}=\begin{Bmatrix}-\sum(x_k^3+x_k y_k^2)\\ -\sum(x_k^2 y_k+y_k^3)\\ -\sum(x_k^2+y_k^2)\end{Bmatrix} \tag{4.33}$$

根据 a,b,c，可求出中心及半径，得

$$\begin{cases}-\dfrac{a}{2}=\dfrac{U_r}{2\sigma_r}+R_r,\quad -\dfrac{b}{2}=\dfrac{V_r}{2\sigma_r}+I_r\\ \dfrac{\sqrt{U_r^2+V_r^2}}{2\sigma_r}=\sqrt{\left(\dfrac{a}{2}\right)^2+\left(\dfrac{b}{2}\right)^2-c}\end{cases} \tag{4.34}$$

式(4.34)中，有 5 个未知数 U_r,V_r,σ_r,R_r,I_r，除此之外还需要给出 2 个条件。此外，固有角振动频率 ω_{dr} 也有必要通过其他方法确定。

对于这些条件，可给出下述内容。

(1) 关于 ω_{dr}，由奈奎斯特图上描绘的共振点附近的数据点 $(x_k,y_k)(k=1,\cdots,m)$，假设相邻数据间的距离最大的 2 点 $(x_k,y_k)\sim(x_{k+1},y_{k+1})$ 的中间点存在固有振动频率，可规定如下：

$$\omega_{dr}=\frac{\omega_k+\omega_{k+1}}{2} \tag{4.35}$$

(2) 设连接中心点及 ω_{dr} 点的直线与实轴构成的角为 ϕ_r，则根据式(4.3)，可得到 V_r/U_r 的关系为

$$\tan\phi_r=-\frac{V_r}{U_r} \tag{4.36}$$

(3) 计算夹持 ω_{dr} 的相邻 2 点与中心点构成的角 $\Delta\psi_r$，设角振动频率的间隔为 $\Delta\omega$，得

$$\sigma_r = \frac{2\Delta\omega}{\Delta\psi_r} \tag{4.37}$$

由此可求得模态衰减率[1]。

使用上述条件及式(4.34),可求出所有的未知数。但是,圆曲线拟合在共振峰附近的数据数较少的情况下,存在不合理的对应大圆的情况,需要注意。

4.4 多自由度法

在此,使用计算的一个频率响应函数,同时识别其中所包含的复数固有模态,针对单点参照的多自由度法,选取代表性的方法进行说明。在图 4.1 所示的四种方法中,**微分迭代法**(differential iteration method)和**正交多项式法**(orthogonal polynomial method)是频率范围的方法,**普罗尼法**(Prony's method)和易卜拉欣法(Ibrahim's method)是时间范围的方法。这里,由于篇幅的限定,仅针对前面三个方法进行说明。

因多自由度法是同时考虑多个固有模态的模态特性进行识别的,所以存在邻近的固有模态及阻尼相对较大的固有模态等情况,在不可能忽视固有模态间的耦合的情况下是较为有效的方法。

4.4.1 微分迭代法

通常,由实验获得的频率响应函数,含有超过未知参数数目的数据。如果频率响应函数的测定值完全没有误差,且假定模型正确,理论式的曲线应该能与所有的数据完全吻合。而实际上,由于测定数据中混入了某种误差,理论式的曲线与测定数据完全吻合的情况是不可能的。因此,在进行系统的识别时,为了使测定数据与理论式所构成的曲线间的误差最小,要确定理论式中包含的参数。而为了实现该目的,最一般的方法是最小平方法。并且,基于该思想的频率领域中的最小平方法就是微分迭代法[1,2]。

点 i 与点 j 间的频率响应函数在包含剩余项时,可表示为

$$G_{ij}(\omega) = \sum_{r=1}^{n} \left\{ \frac{U_r + \mathrm{j}V_r}{\sigma_r + \mathrm{j}(\omega - \omega_{dr})} + \frac{U_r - \mathrm{j}V_r}{\sigma_r + \mathrm{j}(\omega + \omega_{dr})} \right\} + \frac{Y}{\omega^2} + Z \tag{4.38}$$

式中,σ_r,ω_{dr}是整体项;U_r,V_r,Y,Z 是局部项。如式(4.38)所示,$G_{ij}(\omega)$在代入 U_r,V_r,Y,Z 是呈线性的,在代入 σ_r,ω_{dr}时会出现分母,是非线性的。因此,前者的局部项称为线性项,后者的整体项称为非线性项。

论及参数的推定或曲线的对应,如果未知参数只有线性项,则可根据最小

平方法来解(参照本章附录)。**线性最小平方法**(linear least squares method)是不需要反复计算,通过联立方程式(正规方程式)得到解的一种非常简便的方法。但是,构成频率响应函数的模态特性,含有上述非线性项。因此,给出模态特性的初始值,频率响应函数在初始值的模态特性中周围进行泰勒展开,使非线性项线性化,求模态特性的变化量的方法就是微分迭代法。

式(4.38)虽然是复数,但未知数全部是实数。因此,将 $G_{ij}(\omega)$ 分为实部与虚部,用实变量以最小平方法来解:

$$\begin{cases} G^{R}(\omega_k)=\sum_{r=1}^{n}\left\{\dfrac{U_r\sigma_r+V_r(\omega_k-\omega_{dr})}{\sigma_r^2+(\omega_k-\omega_{dr})^2}+\dfrac{U_r\sigma_r-V_r(\omega_k+\omega_{dr})}{\sigma_r^2+(\omega_k+\omega_{dr})^2}\right\}+\dfrac{Y}{\omega^2}+Z \\ G^{I}(\omega_k)=\sum_{r=1}^{n}\left\{\dfrac{-U_r(\omega_k-\omega_{dr})+V_r\sigma_r}{\sigma_r^2+(\omega_k-\omega_{dr})^2}-\dfrac{U_r(\omega_k+\omega_{dr})+V_r\sigma_r}{\sigma_r^2+(\omega_k+\omega_{dr})^2}\right\} \end{cases} \tag{4.39}$$

与此对应,通过实验测得的频率响应函数表示为 $E^{R}(\omega_k)+jE^{I}(\omega_k)$,假设可以得到 $k=1,\cdots,m$ 中的 m 个数据,m 个数据相关的误差自乘和 λ 表示为

$$\lambda=\sum_{k=1}^{m}[\{E^{R}(\omega_k)-G^{R}(\omega_k)\}^2+\{E^{I}(\omega_k)-G^{I}(\omega_k)\}^2]W(\omega_k) \tag{4.40}$$

式中,$W(\omega_k)$是重叠函数。进而,上述公式为

$$\begin{cases} E=\{E^{R}(\omega_1),\cdots,E^{R}(\omega_m),E^{I}(\omega_1),\cdots,E^{I}(\omega_m)\}^{T} \\ G=\{G^{R}(\omega_1),\cdots,G^{R}(\omega_m),G^{I}(\omega_1),\cdots,G^{I}(\omega_m)\}^{T} \\ W=\mathrm{diag}\{W(\omega_1),\cdots,W(\omega_m),W(\omega_1),\cdots,W(\omega_m)\} \end{cases} \tag{4.41}$$

可改写为

$$\lambda=\{E-G\}^{T}W\{E-G\} \tag{4.42}$$

未知数的模态特性,$\sigma_r,\omega_{dr},U_r,V_r(r=1,\cdots,n),Y,Z$ 共计有 $4n+2$ 个,把这些全部作为并列的位置向量 a,G 是 a 的函数,$G=G(a)$。为了求误差函数 λ 在最小时的 a,在式(4.42)中,用模态特性 a_j 对 λ 进行微分,设等于零,则

$$\begin{aligned} \frac{\partial\lambda}{\partial a_j}&=-\left\{\frac{\partial G}{\partial a_j}\right\}^{T}W\{E-G\}-\{E-G\}^{T}W\left\{\frac{\partial G}{\partial a_j}\right\} \\ &=-2\left\{\frac{\partial G}{\partial a_j}\right\}^{T}W(E-G)=0 \end{aligned} \tag{4.43}$$

对此,将所有的 $a_j(j=1,\cdots,4n+2)$进行微分,且并列向量用$\{\partial\lambda/\partial a\}$表示为

$$\left\{\frac{\partial\lambda}{\partial a}\right\}=-2\left[\frac{\partial G}{\partial a}\right]^{T}W(E-G)=0 \tag{4.44}$$

这里，$[\partial G/\partial a]$是 $2m$ 行、$(4n+2)$列的雅可比矩阵，i 行、j 列的成分用$\partial G_i/\partial a_j$表示。具体来说，有关各变量的微分为

$$\left\{\begin{aligned}
&\frac{\partial G^{\mathrm{R}}(\omega_k)}{\partial \sigma_r}=\frac{U_r C_r-2V_r(\omega_k-\omega_{\mathrm{dr}})\sigma_r}{A_r^2}+\frac{U_r D_r+2V_r(\omega_k+\omega_{\mathrm{dr}})\sigma_r}{B_r^2}\\
&\frac{\partial G^{\mathrm{I}}(\omega_k)}{\partial \sigma_r}=\frac{V_r C_r+2U_r(\omega_k-\omega_{\mathrm{dr}})\sigma_r}{A_r^2}+\frac{2U_r(\omega_k+\omega_{\mathrm{dr}})\sigma_r-V_r D_r}{B_r^2}\\
&\frac{\partial G^{\mathrm{R}}(\omega_k)}{\partial \omega_{\mathrm{dr}}}=\frac{V_r C_r+2U_r(\omega_k-\omega_{\mathrm{dr}})\sigma_r}{A_r^2}+\frac{V_r D_r-2U_r(\omega_k+\omega_{\mathrm{dr}})\sigma_r}{B_r^2}\\
&\frac{\partial G^{\mathrm{I}}(\omega_k)}{\partial \omega_{\mathrm{dr}}}=\frac{-U_r C_r+2V_r(\omega_k-\omega_{\mathrm{dr}})\sigma_r}{A_r^2}+\frac{U_r D_r+2V_r(\omega_k+\omega_{\mathrm{dr}})\sigma_r}{B_r^2}\\
&\frac{\partial G^{\mathrm{R}}(\omega_k)}{\partial U_r}=\frac{\sigma_r}{A_r}+\frac{\sigma_r}{B_r}\\
&\frac{\partial G^{\mathrm{I}}(\omega_k)}{\partial U_r}=\frac{-(\omega_k-\omega_{\mathrm{dr}})}{A_r}-\frac{\omega_k+\omega_{\mathrm{dr}}}{B_r}\\
&\frac{\partial G^{\mathrm{R}}(\omega_k)}{\partial V_r}=\frac{\omega_k-\omega_{\mathrm{dr}}}{A_r}-\frac{\omega_k+\omega_{\mathrm{dr}}}{B_r}\\
&\frac{\partial G^{\mathrm{I}}(\omega_k)}{\partial V_r}=\frac{\sigma_r}{A_r}-\frac{\sigma_r}{B_r}\\
&\frac{\partial G^{\mathrm{R}}(\omega_k)}{\partial Y}=\frac{1}{\omega_k^2},\quad \frac{\partial G^{\mathrm{I}}(\omega_k)}{\partial Y}=0\\
&\frac{\partial G^{\mathrm{R}}(\omega_k)}{\partial Z}=1,\quad \frac{\partial G^{\mathrm{I}}(\omega_k)}{\partial Z}=0\\
&A_r=\sigma_r^2+(\omega_k-\omega_{\mathrm{dr}})^2\\
&B_r=\sigma_r^2+(\omega_k+\omega_{\mathrm{dr}})^2\\
&C_r=-\sigma_r^2+(\omega_k-\omega_{\mathrm{dr}})^2\\
&D_r=-\sigma_r^2+(\omega_k+\omega_{\mathrm{dr}})^2
\end{aligned}\right. \tag{4.45}$$

假设初始值的模态特性向量为 a_0，在 a_0 附近式(4.44)成立。则在公式

$$a=a_0+\delta a \tag{4.46}$$

中，假设式(4.44)成立。$G(a)$在 a_0 中进行泰勒展开到 1 次项，得到

$$G(a)=G(a_0)+\left[\frac{\partial G}{\partial a}\right]\delta a \tag{4.47}$$

将其代入式(4.44)可得

$$\left[\frac{\partial G}{\partial a}\right]^{\mathrm{T}} W\left\{E-G(a_0)-\left[\frac{\partial G}{\partial a}\right]\delta a\right\}=0 \tag{4.48}$$

由此可得

$$b = A\delta a \tag{4.49}$$

$$\begin{cases} A = \left[\dfrac{\partial G}{\partial a}\right]^{\mathrm{T}} W \left[\dfrac{\partial G}{\partial a}\right] \\ b = \left[\dfrac{\partial G}{\partial a}\right]^{\mathrm{T}} W\{E - G(a_0)\} \end{cases} \tag{4.50}$$

式(4.49)是关于 δa 的联立方程式(正规方程式),通过解该方程式,可求得初始值的模态特性 a_0 对应的变量 δa。

但是该变量是在以频率响应函数为模态特性的初始值中进行泰勒展开,通过线性近似求得的,得到的模态特性并不一定是使误差函数 λ 达到最小值。因此,得到的模态特性 a 作为新的初始值 a_0,进一步重复计算直至在误差函数降到最小值。通过这种反复计算得到模态特性的方法就是微分迭代法。

并且,如误差函数 λ 使得式(4.40)中包含的重叠函数 $W(\omega_k)$ 所示,在微分迭代法中可以使用频率范围的重叠函数。有关该重叠函数的设定:

(1) 不采用重叠函数。即 $W(\omega_k)=1$。

(2) 与频率响应函数的绝对值或绝对值的平方成反比。

$$W(\omega_k) = \frac{1}{|E(\omega_k)|^n} \qquad (n=1 \text{ 或 } 2) \tag{4.51}$$

在此,之所以用方法(2),是因为在评价频率响应函数的拟合度时,通常采用伯德图,而为了使绝对值与对数能够保持一致,通常采用该函数。

该设定的问题点在于,过度地评价了反共振点等的误差,作为振动现象具有更重要的意义,共振峰中有可能会产生较大的误差。并且,虽然方法(1)的误差被认为是最自然的设定方法,但所用的振动实验数据包含刚体模态的柔性(位移/力)的情况下,频率响应函数的能动范围变成极大,小振幅高频率范围的数据误差也被忽略,导致精确度下降。再如,在柔性范围方面评价误差和在加速度范围(加速度/力)方面评价误差,会出现所得的识别结果存在差异的不合理现象。

因此,通过向模态特性识别法中导入推测统计学的思维,提出了统计学上的合理的函数设定方法[3,4]。

(3) 重叠函数即频率响应函数方差的倒数。由此测定的频率响应函数与**相干函数**(coherence function)用 $\gamma^2(\omega_k)$ 表示为

$$W(\omega_k) = \frac{\gamma^2(\omega_k)}{1-\gamma^2(\omega_k)} \cdot \frac{1}{|E(\omega_k)|^2} \tag{4.52}$$

该设定方法的基本观点是,方差小的相干函数接近 1,测定数据使用较大的权重,相反,如果相干函数接近零,对通过在可信度低的测定数据中使用小的权

重，使得结果得到的模态特性的可信度提高。通过该方法设定权重函数的微分迭代法，在统计学上等效于**极大似然法**(maximum likelihood method)。

并且，由于微分迭代法为进行反复计算需要使用模特特性的初始值，所以若初始值不合理，会出现解无法收敛，或得不到正确的解的情况。一般来说，通过直接读取图表，或实施单自由度曲线拟合，可赋予固有振动频率及模态衰减率的初始值。有关其他的模态特性之留数 $U_r + jV_r$ 与剩余项 Y、Z 的初始值，可通过最小平方法求得。也就是说，非线性项的模态特性 σ_r、ω_{dr} 如果可通过某种方法确定，那么线性项的模态特性 U_r、V_r、Y、Z，便可轻易地通过最小平方法求得。该方法称为线性直接法，接下来将进行说明。

4.4.2 线性直接法

将排列所有未知数的线性项的模态特性 U_r、$V_r(r=1,\cdots,n)$、Y、Z 排成 $(2n+2)$ 次的实向量设为 a_L。因非线性项已经通过某种方法求得了，所以可将频率响应函数向量 G 视为 a_L 的函数。将式(4.38)的误差函数 λ 用向量 a_L 微分设等于零，可得到与式(4.44)类似的公式：

$$\left\{\frac{\partial\lambda}{\partial a_L}\right\}=-2\left[\frac{\partial G}{\partial a_L}\right]W\{E-G\}=0 \tag{4.53}$$

在此，研究有关线性项的偏微分 $\partial G_i/\partial a_{Lj}$，通过式(4.45)中的线性项微分便可一目了然，$[\partial G/\partial a_L]$ 中不包含 a_L。即可写成

$$G=\left[\frac{\partial G}{\partial a_L}\right]a_L \tag{4.54}$$

将该公式代入式(4.53)中可得

$$\left[\frac{\partial G}{\partial a_L}\right]^{\mathrm{T}}WE=\left[\frac{\partial G}{\partial a_L}\right]^{\mathrm{T}}W\left[\frac{\partial G}{\partial a_L}\right]a_L \tag{4.55}$$

这是关于未知向量 a_L 的 $(2n+2)$ 次的联立方程式(正规方程式)。并且该方程式通常可以轻易地用计算机求解。但作为计算技巧上的问题，在求解时，与实际上求式(4.55)的正规方程式的解相比，众所周知，实施雅可比矩阵的 QR 分解在计算时间和精度上更具有优势[5]。

这样的线性直接法不需要反复计算，可以很容易求解。该方法不仅在频率范围适用，在时间范围也同样适用。在很多模态特性识别法中，为了求模态特性的非线性项使用了固定值分析法，但对于线性项，线性直接法的应用则更为广泛。

4.4.3 正交多项式法

由于微分迭代法能够在频率范围内使测定数据及理论式的误差的自乘和

达到最小,确定模态特性,所以一般其适应精度较好。但另一方面,由于需要给出模态特性的初始值,根据设定的初始值的不同,可能会出现计算无法收敛的问题。而对于这个问题,正交多项式法不需要初始值,基本上可通过设定自由度数求得模态特性。

通过式(4.5),用变量 $s(s=\mathrm{j}\omega)$ 来描述频率响应函数,可写成

$$G_{ij}(\omega)=\sum_{r=1}^{n}\left\{\frac{a_r}{s-s_r}+\frac{a_r^*}{s-s_r^*}\right\} \tag{4.56}$$

该公式可转换为有理函数:

$$G_{ij}(\omega)=\frac{\sum_{r=0}^{M}p_r s^r}{\sum_{r=0}^{N}q_r s^r} \tag{4.57}$$

式(4.57)的分母与分子分别是关于 s 的 N 次及 M 次的实系数多项式,在与式(4.56)的关系中,$N=2n$ 且 $M<N$。如式(4.56)所明确的那样,分母多项式

$$\sum_{r=0}^{N}q_r s^r=0 \tag{4.58}$$

的根为极值,可给出系统的特征值。并且,$q_N=1$。此外,分子的多项式

$$\sum_{r=0}^{M}p_r s^r=0 \tag{4.59}$$

的根为零,可给出频率响应函数中的反共振点。换言之,分母的多项式可视为系统整体的共同整体项,而分子的多项式是各频率响应函数不同的局部项。

那么,在式(4.57)的公式化中,分母是 $2n$ 次的多项式,假设固有模态数 n 为 10,会形成 20 次的代数方程。并且,对于分子也是同样,用之后阐述的线性化最小平方法推定参数时,方程式形成不良条件,在计算机上求出数值上稳定的解比较困难。

正交多项法[6]是能够克服多项式的这种问题的方法。式(4.57)可表示为

$$G(\omega_k)=\frac{\sum_{r=0}^{M}c_r\phi_{kr}}{\sum_{r=0}^{N}d_r\theta_{kr}} \tag{4.60}$$

式中,ϕ_{kr}、θ_{kr} 表示 r 次的正交多项式的振动频率 ω_k 的值,有如下所示的正交性。

$$\sum_{k=1}^{m}\phi_{kr}^*\phi_{ks}=\begin{cases}0 & (r\neq s)\\ 0.5 & (r=s)\end{cases} \tag{4.61}$$

$$\sum_{k=1}^{m}\theta_{kr}^{*}\,|E(\omega_k)|^2\theta_{ks}=\begin{cases}0 & (r\neq s)\\0.5 & (r=s)\end{cases}\tag{4.62}$$

其中,$E(\omega_k)$表示通过实验得到的频率响应函数;* 表示共轭复数。

然后,对频率响应函数按照式(4.60)的形式进行公式化,对求参数 c_r、d_r 的方法进行说明。如式(4.60)所示,原本分子 c_r 是线性项,分母 d_r 是非线性项,在此方法中,按照如下所示将其转换为线性问题。即由式(4.60)可得

$$\sum_{r=0}^{M}c_r\phi_{kr}-G(\omega_k)\Big(\sum_{r=0}^{N}d_r\theta_{kr}\Big)=0\tag{4.63}$$

在这里将 $G(\omega_k)$转换为频率响应函数的测定值 $E_k=E(\omega_k)$,可得

$$\sum_{r=0}^{M}c_r\phi_{kr}-E_k\Big(\sum_{r=0}^{N}d_r\theta_{kr}\Big)=\varepsilon_k\tag{4.64}$$

由于测定值 E_k 通常含有某种误差,ε_k 不可能为零。所以,设误差函数 λ 为

$$\lambda=\sum_{k=1}^{m}|\varepsilon_k|^2=\varepsilon^{\mathrm{H}}\varepsilon\tag{4.65}$$

求最小值的参数(H 表示共轭转置)。

由于未知参数 c_r、d_r 相对于误差 ε_k 呈线性,可通过线性的最小平方法求得。即通过式(4.64),误差向量 ε 可写成下述形式:

$$\varepsilon=Pc-Qd-b\tag{4.66}$$

其中

$$P=\begin{bmatrix}\phi_{1,0} & \cdots & \phi_{1,M}\\ \vdots & & \vdots\\ \phi_{m,0} & \cdots & \phi_{m,M}\end{bmatrix},\quad Q=\begin{bmatrix}E_1\theta_{1,0} & \cdots & E_1\theta_{1,N-1}\\ \vdots & & \vdots\\ E_m\theta_{m,0} & \cdots & E_m\theta_{m,N-1}\end{bmatrix}$$
$$b=\begin{Bmatrix}E_1\theta_{1,N}\\ \vdots\\ E_m\theta_{m,N}\end{Bmatrix},\quad c=\begin{Bmatrix}c_0\\ \vdots\\ c_M\end{Bmatrix},\quad d=\begin{Bmatrix}d_0\\ \vdots\\ d_{N-1}\end{Bmatrix}\tag{4.67}$$

由此可得误差函数 λ 为

$$\lambda=\varepsilon^{\mathrm{H}}\varepsilon=(c^{\mathrm{T}}P^{\mathrm{H}}-d^{\mathrm{T}}Q^{\mathrm{H}}-b^{\mathrm{H}})(Pc-Qd-b)\tag{4.68}$$

式中

$$\begin{cases}\dfrac{\partial\lambda}{\partial c}=c-2\mathrm{Re}[P^{\mathrm{H}}Q]d-\mathrm{Re}[P^{\mathrm{H}}b]=0\\[2mm]\dfrac{\partial\lambda}{\partial d}=-2\mathrm{Re}[Q^{\mathrm{H}}P]c+d=0\end{cases}\tag{4.69}$$

由此可得

$$\begin{bmatrix} I & X \\ X^{\mathrm{T}} & I \end{bmatrix}\begin{Bmatrix} c \\ d \end{Bmatrix}=\begin{Bmatrix} y \\ 0 \end{Bmatrix} \tag{4.70}$$

其中

$$\begin{aligned} X&=-2\mathrm{Re}[P^{\mathrm{H}}Q] \\ y&=-2\mathrm{Re}[P^{\mathrm{H}}b] \end{aligned} \tag{4.71}$$

这里，式(4.70)的方程式可作如下分解：

$$(X^{\mathrm{T}}X-I)d=X^{\mathrm{T}}y \tag{4.72}$$

$$c=y-Xd \tag{4.73}$$

这样的正交多项式法，可在仅给出自由度的情况下求得模态特性。但是，为了除去包含在测定数据中的噪声的影响，对剩余成分进行补偿，计算中所设定的自由度要比对象频率范围内包含的模态数多。并且，做这样的设定时，被识别的固有模态中，存在如何区分计算上的模拟模态与真实模态的问题。这是与接下来要阐述的时间范围的曲线拟合方法共同的问题。

4.4.4　普罗尼法

此方法是时间范围的曲线拟合方法，单位脉冲响应作为输入数据使用。对此，还可以直接使用打击实验的响应时刻波形，但一般情况下，是通过对频率域获得的频率响应函数实施傅里叶逆变换，生成单位脉冲响应函数，作为输入数据。

采用此方法的优点在于，在求频率响应函数时可轻易实现平均化，降低测定噪声，并且在进行傅里叶逆变换时，可通过限定频率范围实施变焦处理，可实施特定的固有对象的识别计算等。而缺点在于，在进行傅里叶逆变换时，由于频率范围有限，易混入截止误差，导致时间领域的数据出现偏离。该性质是时间范围的模态特性识别法的共同性质。

在以某种单位脉冲响应函数为对象时，由式(4.17)可表示为

$$h(t)=\sum_{r=1}^{n}(a_r \mathrm{e}^{s_r t}+a_r^* \mathrm{e}^{s_r^* t}) \tag{4.74}$$

式中，a_r 是留数，s_r 是特征值

$$\begin{cases} a_r=U_r+\mathrm{j}V_r \\ s_r=-\sigma_r+\mathrm{j}\omega_{\mathrm{d}r} \end{cases} \tag{4.75}$$

假设 Δt 为时间间隔，$t=i\Delta t$，可得

$$h(i\Delta t)=\sum_{r=1}^{n}(a_r \mathrm{e}^{s_r i\Delta t}+a_r^* \mathrm{e}^{s_r^* i\Delta t}) \tag{4.76}$$

将 $h(i\Delta t)$ 表示为 $h(i)$，则

$$x_r = \mathrm{e}^{s_r \Delta t} \tag{4.77}$$

可得

$$h(i) = \sum_{r=1}^{n} (a_r x_r^i + a_r^* x_r^{*i}) = \sum_{r=1}^{2n} a_r x_r^i \tag{4.78}$$

此处，使用以 $x_r(r=1,\cdots,2n)$ 为根的 $2n$ 次代数方程：

$$\begin{aligned}\prod_{r=1}^{2n}(x - x_r) &= \prod_{r=1}^{n}(x - x_r)(x - x_r^*) \\ &= x^{2n} + b_{2n-1}x^{2n-1} + \cdots + b_1 x + b_0 = 0\end{aligned} \tag{4.79}$$

即

$$\sum_{i=0}^{2n} b_i x^i = 0 \tag{4.80}$$

其中

$$b_{2n} = 1 \tag{4.81}$$

在此，用 b_i 乘以 $h(i)$，将 $i=0,\cdots,2n$ 时的值相加，可得

$$\begin{aligned}b_0 h(0) &= b_0 a_1 x_1^0 + b_0 a_2 x_2^0 + \cdots + b_0 a_{2n} x_{2n}^0 \\ b_1 h(1) &= b_1 a_1 x_1^1 + b_1 a_2 x_2^1 + \cdots + b_1 a_{2n} x_{2n}^1 \\ &\vdots \\ +\quad b_{2n} h(2n) &= b_{2n} a_1 x_1^{2n} + b_{2n} a_2 x_2^{2n} + \cdots + b_{2n} a_{2n} x_{2n}^{2n}\end{aligned}$$

$$\sum_{i=0}^{2n} b_i h(i) = a_1 \sum_{i=0}^{2n} b_i x_1^i + a_2 \sum_{i=0}^{2n} b_i x_2^i + \cdots + a_{2n} \sum_{i=0}^{2n} b_i x_{2n}^i \tag{4.82}$$

因为 $x_r(r=1,\cdots,2n)$ 是式(4.80)的根，均为零。即

$$\sum_{i=0}^{2n} b_i h(i) = 0 \tag{4.83}$$

使用式(4.81)，得到

$$h(2n) = -\sum_{i=0}^{2n-1} b_i h(i) \tag{4.84}$$

该关系即使以时间为整体，仅使 k 移动也同样成立，且可轻易验证，所以

$$h(k+2n) = -\sum_{i=0}^{2n-1} b_i h(k+i) \tag{4.85}$$

也就是说，显示当有连续 $(2n+1)$ 个时间系列数据时，通过最初的 $2n$ 个线性结合可预测下述数据。

要求未知系数 $b_i(i=1,\cdots,2n)$，组成 $2n$ 组式(4.85)，解下述联立方程式即可：

$$\begin{bmatrix} h(0) & \cdots & h(2n-1) \\ \vdots & & \vdots \\ h(2n-1) & \cdots & h(4n-2) \end{bmatrix} \begin{Bmatrix} b_0 \\ \vdots \\ b_{2n-1} \end{Bmatrix} = -\begin{Bmatrix} h(2n) \\ \vdots \\ h(4n-1) \end{Bmatrix} \tag{4.86}$$

但是这样一来，测定数据中包含误差的情况下会直接受到误差的影响。通常，固有模态数多达几十个，时间系列数据数与其相比可以多很多，通过最小平方法求解。也就是说，假设时间系列数据数为 m，以 ε 作为误差向量，那么

$$Hb = y + \varepsilon \tag{4.87}$$

式中

$$H = \begin{bmatrix} h(0) & \cdots & h(2n-1) \\ \vdots & & \vdots \\ h(m-2n-1) & \cdots & h(m-2) \end{bmatrix}$$
$$b = \begin{Bmatrix} b_0 \\ \vdots \\ b_{2n-1} \end{Bmatrix},\quad y = -\begin{Bmatrix} h(2n) \\ \vdots \\ h(m-1) \end{Bmatrix},\quad \varepsilon = \begin{Bmatrix} \varepsilon_1 \\ \vdots \\ \varepsilon_{m-2n} \end{Bmatrix} \tag{4.88}$$

在此，考虑误差函数 λ 最小的情况

$$\lambda = \sum_{i=1}^{m-2n} \varepsilon_i^2 = \varepsilon^{\mathrm{T}} \varepsilon \tag{4.89}$$

该函数通过线性最小平方法来解

$$b = (H^{\mathrm{T}} H)^{-1} H^{\mathrm{T}} y \tag{4.90}$$

由此，可确定未知向量 b。

在此求得 b_i 后，通过解式(4.79)的代数方程式，可解得根 $x_r(r=1,\cdots,2n)$。并且，因 b_i 是实数，在实根以外的复数范围内具有虚根 x_r 时，其共轭复数 x_r^* 也是根。

由式(4.75)和式(4.77)可得

$$x_r = \exp(-\sigma_r + \mathrm{j}\omega_{\mathrm{d}r})\Delta t \tag{4.91}$$

或

$$x_r = \mathrm{e}^{-\sigma_r \Delta t}(\cos\omega_{\mathrm{d}r}\Delta t + \mathrm{j}\sin\omega_{\mathrm{d}r}\Delta t) \tag{4.92}$$

在此，在复数平面上表示根 x_r 位置，如图 4.4 所示。有

$$\sigma_r = \frac{\ln|x_r|}{\Delta t} \tag{4.93}$$

$$\omega_{\mathrm{d}r} = \frac{1}{\Delta t}\angle x_r \tag{4.94}$$

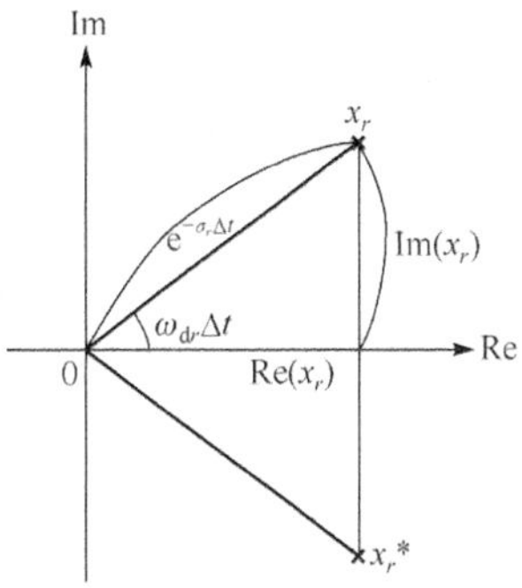

图 4.4　复数平面上根 x_r 的位置

其中，$|x_r|$表示复数 x_r 的绝对值，$\angle x_r$ 表示其偏角。

4.5 多点参照法

如 4.2.1 节所示，同时参照多个频率响应函数，得到系统整体的模态特性的方法，称为多点参照法。该方法通过同时参照尽可能多的频率响应函数，来提高模态特性的识别精度，在存在接近的固有模态及局部的振动模态的情况下有效。且很多多点参照法，不仅是测定点，还可采用多个加振点，可对应多点加振。尤其是在分离相同频率下具有多个独立的重根的固有模态时，更有必要使用多点加振。

多点参照法在频率响应函数正确计算的情况下，能够实现高精度的识别，但需注意以下问题。

在用多点计算频率响应函数时，通过移动传感器、重新安装加振机，进行细微的系统动态特性的变化，计算过程中会出现固有振动频率发生变化的情况。对于这样计算的频率响应函数，会判断为固有振动频率的偏离不同的近似模态，无论使用什么样的多点参照法，都无法求得一贯的动态特性。也就是说，在使用多点参照法时，需要密切注意频率响应函数的计算，以保持数据的一贯性。

4.5.1 多点参照法理论

多点参照法(poly-reference method，也称为 **bold** 法)[7]是单点参照的时间范围之普罗尼法向多点参照领域的扩展。多点参照法在较早时期便开发，至 1980 年广泛使用。

该方法对应多点加振，可得到 f 点加振 l 点响应的频率响应函数。下面对此方法进行说明。对这样的频率响应函数进行傅里叶逆变换，可得到单位脉冲响应。这里使用的响应可以是位移、速度、加速度的任一种。$t=k\Delta t$(Δt 为时间间隔)时的 l 点响应用纵向排列的向量$\{H_b(k)\}$表示。

假定自由度为 n 的一般黏性阻尼系统中

$$\{H_b k\}=[\phi][\beta]^k\{\xi_b\} \tag{4.95}$$

式中

$$\begin{aligned}[\beta]&=\mathrm{diag}(\mathrm{e}^{s_1\Delta t},\cdots,\mathrm{e}^{s_{2n}\Delta t})\\ [\phi]&=[\{\phi_1\},\cdots,\{\phi_{2n}\}]\end{aligned} \tag{4.96}$$

且$\{\xi_b\}$是以点 b 为加振点时的模态贡献率。点 $k=0,\cdots,p$ 的纵向排列，可得

$$\begin{Bmatrix} H_b(0) \\ H_b(1) \\ \vdots \\ H_b(p) \end{Bmatrix} = \begin{bmatrix} [\phi] \\ [\phi][\beta] \\ \vdots \\ [\phi][\beta]^p \end{bmatrix} \{\xi_b\} = [\psi]\{\xi_b\} \tag{4.97}$$

式中，p 的设定必须是满足 $2n=lp$ 的整数。由此，在测定点数 l 较大的情况下，计算假设的模态数 n 的设定就会受到很大的限制。因此，一般情况下，加振点数 f 都比测定点数 l 要小，且在线性系统中，由于 Maxwell-Betti 的相反定理成立，更换加振点与响应点，将 f 点加振、l 点响应的频率响应函数用 l 点加振、f 点响应的频率响应函数解释，适用于本方法。因此，以下将得到 l 点加振、f 点响应的频率响应函数，对其进行说明。

在式(4.97)中，设定 n, p 满足 $2n=lp$，由于矩阵$\{\psi\}$的行为 $f(p+1)=(2n+f)$，列为 $2n$，行比列仅多了 f，则存在以下行为 f、列为$(2n+f)$的矩阵$[Q]$：

$$[Q][\psi]=[0] \tag{4.98}$$

将$[Q]$分割为 $p+1$ 个的 f 行、f 列的部分矩阵$[B_i]$，即

$$[Q]=[[B_p][B_{p-1}]\cdots[B_1][B_0]] \tag{4.99}$$

由此

$$\sum_{i=0}^{p}[B_i][\phi][\beta]^{p-i} = [0] \tag{4.100}$$

并且，以$[B_0]$为单位矩阵，则得到

$$\sum_{i=0}^{p}[B_i]\{H_b(p-i+k)\} = \{H_b(p+k)\} \tag{4.101}$$

此式在 k 为任意值时均成立。将式(4.101)中 k 值赋予 $k=0,1,\cdots,m-1$，可得

$$[B][T_b]=-[D_b] \tag{4.102}$$

式中

$$\begin{cases} [B]=[[B_1][B_2]\cdots[B_p]] \\ [T_b]=\begin{bmatrix} \{H_b(p-1)\} & \{H_b(p)\} & \cdots & \{H_b(p+m-2)\} \\ \{H_b(p-2)\} & \{H_b(p-1)\} & \cdots & \{H_b(p+m-3)\} \\ \vdots & \vdots & & \vdots \\ \{H_b(0)\} & H_b(1) & \cdots & \{H_b(m-1)\} \end{bmatrix} \\ [D_b]=[\{H_b(p)\} \quad \{H_b(p+1)\} \quad \cdots \quad \{H_b(p+m-1)\}] \end{cases} \tag{4.103}$$

并且，即使加振点 b 发生变化，式(4.102)同样成立，$b=1,\cdots,l$ 排列可得

$$[B][[T_1],\cdots,[T_l]]=-[[D_1],\cdots,[D_l]] \tag{4.104}$$

通常，因得到的数据数比矩阵的要素数多($fml>2nf$)，所以式(4.104)可用最小平方法求解。此时，式(4.104)可表示为

$$[B][T]=-[D] \tag{4.105}$$

取等号两边的转置

$$[T]^{\mathrm{T}}[B]^{\mathrm{T}}=-[D]^{\mathrm{T}} \tag{4.106}$$

对此，适用于本章末所记述的最小平方法，可如下所示求解：

$$[B]=\Big[\sum_{b=1}^{l}[D_b][T_b]^{\mathrm{T}}\Big]\Big[\sum_{b=1}^{l}[T_b][T_b]^{\mathrm{T}}\Big]^{-1} \tag{4.107}$$

按照以上所述，可求得矩阵[B]。接下来由矩阵[B]求特征值和固有模态。将式(4.100)与已经证明的公式进行组合，可得到

$$\begin{bmatrix} -[B_1] & -[B_2] & \cdots & -[B_{p-1}] & -[B_p] \\ [I] & 0 & \cdots & 0 & 0 \\ 0 & [I] & \ddots & \vdots & \vdots \\ \vdots & \ddots & \ddots & 0 & \vdots \\ 0 & \cdots & 0 & [I] & 0 \end{bmatrix} \begin{bmatrix} [\phi][\beta]^{p-1} \\ [\phi][\beta]^{p-2} \\ \vdots \\ [\phi][\beta] \\ [\phi] \end{bmatrix} = \begin{bmatrix} [\phi][\beta]^{p-1} \\ [\phi][\beta]^{p-2} \\ \vdots \\ [\phi][\beta] \\ [\phi] \end{bmatrix} [\beta] \tag{4.108}$$

也就是说，将式(4.108)用下述

$$[A][\Phi]=[\Phi][\beta] \tag{4.109}$$

表示，通过对矩阵[A]的固有值进行分析，可得特征向量 Φ_r 和固有值 β_r。并且，通过向量 Φ_r 的部分向量可求得振动固有模态 ϕ_r，有关特征值，由式(4.96)可知，呈现出 $\beta_r=\mathrm{e}^{s_r\Delta t}$ 的关系，所以和普罗尼法一样，可得到固定值 $s_r=-\sigma_r+\mathrm{j}\omega_{dr}$[式(4.93)和式(4.94)]。由此得到的向量$\{\phi_r\}$表示 f 个加振点的振动模态。也就是说，相当于式(4.3)中的$\{\phi_r\}_f$。因此，最终需求出跨全测定点的固有模态$\{\phi_r\}$，进而有必要求出各自的频率响应函数中的留数。

在使用时间范围数据的情况下，可针对各测定点用最小平方法通过式(4.95)求$\{\xi_b\}$。若输入数据是单位冲击响应，由于$\{\xi_b\}$可视为固有模态成分，将$\{\xi_b\}$的 r 次成分表示为 ξ_{br}，$\{\phi_r\}$的 b 点成分表示为 ϕ_{rb}，由 $\xi_{br}=\phi_{rb}$($b=1,\cdots,l$)可求得跨全测定点的固有模态$\{\phi_r\}$。并且，此时各频率响应函数在式(4.3)中可表示 $a_r=1$，i 点响应、j 点加振的留数可通过公式

$$U_r+\mathrm{j}V_r=\xi_{ir}\phi_{rj} \tag{4.110}$$

求出。同样的计算还可以在频率范围内进行。

如前所述,该方法作为早期的多点参照法而广泛使用。在时间范围的模态特性识别法中精度较高,在刻度容量和实行时间方面也较为有利。但是,如普罗尼法中所述,基于频率响应函数测定的识别法,由于在时间域受特有的截止误差的影响,以后述的频率域识别法的开发作为中心任务。

4.5.2　多点偏分法

多点偏分法(multi-reference differential iteration method)[8]是将单点参照的微分迭代法向多点参照法的扩展,进而为提高识别精度,是适用于运用推测统计学理论的一种方法。

1. 运用统计理论的模态特性识别

通过振动实验得到频率响应函数,一般情况下都会含有一定的误差。为了从包含这些误差的实验数据中推测出最为精确的值,可以运用统计学理论。多点偏分法中,通过运用推测统计学中最相似的方法,可以提高模态特性的识别精确度。

频率响应函数中所包含的误差并无偏离,其分布符合正态分布。此时输入点 j、输出点 i 的频率响应函数的测定值用 $E_{ij}(\omega_k)$表示。接下来,仅关注频率响应函数的实部 $E_{ij}^{\mathrm{R}}(\omega_k)$,其概率密度函数用 P_{ijk}^{R} 表示,方差用 $\sigma_{ij}^2(\omega_k)^{\mathrm{R}}$ 表示,可得

$$P_{ijk}^{\mathrm{R}}=\frac{1}{\sqrt{2\pi}\sigma_{ij}(\omega_k)^{\mathrm{R}}}\exp\left\{-\frac{|E_{ij}^{\mathrm{R}}(\omega_k)-G_{ij}^{\mathrm{R}}(\omega_k,a)|^2}{2\sigma_{ij}^2(\omega_k)^{\mathrm{R}}}\right\} \tag{4.111}$$

式中,$G_{ij}^{\mathrm{R}}(\omega_k,a)$是真值,假定是所有的模态特性构成的参数向量 a 的函数。同样,对于频率响应函数的虚部 $E_{ij}^{\mathrm{I}}(\omega_k)$,概率密度函数 P_{ijk}^{I} 可表示为

$$P_{ijk}^{\mathrm{I}}=\frac{1}{\sqrt{2\pi}\sigma_{ij}(\omega_k)^{\mathrm{I}}}\exp\left\{-\frac{|E_{ij}^{\mathrm{I}}(\omega_k)-G_{ij}^{\mathrm{I}}(\omega_k,a)|^2}{2\sigma_{ij}^2(\omega_k)^{\mathrm{I}}}\right\} \tag{4.112}$$

为方便起见,假定实部与虚部的方差相等,且相互独立。那么此时,考虑复数的频率响应函数 $E_{ij}(\omega_k)$的方差

$$E[|E_{ij}(\omega_k)-G_{ij}(\omega_k)|^2]=E[|E_{ij}^{\mathrm{R}}(\omega_k)-G_{ij}^{\mathrm{R}}(\omega_k)|^2]+E[|E_{ij}^{\mathrm{I}}(\omega_k)-G_{ij}^{\mathrm{I}}(\omega_k)|^2] \tag{4.113}$$

式中,$E[\cdot]$表示期望值。也就是说,方差 $\sigma_{ij}^2(\omega_k)$为

$$\sigma_{ij}^2(\omega_k)=\sigma_{ij}^2(\omega_k)^{\mathrm{R}}+\sigma_{ij}^2(\omega_k)^{\mathrm{I}}=2\sigma_{ij}^2(\omega_k)^{\mathrm{R}}=2\sigma_{ij}^2(\omega_k)^{\mathrm{I}} \tag{4.114}$$

并且,通过频率响应函数 $E_{ij}(\omega_k)$得到的概率密度函数 P_{ijk} 为

$$P_{ijk}=P_{ijk}^{\mathrm{R}}P_{ijk}^{\mathrm{I}} \tag{4.115}$$

综上所述

$$P_{ijk}=\frac{1}{\pi\sigma_{ij}^2(\omega_k)}\exp\left\{-\frac{|E_{ij}(\omega_k)-G_{ij}(\omega_k,a)|^2}{2\sigma_{ij}^2(\omega_k)}\right\} \tag{4.116}$$

这是符合复数正态分布的频率响应函数 $E_{ij}(\omega_k)$ 的概率密度函数。

进而,假定频率响应函数中所包含的误差相对于频率 ω_k 和 $E_{ij}(\omega_k)$ 独立,那么能够得到所有数据的概率密度函数 P 为

$$P=\prod_{i,j,k}P_{ijk}=\prod\frac{1}{\pi\sigma_{ij}^2(\omega_k)}\exp\left\{-\sum_{i,j,k}\frac{|E_{ij}(\omega_k)-G_{ij}(\omega_k,a)|^2}{\sigma_{ij}^2(\omega_k)}\right\} \tag{4.117}$$

上述公式表示能够得到所有的频率响应函数的"最相似",称为"**似真**"。所谓最大似然估计法,就是确定该似真 P 取最大值时的参数 a 的方法。要使 P 为最大值,只要使下述误差函数

$$\Gamma=\sum_{i,j,k}\frac{|E_{ij}(\omega_k)-G_{ij}(\omega_k,a)|^2}{\sigma_{ij}^2(\omega_k)} \tag{4.118}$$

取最小值即可。由此可知,频率响应函数的方差的倒数作为重叠函数使用最小平方法求解即可。即使在微分迭代法中,通过这种思路,也可将方差的倒数用于重叠函数中。

由式(4.118)可知,为了实现通过最大似然估计法对模态特性的识别,不仅要通过振动实验来求频率响应函数,还有必要推算出其方差。所谓的方差,是指同一条件下反复操作振动实验时的测定值的方差,因此实际上也可通过反复操作振动实验计算方差。但是,通常都使用光谱分析装置,在平均化处理的基础上,测定一个频率响应函数。此时通过得到的相干函数可推算出频率响应函数的方差。

也就是说,频率响应函数 $E_{ij}(\omega_k)$ 的方差 $\sigma_{ij}^2(\omega_k)$ 可通过以下公式求得[4]:

$$\sigma_{ij}^2(\omega_k)=\frac{1}{N-1}|E_{ij}(\omega_k)|^2\frac{1-r_{ij}^2(\omega_k)}{r_{ij}^2(\omega_k)} \tag{4.119}$$

式中,$r_{ij}^2(\omega_k)$ 是相干函数;N 是平均化次数。并且,在进行多点同时加振时,可通过下述公式推算出:

$$\sigma_{ij}^2(\omega_k)=\frac{1}{N-f}|E_{ij}(\omega_k)|^2\frac{1-r_{ji\cdot 1,2,\cdots,(j-1),(j+1),\cdots,f}^2(\omega_k)}{r_{ji\cdot 1,2,\cdots,(j-1),(j+1),\cdots,f}^2(\omega_k)} \tag{4.120}$$

其中,f 是加振点数;$r_{ji\cdot 1,2,\cdots,(j-1),(j+1),\cdots,f}^2(\omega_k)$ 是除去 j 点以外的输入点的影响的**部分相干函数**(partial coherence function)。

2. 微分迭代法向多点参照法的扩展

针对通过多点加振实验，得到的 f 点加振、l 点响应的频率响应函数进行说明。如式(4.3)所示，测定的 l 行、f 列的频率响应函数矩阵为

$$[G(\omega)]=\sum_{r=1}^{n}\left[\frac{a_r\{\phi_r\}\{\phi_r\}_f^{\mathrm{T}}}{\mathrm{j}\omega-s_r}+\frac{a_r^*\{\phi_r^*\}\{\phi_r^*\}_f^{\mathrm{T}}}{\mathrm{j}\omega-s_r^*}\right] \tag{4.121}$$

其中，$\{\phi_r\}_f$ 是将 r 次的固有模态 $\{\phi_r\}$ 加振点中的成分排列所得

$$\{\phi_r\}_f=[\phi_{r1},\cdots,\phi_{rf}] \tag{4.122}$$

此外，式(4.121)可表示为

$$[G(\omega)]=\sum_{r=1}^{n}\left[\frac{\{\psi_r\}\{\psi_r\}_f^{\mathrm{T}}}{\mathrm{j}\omega-s_r}+\frac{\{\psi_r^*\}\{\psi_r^*\}_f^{\mathrm{T}}}{\mathrm{j}\omega-s_r^*}\right] \tag{4.123}$$

其中

$$\{\psi_r\}=\sqrt{a_r}\{\phi_r\} \tag{4.124}$$

在多点加振中，将式(4.123)中的固有值 s_r 及固有模态的加振点中的成分 $\{\psi_r\}_f$ 称为非线性项，将加振点以外的测定点固有模态成分 $\{\psi_r\}_{\bar{f}}$ 称为线性项。也就是说，在给出模态特性的非线性项时，Γ 最小时模态特性的线性项可通过线性最小平方法求得。

在多点偏分法中，频率响应函数用式(4.123)表示，求误差函数 Γ 最小时的模态特性 a。此时设定模态特性向量 a 是由固定值 s_r 和固有模态 $\{\psi_r\}(r=1,\cdots,n)$ 按各自成分排列的 $p[=2n(l+1)]$ 个要素组成的实向量。若要用向量表示式(4.118)，需作以下转换。将频率响应函数 $E_{ij}(\omega_k)$，$G_{ij}(\omega_k,a)$ 分为实部和虚部，设仅由频率点数 m 排列的 $2m$ 个要素组成的向量为 e_{ij}，$g_{ij}(a)$。总结测定点 i，可表示为

$$\begin{aligned}E_i&=[e_{i1}^{\mathrm{T}},\cdots,e_{if}^{\mathrm{T}}]^{\mathrm{T}}\\G_i(a)&=[g_{i1}^{\mathrm{T}}(a),\cdots,g_{if}^{\mathrm{T}}(a)]^{\mathrm{T}}\end{aligned} \tag{4.125}$$

进而，将所有测定点排列起来

$$\begin{aligned}E&=[E_1^{\mathrm{T}},\cdots,E_l^{\mathrm{T}}]^{\mathrm{T}}\\G(a)&=[G_1^{\mathrm{T}}(a),\cdots,G_l^{\mathrm{T}}(a)]^{\mathrm{T}}\end{aligned} \tag{4.126}$$

并且，有关方差，将对应 e_{ij} 的方差 $\sigma_{ij}^2(\omega_k)$ 的倒数在对角线上排列的矩阵用 w_{ij} 表示

$$\begin{aligned}W_i&=\mathrm{diag}[w_{i1},\cdots,w_{if}]\\W&=\mathrm{diag}[W_1,\cdots,W_l]\end{aligned} \tag{4.127}$$

误差函数 Γ 可表示为

$$\Gamma=\{E-G(a)\}^{\mathrm{T}}W\{E-G(a)\} \tag{4.128}$$

为求误差函数 Γ 最小时的模态特性 a，与微分迭代法相同，用高斯牛顿法求解。也就是说，将误差函数 Γ 用模态特性 a 进行偏微分

$$\left\{\frac{\partial \Gamma}{\partial a}\right\}=-2A^{\mathrm{T}}W\{E-G(a)\}=0 \tag{4.129}$$

此处，A 是雅可比矩阵

$$A=\left[\frac{\partial G}{\partial a}\right] \tag{4.130}$$

在初始值 a_0 附近实施泰勒展开，采用一次项求变量 δa。其中

$$G(a)=G(a_0)+A\delta a \tag{4.131}$$

将上述公式代入式(4.129)中得

$$A^{\mathrm{T}}WA\delta a=A^{\mathrm{T}}W\Delta G \tag{4.132}$$

式中

$$\Delta G=E-G(a_0) \tag{4.133}$$

即通过求解式(4.132)的联立方程式，可求出如下变量 δa：

$$\delta a=(A^{\mathrm{T}}WA)^{-1}A^{\mathrm{T}}W\Delta G \tag{4.134}$$

式(4.132)为正规方程式，等同于

$$\Delta G\approx A\delta a \tag{4.135}$$

的最小平方问题，用重叠矩阵 W 来求解。

考虑实际上对式(4.134)求解的问题，为了同时求出所有模态特性的变量，在测定点数 l 较大时，计算时间、计算机容量也变得非常大。并且通过下述理由，变量 δa 并不需要求出所有值。

总结所有的模态特性的非线性项用 a_{N} 表示，线性项用 a_{L} 表示，有

$$a=\begin{Bmatrix}a_{\mathrm{N}}\\a_{\mathrm{L}}\end{Bmatrix} \tag{4.136}$$

也就是说，解式(4.132)得到的 δa 位于频率响应函数 $G(a)$ 初始值 a_0 的附近，从“所有变量相关的线性”求得的最优变量来看，加上此条件所包含的线性项 a_{L} 相对于新的非线性项 a_{N}，未构成误差函数 Γ 在最小时的最优解。即线性项 a_{L} 能通过线性最小平方法进行重新计算，这才是最希望获得的结论。

考虑这一点，只要求出满足式(4.134)的解 δa 中的非线性项的变量 δa_{N}，新阶段中的线性项 a_{L} 可通过最小平方法求出。这一点可通过以下所述的简便方法来实现，即多点偏分法。

式(4.135)的最小平方法可表示为

$$\Delta G=\left[\frac{\partial G}{\partial a_{\mathrm{N}}}\cdot\frac{\partial G}{\partial a_{\mathrm{N}}}\right]\begin{Bmatrix}\delta a_{\mathrm{N}}\\\delta a_{\mathrm{L}}\end{Bmatrix}\tag{4.137}$$

也就是说，雅可比矩阵 A 为

$$A=\left[\frac{\partial G}{\partial a_{\mathrm{N}}}\cdot\frac{\partial G}{\partial a_{\mathrm{N}}}\right]\tag{4.138}$$

若要求式(4.137)的最小平方法的解 $\delta a=\{\delta a_{\mathrm{N}}^{\mathrm{T}},\delta a_{\mathrm{L}}^{\mathrm{T}}\}^{\mathrm{T}}$ 中的 δa_{N}，自矩阵$[\partial G/\partial a_{\mathrm{N}}]$的列空间减去与矩阵$[\partial G/\partial a_{\mathrm{L}}]$的列空间平行的成分，做成矩阵 $A_{-\mathrm{L}}$，将其作为非线性项的雅可比矩阵。也就是说，只要求下述最小平方问题

$$\Delta G\approx A_{-\mathrm{L}}\delta a_{\mathrm{N}}\tag{4.139}$$

即可。

为了从矩阵$[\partial G/\partial a_{\mathrm{N}}]$的列空间减去与矩阵$[\partial G/\partial a_{\mathrm{L}}]$列空间平行的成分，使用型瑞姆-史密特的正交化迭代过程。从模态特性的线性项是固有模态$\{\psi_r\}_f$ 的局部项来看，雅可比矩阵$[\partial G/\partial a_{\mathrm{L}}]$是非常稀疏的矩阵。在实际计算时，考虑这一点的基础上实施的正交化计算能够以各测定点对应的频率响应函数为单位进行。通过求解式(4.139)，δa_{N} 可由以下方式求得：

$$\delta a_{\mathrm{N}}=(A_{-\mathrm{L}}^{\mathrm{T}}WA_{-\mathrm{L}})^{-1}A_{-\mathrm{L}}^{\mathrm{T}}W\Delta G\tag{4.140}$$

在此需要注意的是，它与通过式(4.134)求得的向量的部分向量 δa_{N} 相同。

有关线性项 a_{L}，在给出 a_{N} 之后，可通过线性的最小平方法求得。将由此得到的模态特性看做初始值 a_0 进行反复计算，直至将误差函数 Γ 收敛至最小值。

此方法需要作为初始值的固定值 s_r 在加振点上的固有向量$\{\psi_r\}_f$。关于获取初始值的方法，可引用多点参照法等其他的模态特识别法，或通过观察频率响应函数、适当运用单自由度法等估计固有值 s_r，而有关固有向量$\{\psi_r\}_f$，可考虑通过频率响应函数的加振点得到的振幅比来推测近似值。但是根据构造的对称性等，在存在近似根、重根的构造物中，需要特别注意。

此方法为了减小频率范围内的响应曲线的误差而确定模态特性，伯德图上的频率响应函数的精度相对较好，或通过使用合理的重叠函数，可使参数的可靠性提高。但是，若初始值的模态特性不合理，会出现解无法收敛，或得到不准确的解的情况，因此如何估计固有模态的次数，如何赋予合理的初始值都是很关键的问题。

4.5.3　直接参数识别法

直接参数识别法(direct parameter identification)是频率范围的多点参照

法，是采用多输入多输出的频率响应函数来推算**状态转换矩阵**（state transition matrix）。由于识别自由度数等于测定点数，通过实施频率响应函数的**主坐标响应分析**（principal coordinate response analysis），将频率响应函数压缩到与自由度数相等的主坐标上，在主坐标上实施参数推算。以下将针对识别法进行说明。

自由度为 n 的一般黏性阻尼系统的运动方程式为

$$M\ddot{x}(t)+C\dot{x}(t)+Kx(t)=f(t) \tag{4.141}$$

式中，M 为质量矩阵；C 为阻尼矩阵；K 为刚度矩阵；$x(t)$、$f(t)$ 分别表示在时刻 t 的位移和外力。将式(4.141)作拉普拉斯转换，可得

$$[s^2M+sC+K]X(s)=F(s) \tag{4.142}$$

由此将传递函数矩阵作为 $G(s)$，导入下述公式：

$$[s^2I+sA_1+A_0]G(s)=M^{-1} \tag{4.143}$$

式中

$$A_0=M^{-1}K,\quad A_1=M^{-1}C \tag{4.144}$$

式(4.143)是由自由度为 n 的模型，而实际的构造包含无限的自由度，有必要考虑识别频率范围外存在的剩余项的影响。将实际测量的包含剩余项的频率响应函数（传递函数）设为 $G'(s)$，则有

$$G'(s)=G(s)+\frac{Y}{s^2}+Z \tag{4.145}$$

式中，Y 是补偿低次模态的剩余质量的补正项；Z 是补偿高次模态的剩余刚度的补正项。有关 $G'(s)$，根据式(4.143)的记述，可得

$$[s^2I+sA_1+A_0]G'(s)=s^{-2}C_{-2}+s^{-1}C_{-1}+C_0+sC_1+s^2C_2 \tag{4.146}$$

其中

$$\begin{cases}C_{-2}=A_0Y,\quad C_0=M_{-1}+Y+A_0Z\\ C_{-1}=A_1Y,\quad C_1=A_1Z,\quad C_2=Z\end{cases} \tag{4.147}$$

用最小平方法求这些系数。为方便记述，研究不考虑剩余项时的情况（$C_{-2}=C_{-1}=C_1=C_2=C_0$）。用 $s=\mathrm{j}\omega_k$ 表示式(4.147)，可表示为

$$[\mathrm{j}\omega_kG'(\omega_k)^{\mathrm{T}}\quad G'(\omega_k)^{\mathrm{T}}\quad -I]\begin{bmatrix}A_1^{\mathrm{T}}\\ A_0^{\mathrm{T}}\\ C_0^{\mathrm{T}}\end{bmatrix}=\omega_k^2G'(\omega_k)^{\mathrm{T}} \tag{4.148}$$

对于 $k=1,\cdots,m$，将该式排列，可用最小平方法求矩阵 A_1,A_0,C_0。因为该系统的状态方程式可写成

$$\frac{\mathrm{d}}{\mathrm{d}t}\begin{Bmatrix}\dot{x}\\x\end{Bmatrix}=\begin{bmatrix}-A_1 & -A_0\\I & O\end{bmatrix}\begin{Bmatrix}\dot{x}\\x\end{Bmatrix}+\begin{bmatrix}M^{-1}\\O\end{bmatrix}f \tag{4.149}$$

转换矩阵 A 可通过矩阵 A_1 和 A_0 表示为

$$A=\begin{bmatrix}-A_1 & -A_0\\I & O\end{bmatrix} \tag{4.150}$$

也就是说,可通过识别矩阵 A_1 和 A_0 得到转换矩阵。此时,将转换矩阵 A 固有向量矩阵记为 V,特征值作为对角线上排列的矩阵 Λ,可得

$$AV=V\Lambda \tag{4.151}$$

式中,* 表示共轭复数,有

$$\Lambda=\begin{bmatrix}[s] & \\ & [s]^*\end{bmatrix},\quad V=\begin{bmatrix}[\psi][s] & [\psi^*][s^*]\\ [\psi] & [\psi^*]\end{bmatrix} \tag{4.152}$$

也就是说,通过 A 的固有值分析得到的特征值与 s_r 相等,通过固有向量可得到固有模态 ψ_r。

此外,从该方法的公式化,如式(4.143)中所表明的那样,在该方法中,频率响应函数的测定点数与系统的自由度数必须相等。在实际的振动实验中,这种条件存在较大的限制,是不太现实的。

因此,在该方法中,考虑计测的频率响应函数的测定点数 l 比自由度数 n 大的情况($l>n$),通过将频率响应函数转换为仅有自由度数的坐标,使输入的频率响应函数的响应点数与识别的自由度数相等。为此,该方法中利用了频率响应函数的特征值分解。

设频率响应函数 $\{G(\omega_k)\}$ 中 $m>l$,排列 $k=1,\cdots,m$,可得

$$[G]=[G(\omega_1),G(\omega_2),\cdots,G(\omega_m)]=UDV^{\mathrm{H}} \tag{4.153}$$

式中,$\{G(\omega_k)\}$表示 l 维向量;V^{H} 表示矩阵 V 的共轭转置;U,V 表示统一矩阵;D 表示实对角矩阵。也就是说

$$U^{\mathrm{H}}U=I_l,\quad V^{\mathrm{H}}V=I_m \tag{4.154}$$

$$D=\mathrm{diag}(d_1,d_2,\cdots,d_l) \tag{4.155}$$

式中,d_i 称为**特征值**。由 $m>l>n$,矩阵$[G]$的阶数为 n,则特征值 d_i 为

$$d_1\geqslant\cdots\geqslant d_n>d_{n+1}=\cdots=d_l=0 \tag{4.156}$$

由此,矩阵 U 中,最初对应 n 列的 U 的部分矩阵设为 U',则有

$$T=U'^{\mathrm{H}} \tag{4.157}$$

由此,可生成变换矩阵 T,即

$$G'(\omega_k)=TG(\omega) \tag{4.158}$$

由此,l 维的频率响应函数 $G(\omega)$可压缩成 n 维的频率响应函数 $G'(\omega)$,通过以

下逆变换可恢复物理坐标：

$$G(\omega)=TG'(\omega) \tag{4.159}$$

通过测量得到的频率响应函数中，由于混入了测量误差导致矩阵[G]形成满秩，系统自由度通过特征值减少的比例来判断。因此，式(4.159)的逆变换在严格意义上，等号是不成立的，而由特征值分解得到的变换 T，是在给定 n 的情况下使变化误差达到最小。

在用此方法进行识别计算时，不需要初始值，只要给定固有模态的次数即可。因此，在固有模态的次数逐渐增大的同时进行识别计算，观察频率响应函数矩阵的特征值和识别结果所得的模态固有值，来判断合理的次数。

与时间范围的识别法相同，计算上假定的模态数要比实际存在的模态数多，通过伪模态数来提高真模态的推算精度。

参考文献

[1] 長松昭男：モード解析，p. 109，培風館 (1985)

[2] Van Loon, P.: "Modal parameters of mechanical structures", Ph. Doctor dissertation, Katholieke Univ. Leuven (1980)

[3] 大熊，山口，長松："モード解析に関する研究，第 6 報：曲線適合における重み関数の設定方法"，機論 (C) 52，484，p. 3198 (1986)

[4] 吉村，長松："モード解析に関する研究，第 7 報：周波数応答関数の分散の推定方法"，機論 (C) 54，507，p. 2514 (1988)

[5] 中川，小柳：最小二乗法による実験データ解析，東京大学出版会 (1982)

[6] Richardson, M. H. and Formenti, D. L.: "Parameter estimation from frequency response measurements using rational fraction polynomials", Proc. of the 1st IMAC, Orlando (1982)

[7] Vold, H., Kundrat, J., Rocklin, G. T. and Russel, R.: "A multi-input modal estimation algorithm for mini-computers", SAE paper, 820194 (1982)

[8] 吉村卓也："モード解析に関する研究，第 9 報：多点加振に対応した最尤法に基づく曲線適合方法の提案"，機論 (C) 56，523，p. 527 (1986)

附录　最小平方法

y，x 分别记为 m 维、n 维的实向量，A 作为 $m\times n$ 的实矩阵。在联立方程式

$$y=Ax \tag{1}$$

中，x 是未知向量，且若 $m>n$，该联立方程式一般不成立，不存在完全满足此方程式的 x。

因此，公式(1)的左边和右边的差用误差向量 ε 表示为

$$\varepsilon=y-Ax \tag{2}$$

求使 ε 的平方准则 λ 最小的解 x 值。也就是说

$$\lambda=\varepsilon^{\mathrm{T}}\varepsilon=(y^{\mathrm{T}}-x^{\mathrm{T}}A^{\mathrm{T}})(y-Ax)=y^{\mathrm{T}}y-2x^{\mathrm{T}}A^{\mathrm{T}}y+x^{\mathrm{T}}A^{\mathrm{T}}Ax \tag{3}$$

式中，T 表示转置。为了求 λ 最小时的 x 值，用向量 x 对 λ 进行微分，设其为零：

$$\frac{\partial\lambda}{\partial x}=-2A^{\mathrm{T}}y+2A^{\mathrm{T}}Ax=0 \tag{4}$$

式中

$$\frac{\partial\lambda}{\partial x}=\left\{\frac{\partial\lambda}{\partial x_1},\cdots,\frac{\partial\lambda}{\partial x_n}\right\}^{\mathrm{T}} \tag{5}$$

由式(4)可得

$$A^{\mathrm{T}}Ax=A^{\mathrm{T}}y \tag{6}$$

这是关于未知向量 x 的联立方程式，称为**正规方程式**。x 的求解公式为

$$x=(A^{\mathrm{T}}A)^{-1}Ay \tag{7}$$

并且，若向误差函数 λ 内导入重叠函数，可表示为

$$\lambda=\varepsilon^{\mathrm{T}}W\varepsilon \tag{8}$$

式中，W 是对角上排列重叠 ωi 的 $m\times m$ 对角矩阵。此时，正规方程式为

$$A^{\mathrm{T}}WAx=A^{\mathrm{T}}Wy \tag{9}$$

λ 最小时 x 的求解公式为

$$x=(A^{\mathrm{T}}WA)^{-1}A^{\mathrm{T}}Wy \tag{10}$$

第 5 章　声振耦合分析

5.1 引　　言

本章中涉及的**声振耦合**(coupled acoustic-structural)问题，一般作为声场-弹性体结合问题来讨论[1]。例如，文献[1]中记载的图 5.1 的模型[2]表示在两个被封闭的空间，被隔板隔开情况下声音的传播问题。如图所示，由于声源室产生声音，间隔板产生振动，受声室也产生了声音。并且由于该声音，间隔板发生振动的耦合现象。

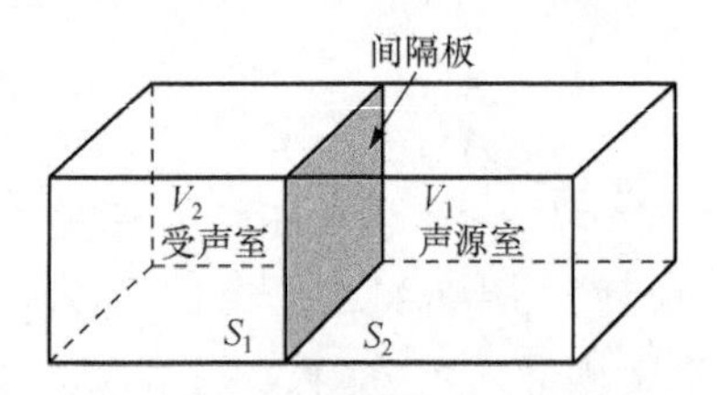

图 5.1　被弹性板隔开的空间

在该问题中，空间 V_1、V_2的隔板部分以外是刚性墙，这个问题已由克拉格斯等进行过详细的公式化及数值分析(numerical analysis)[1]。如第 3 章所述，该耦合现象可举汽车的例子，可以看到，发动机舱内的运转噪声(built-up noise)、涡轮噪声、隆隆作响声(booming noise)等车室内噪声(interior noise)、排气声(discharge noise)、液面晃动现象(sloshing phenomena)中一种燃料箱(fuel tank)内的咔嚓声等。

在此作为这种现象的代表，列举了隆隆作响声和道路噪声(road noise)，是 60～300Hz 范围汽车室内的噪声分析。这与图 5.1 的情况相同，是由于包围车体的车体壁板的振动产生声音，声音又对车体振动带来影响的耦合现象。这种情况下，通过有限元法(FEM)等得到的矩阵呈现非对称(asymmetric)，以往的模态重合法不再成立。这是长时间的耦合分析不能轻易取得进展的最大原因。为了解决这个问题所开发的两种代表性分析法，将在 5.2 节中进行阐述。

围绕该**耦合分析**(coupled-analysis)，模态重合法也开发出了新的内容。

即汽车室内噪声中，作为对象的频率范围内出现的声场的模态是低量级的，但振动的模态已经形成高量级了。因此，仅凭所关注的频率范围周边的构造振动模态就能够表现振动响应，分析的精度及效率就能提高。针对这样的要求，不仅高量级模态，且低量级模态也能省略的新模态重合法应运而生了。5.3节中包含了该新模态重合法，以耦合系统表示当前已提出的模态重合法。

并且，在5.4节后续章节中，将以该模态重合法为基础，对直接频率响应、灵敏度分析、特征模态灵敏度分析、模态频率响应灵敏度分析和部分构造合成法进行阐述。

5.2 构造-声场耦合系统的数理表现

本节描述了汽车室内噪声的基本方程式。用 V 表示汽车室内空间，假设作为边界的汽车壁 S 用有限个镶板 $S_i(1\leqslant i\leqslant I)$ 制成。

汽车室内的声场方程式用波动方程式(wave equation)表示为

$$\frac{\partial^2 p}{\partial t^2}=c^2\Delta p \quad (\text{汽车室内}) \tag{5.1}$$

式中，$p(t,x,y,z)$ 表示声压(sound pressure)；c 表示声速(sound velocity)。设时间坐标(time coordinate)为 t，与空间坐标 x,y,z 相关的拉普拉斯算子(Laplace operator)为 Δ，即

$$\Delta=\frac{\partial^2}{\partial x^2}+\frac{\partial^2}{\partial y^2}+\frac{\partial^2}{\partial z^2}$$

描述与各镶板 S_i 的面外振动的是具有下述双谐波项(biharmonic term)的非恒定方程式：

$$\mu_i\frac{\partial^2 w_i}{\partial t^2}=-D_i(\Delta_i)^2 w_i+F_i+G_i \quad (\text{汽车壁 } S_i \text{ 内}) \tag{5.2}$$

式中，w_i 表示 S_i 的面外方向的位移；D_i 表示其弯曲刚度；μ_i 表示单位面积的重量；F_i 表示汽车室内空气压力导致的激振力；G_i 表示由其他外力导致的激振力；Δ_i 表示平面直角坐标系 x_i、y_i的2次拉普拉斯算子。即

$$\Delta=\frac{\partial^2}{\partial x_i^2}+\frac{\partial^2}{\partial y_i^2}$$

作为相邻镶板间的接续条件，考虑对应式(5.2)形式的**弱公式**(weak form)(参考本节末尾的 **Note**)的成立情况。

$$\sum_{i=1}^{I}\mu_i\int_{S_i}\frac{\mu^2 w_i}{\partial t^2}W_i\mathrm{d}S+\sum_{i=1}^{I}D_i\int_{S_i}(\Delta_i w_i)(\Delta_i W_i)\mathrm{d}S=\sum_{i=1}^{N}\int_{S_i}(F_i+G_i)W_i\mathrm{d}S \tag{5.2$'$}$$

式中，$W=\{W_i\}_{1\leqslant i\leqslant I}$定义在边界 S 上，假设拥有必要次数的可微性(differentiable)。导入如下两个耦合条件：

$$\frac{\partial p}{\partial n}=-\rho\frac{\partial^2 w_i}{\partial t^2}\quad（汽车壁边界 S_i 上）\tag{5.3}$$

$$F_j=p\quad（汽车壁边界 S_j 上）\tag{5.4}$$

在式(5.3)中，$\frac{\partial}{\partial n}$ 表示边界 S 内的外向标准微分(normal differential)，ρ 表示空气密度。

根据伽辽金近似法的标准方法，对该耦合问题公式(5.1)、(5.2′)、(5.3)、(5.4)进行离散化后，当 $\ddot{u}=\mathrm{d}^2u/\mathrm{d}t^2$ 时，得到

$$M\ddot{u}+Ku=f\tag{5.5}$$

形式的2阶常微分方程式系统(ordinary differential equation)。在此，用同样的文字表示耦合问题的解也就是 w 和 p 的离散化(discrete)问题的解，即

$$u=\begin{Bmatrix}u_s\\u_a\end{Bmatrix}=\begin{Bmatrix}w\\p\end{Bmatrix}$$

此时，可表示为

$$M=\begin{bmatrix}M_{ss}&0\\M_{as}&M_{aa}\end{bmatrix},\quad K=\begin{bmatrix}K_{ss}&K_{sa}\\0&K_{aa}\end{bmatrix}$$

从耦合条件式(5.3)和(5.4)来看，一般情况下

$$M_{as}=-K_{sa}^{\mathrm{T}}\tag{5.6}$$

成立。当然，矩阵 M_{ss}，M_{aa}，M_{as}，K_{ss}，K_{aa}，K_{sa} 的元素都是实数。并且，M_{ss}，K_{ss}，M_{aa}，K_{aa} 均为实对称正方矩阵(real symmetric square matrix)。下标 s 及 a 分别与构造系统(structural system)和声场系统(acoustic system)对应。解式(5.5)的方法有以下两种。

5.2.1 麦克尼尔等的方法[3]

将式(5.5)在构造系统、声场系统各自的模态坐标系(modal coordinate)中实施坐标变更，得

$$\begin{bmatrix}m_s&0\\m_{as}&m_a\end{bmatrix}\begin{Bmatrix}\ddot{\xi}_s\\\ddot{\xi}_a\end{Bmatrix}+\begin{bmatrix}k_s&m_{as}^{\mathrm{T}}\\0&k_a\end{bmatrix}\begin{Bmatrix}\xi_s\\\xi_a\end{Bmatrix}=\begin{Bmatrix}f_s\\f_a\end{Bmatrix}\tag{5.7}$$

设 Φ_s 表示构造系统的模态坐标；Φ_a 表示声场系统的模态坐标，则

$$\begin{gathered}u_s=\Phi_s\xi_s,\quad u_a=\Phi_a\xi_a\\m_s=\Phi_s^{\mathrm{T}}M_{ss}\Phi_s,\quad m_a=\Phi_a^{\mathrm{T}}M_{aa}\Phi_a,\quad m_{as}=\Phi_a^{\mathrm{T}}M_{as}\Phi_s\\k_s=\Phi_s^{\mathrm{T}}K_{ss}\Phi_s,\quad k_a=\Phi_{aa}^{\mathrm{T}}K_{aa}\Phi_a\end{gathered}\tag{5.8}$$

下面令 $f_a=0$，自由度数扩大2倍，实施对称化的坐标转换(coordinate transformation)，得

$$\begin{bmatrix} m_s & 0 & 0 & 0 \\ 0 & 0 & 0 & 0 \\ 0 & 0 & k_a^{-1} & 0 \\ 0 & 0 & 0 & 0 \end{bmatrix}\begin{Bmatrix} \ddot{\xi}_s \\ \ddot{\zeta} \\ \ddot{\eta} \\ \ddot{\lambda} \end{Bmatrix}+\begin{bmatrix} k_s & 0 & 0 & m_{as}^{\mathrm{T}} \\ 0 & m_a^{-1} & -m_a^{-1} & -I \\ 0 & -m_a^{-1} & m_a^{-1} & 0 \\ m_{as} & -I & 0 & 0 \end{bmatrix}\begin{Bmatrix} \xi_s \\ \zeta \\ \eta \\ \lambda \end{Bmatrix}=\begin{Bmatrix} f_s \\ 0 \\ 0 \\ 0 \end{Bmatrix} \tag{5.9}$$

式中，$\zeta=m_{as}\xi_s$，$\lambda=-\xi_a$，$m_a^{-1}\eta=m_a^{-1}\zeta-\lambda$。

通过实施对称方程(5.9)的模态分析，得

$$\{\xi_s^{\mathrm{T}}\quad \zeta^{\mathrm{T}}\quad \eta^{\mathrm{T}}\quad \lambda^{\mathrm{T}}\}^{\mathrm{T}}=\sum_{i=1}^{n}\psi_i p_i \tag{5.10}$$

式中，p_i可以通过$m_i\ddot{p}_i+k_ip_i=f_i(i=1,2,\cdots,n)$得到。

5.2.2 萩原等的方法[4]

重新整理式(5.5)，得到

$$M_{ss}\ddot{u}_s+K_{ss}u_s+K_{sa}u_a=f_s$$
$$M_{as}\ddot{u}_s+K_{aa}u_a+K_{aa}u_a=0$$

对应2阶微分方程式(second order simultaneous differential equation)(5.5)的广义特征值问题(generalized eigen value problem)，考察一般特征值

$$K\phi=\lambda M\phi \tag{5.11}$$

与其对应，该转置问题

$$K^{\mathrm{T}}\phi=\mu M^{\mathrm{T}}\phi \tag{5.12}$$

或者同样，考虑求左特征向量 ϕ^{T} 的广义特征值问题 $\phi^{\mathrm{T}}K=\mu\phi^{\mathrm{T}}M$。这里，设置下述条件：

(a) M_{ss}是正定值。

那么，M_{ss}，K_{ss}是 N_s 次正方矩阵，M_{aa}，K_{aa}是 N_a 次正方矩阵。因此，M_{as}是 $N_a\times N_s$ 的长方矩阵，K_{as}是 $N_s\times N_a$ 的长方矩阵。一般来说，如果用 ϕ_s 表示 N_s 次的复数纵向量，用 ϕ_a 表示 N_a 次的复数纵向量，条件(a)在 ϕ_s 中不是零向量(zero vector)，则

$$(M_{ss}\phi_s,\phi_s)>0 \tag{5.13}$$

这里使用了以下的复数内积：

$$(\phi_s,\psi_s)=\sum_{j=1}^{N_s}\phi_s(j)\bar{\psi}_s(j),\quad \phi_s=\{\phi_s(j)\}_{1\leqslant j\leqslant N_s},\quad \psi_s=\{\psi_s(j)\}_{1\leqslant j\leqslant N_s}$$

首先，应该注意广义特征值问题(5.11)与(5.12)具有相同的特征值。实

际上，因为 K 和 M 是实矩阵，在各自的特征方程式(eigen equation)中，会形成 $\det(K-\lambda M)=\det(K^{\mathrm{T}}-\lambda M^{\mathrm{T}})$。进而，根据下述命题(proposition)使耦合系统中的模态重合法的适用成为可能[4]。

命题 1：**左右特征值问题**(left right eigen value problem)的所有特征值及特征向量通常都是实数。

命题 2：左特征向量(left eigen vector) $\psi^{\mathrm{T}}=(\psi_s^{\mathrm{T}},\psi_a^{\mathrm{T}})$ 可通过右固定向量(right eigen vector) $\phi^{\mathrm{T}}=(\phi_s^{\mathrm{T}},\phi_a^{\mathrm{T}})$ 求得：

$$\psi^{\mathrm{T}}=\left\{\phi_{si}^{\mathrm{T}},\frac{1}{\lambda_i}\phi_{ai}^{\mathrm{T}}\right\} \tag{5.14}$$

命题 3：耦合系统的**正交条件**(orthogonality condition)

$$\psi_i^{\mathrm{T}}M\phi_j=0,\quad \psi_i^{\mathrm{T}}K\phi_j=0\quad (i\neq j)$$

使用式(5.14)可表示为

$$\begin{aligned}&\phi_{si}^{\mathrm{T}}K_{ss}\phi_{sj}+\phi_{si}^{\mathrm{T}}K_{sa}\phi_{aj}+\frac{1}{\lambda_i}\phi_{ai}^{\mathrm{T}}K_{aa}\phi_{aj}=0\\&\phi_{si}^{\mathrm{T}}M_{ss}\phi_{sj}+\frac{1}{\lambda_i}(\phi_{ai}^{\mathrm{T}}M_{as}\phi_{sj}+\phi_{ai}^{\mathrm{T}}M_{aa}\phi_{aj})=0\quad (i\neq j)\end{aligned} \tag{5.15}$$

命题 4：与右特征值向量的质量相关的**正规化条件**(normalization condition)，$\psi_i^{\mathrm{T}}M\phi_i=1$，使用式(5.15)可表示为

$$\phi_{si}^{\mathrm{T}}M_{ss}\phi_{sj}+\frac{1}{\lambda_i}(\phi_{ai}^{\mathrm{T}}M_{as}\phi_{si}+\phi_{ai}^{\mathrm{T}}M_{aa}\phi_{ai})=1 \tag{5.16}$$

根据本方法，该耦合系统使用主流的 2.1 节中麦克尼尔等的方法，不是把自由度数(number of degree of freedom)扩大 2 倍，而是使系数矩阵实现对称化成为可能。

Note　弱公式

支配方程式在范围 A 内按照下述所示赋值的问题：

$$L[\phi]-p=0 \tag{A.1}$$

式中，L 是微分操作；ϕ 是从属变数。作为 ϕ 的近似解(approximate solution)设定满足边界条件的函数 $\bar{\phi}$ 将其代入式(A.1)后，一般情况下式(A.1)的残差 R 为

$$R=L[\phi]-p\neq 0 \tag{A.2}$$

对该 R 叠加合理的函数 W 后，得到的加权残差(weighted residuals)，在整体范围内使其平均为 0：

$$\int_A WR[\bar{\phi}]\mathrm{d}A=0 \tag{A.3}$$

上述公式称为式(A.1)的弱公式。

5.3　耦合系统中模态重合法的表现

很早之前便提出了**模态重合法**(modal analysis),作为分析振动噪声的强有力的手段,涉及机械、构造、车辆、飞机、宇宙构造等广阔领域,用于分析、实验、控制、系统识别(system identification)和最优设计(optimum design)。作为补偿被省略的模态影响的模态重合法,虽模态加速度法(mode acceleration method)[5]、Hansteen-Bell 等的方法(Hansteen-Bell's method)[6]已广泛使用,但在低量级(lower modes)的模态被省略的场合下,如果使用 Hansteen 等的方法及模态加速度法,反而比不用时线性解的精度下降。

因此,本节通过耦合系统展现新的模态重合法[7](以下称为**马-萩原的模态重合法**),与以往的模态分析法进行比较。结果,以一般的衰减系统为对象,通过误差分析(error analysis)和分析举例展示 Hansteen 等的方法与以往的模态加速度法等效,而马-萩原的模态重合法最为通用,与以往的 Hansteen 模态分析法相比,精度及效率更加优越。

5.3.1　模态位移法

研究如下所示的运动方程式:

$$M\ddot{u}+C\dot{u}+Ku=f \tag{5.17}$$

式中,K、C、M、u、f 分别表示系统的刚度矩阵(stiffness matrix)、阻尼矩阵(damping matrix)、质量矩阵(mass matrix)、响应向量(response vector)和输入向量(exciting force vector)。有关阻尼矩阵 C,假设其根据模态坐标变化,是能实现对角化的矩阵(如比例阻尼矩阵)。在此,K 和 M 用下述公式表示为

$$K=\begin{bmatrix} K_{ss} & K_{sa} \\ 0 & K_{aa} \end{bmatrix},\quad M=\begin{bmatrix} M_{ss} & 0 \\ M_{as} & M_{aa} \end{bmatrix}$$
$$u=\begin{Bmatrix} u_s \\ u_a \end{Bmatrix},\quad f=\begin{Bmatrix} f_s \\ f_a \end{Bmatrix} \tag{5.18}$$

构造系统的情况下,模态位移法(mode displacement method)表述如下。也就是说,首先在系统的特征向量中展开位移向量,得到

$$u=\sum_{i=1}^{n}\phi_i q_i \tag{5.19}$$

式中,ϕ_i 是系统的特征向量;q_i 是模态位移坐标。并且,n 是使用的特征向量

的数量，一般 n 比整体自由度 N 小得多。将式(5.19)代入式(5.17)中，然后左乘 ϕ_i^{T}，并且，使用 $\phi_i^{\mathrm{T}}C\phi_j=0(i\neq j)$ 的假设，得到

$$m_i\ddot{q}_i+c_i\dot{q}_i+k_iq_i=f_i \quad (i=1,2,\cdots,n) \tag{5.20}$$

式中

$$m_i=\phi_i^{\mathrm{T}}M\phi_i,\quad c_i=\phi_i^{\mathrm{T}}C\phi_i,\quad k_i=\phi_i^{\mathrm{T}}K\phi_i,\quad f_i=\phi_i^{\mathrm{T}}F\phi_i \tag{5.21}$$

构造-声场耦合系统情况下，若使用式(5.19)，与式(5.20)同样得到模态坐标相关的方程式，系数 m_i、c_i、k_i、f_i 的表现不同[8]。即得到

$$m_i=\bar{\phi}_i^{\mathrm{T}}M\phi_i,\quad c_i=\bar{\phi}_i^{\mathrm{T}}C\phi_i,\quad k_i=\bar{\phi}_i^{\mathrm{T}}K\phi_i,\quad f_i=\bar{\phi}_i^{\mathrm{T}}f \tag{5.22}$$

式中，$\bar{\phi}_i$ 是系统的左特征向量，其与 ϕ_i 的关系在 5.2 节中有所阐述。

以下为了统一构造系统与耦合系统的探讨，使用左特征向量和右特征向量进行讨论。但是，在单纯的构造系统的情况下，$\bar{\phi}_i=\phi_i$。

在频率响应分析(frequency response analysis)的情况下，如果 $f=Fe^{j\Omega t}$，$u=Ue^{j\Omega t}$，得到

$$U=\sum_{i=1}^{n}\phi_iQ_i,\quad Q_i=\frac{\bar{\phi}_i^{\mathrm{T}}F}{m_i(\omega_i^2+2j\xi_i\omega_i\Omega-\Omega^2)} \tag{5.23}$$

式中，Ω 是输入 f 的频率数；$\omega_i=\sqrt{k_i/m_i}$ 是系统的特征振动频率；$\xi_i=c_i/(2m_i\omega_i)$ 是模态衰减比(modal damping rate)；$j=\sqrt{-1}$。为了方便，以下设$m_i=1$。

使用模态重合法的最大优点在于，使用少数的模态坐标可以近似地表示复杂且大规模的系统动力学(dynamics)特征。然而，在使用模态位移法的情况下，虽然高精度的位移响应可通过少数的低量级获得，但是使用同样数目的模态时，应力响应的精度将出现恶化[9]。并且，在构造-声场耦合系统的情况下，会出现通过模态位移法得到的耦合系统的声压级水平的误差比构造上点的位移误差大的情况[4]。因此，要想得到高精度的应力值和声压值，有必要考虑被省略的模态所对应的补偿方法。

5.3.2　模态加速度法[5]

为了改善模态位移法的精度，自 1945 年就提出了**模态加速度法**。众所周知，使用模态加速度法，解的收敛性将明显获得改善，即使采用更少数的特征模态，也能得到高精度的解。在此将针对模态加速度法进行简单的阐述。

设根据模态位移法的式(5.19)得到的近似解为 $\bar{u}$。这里，完全忽略了从 $n+1$到 N 的高量级模态的影响。得到如下所述的模态加速度的解。

首先，式(5.17)可写为

$$u = K^{-1}(f - C\dot{u} - M\ddot{u}) \tag{5.24}$$

如果式(5.24)右边的 u 的解与模态位移法的解

$$\bar{u} = \sum_{i=1}^{n} \phi_i q_i \tag{5.25}$$

近似,那么式(5.24)左边的 u 将变成

$$u = K^{-1}(f - C\dot{\bar{u}} - M\ddot{\bar{u}}) \tag{5.26}$$

然后,将式(5.25)代入式(5.26),利用

$$K^{-1}M\phi_i = \frac{1}{\omega_i^2}\phi_i, \quad K^{-1}C\phi_i = \frac{2\xi_i}{\omega_i}\phi_i \tag{5.27}$$

得到

$$u = K^{-1}f - \sum_{i=1}^{n} \frac{2\xi_i}{\omega_i}\phi_i \dot{q}_i - \sum_{i=1}^{n} \frac{1}{\omega_i^2}\phi_i \ddot{q}_i \tag{5.28}$$

并且,频率响应分析的情况下,通过模态加速度法得到的解 U 如下所述:

$$U = K^{-1}F + \sum_{i=1}^{n} \frac{\Omega^2 - 2\mathrm{j}\zeta_i\omega_i\Omega}{\omega_i^2}\phi_i Q_i \tag{5.29}$$

如式(5.29)所示,右边第 1 项是静力学(statics)的解,第 2 项给出了该方法的名称。即第 i 次模态被忽视的情况下,根据模态位移法式(5.9),假设绝对误差(absolute error)为 $e_i^s = |\phi_i Q_i|$,同样的模态被忽视时式(5.29)的绝对误差为

$$e_i^a = \frac{\sqrt{\Omega^4 + 4\xi_i^2\omega_i^2\Omega^2}}{\omega_i^2} e_i^s \tag{5.30}$$

根据式(5.30),如果

$$\omega_i > \sqrt{2\xi_i^2 + \sqrt{1 + 4\xi_i^4}}\,\Omega \tag{5.31}$$

($\xi_i = 0$ 时 $\omega_i > \Omega$),模态加速度法的误差 e_i^a 比模态位移法的误差 e_i^s 要小,解的收敛(convergence)加速(参照后述图 5.4 的 $\beta = 0.0$ 的实线)。

但是,如式(5.30)所示,如果省略的模态是比输入频率低量级的模态,模态加速度法的误差 e_i^a 比模态位移法的误差 e_i^s 大(图 5.4)。因此,可以指导模态加速度法不适用于低量级模态省略的情况。

并且,如果刚度矩阵 K 是奇异矩阵,无法求出逆矩阵,式(5.28)和式(5.29)就不能这样使用了。虽然解决此问题的方法已经提出,但是由于计算复杂,不便于使用[10]。

5.3.3 Hansteen 等的方法[6]

Hansteen 等指出,在负荷的频率低时,高量级模态的影响可通过某种静

力学的分析求出近似解。为方便起见，在这里假设质量矩阵 M 是非奇异(non singular)的。这样 Hansteen 等的方法可以描述如下。

首先，式(5.17)的位移解 u 可以写成

$$u=\bar{u}+u_h \tag{5.32}$$

式中，$\bar{u}$ 可根据式(5.25)给出；$u_h=u-\bar{u}$ 表示高量级模态影响的未知剩余位移。

与位移 u 相同，负荷 f 也针对系统的低量级特征模态和高量级特征模态展开，可得到

$$f=\left(\sum_{i=1}^{n}+\sum_{i=n+1}^{N}\right)M\phi_i\bar{\phi}_i^{\mathrm{T}}f=\bar{f}+f_h \tag{5.33}$$

式中

$$\bar{f}=\sum_{i=1}^{n}M\phi_i\bar{\phi}_i^{\mathrm{T}}f \tag{5.34}$$

其中，$\bar{f}$ 是与负荷 f 的低量级模态对应的成分，根据 $\bar{u}$ 的运动达到平衡。即方程式 $M\ddot{\bar{u}}+C\dot{\bar{u}}+K\bar{u}=\bar{f}$ 严格满足条件。此外，$f_h=f-\bar{f}$ 是基于低量级模态的未平衡负荷成分，在模态位移法的情况下，f_h 的影响被忽略了。如果使用式(5.34)，得到

$$f_h=\left(I-\sum_{i=1}^{n}M\phi_i\bar{\phi}_i^{\mathrm{T}}\right)f \tag{5.35}$$

为改善模态位移法的精度，Hansteen 等针对剩余的负荷成分 f_h 与剩余的位移成分 u_h 的关系，假设可通过静力学的平衡方程式(equation of force equilibrium)近似表示。即根据

$$Ku_h=f_h \tag{5.36}$$

能够近似地求出剩余位移 u_h。将式(5.35)代入式(5.36)中，求解后得到

$$u_h=K^{-1}\left(I-\sum_{i=1}^{n}M\phi_i\bar{\phi}_i^{\mathrm{T}}\right)f \tag{5.37}$$

式(5.37)的 u_h 针对被省略的高量级模态，给出了静力学的补偿，由此大大地改善了解的精度。

这里，显示出从完全不同的物理观点得到的 Hansteen 等的方法与模态加速度法是等效的。首先使用式(5.27)，可写成

$$u_h=K^{-1}f-\sum_{i=1}^{n}\phi_i q_i^h \tag{5.38}$$

式中

$$q_i^h=\frac{1}{\omega_i^2}\bar{\phi}_i^{\mathrm{T}}f \tag{5.39}$$

并且，根据模态方程式 $\ddot{q}_i+2\xi_i\omega_i\dot{q}_i+\omega_i^2q_i=\bar{\phi}_i^{\mathrm{T}}f$ ，可得到

$$q_i^h=\frac{1}{\omega_i^2}\bar{\phi}_i^{\mathrm{T}}f=\frac{1}{\omega_i^2}\ddot{q}_i+\frac{2\xi_i}{\omega_i}\dot{q}_i+q_i \tag{5.40}$$

因此，将式(5.25)和式(5.38)代入式(5.32)，并利用式(5.40)，可得到

$$u=K^{-1}f+\sum_{i=1}^{n}\phi_i(q_i-q_i^h)=K^{-1}f-\sum_{i=1}^{n}\frac{2\xi_i}{\omega_i}\phi_i\dot{q}_i-\sum_{i=1}^{n}\frac{1}{\omega_i^2}\phi_i\ddot{q}_i \tag{5.41}$$

因式(5.27)与式(5.14)所用方法一致，可知 Hansteen 等的方法与模态加速法等效。

5.3.4　马-萩原的模态重合法[7]

如 5.1 节所述，为了高效且高精度地进行模态分析，不仅是高量级模态(higher modes)，还需要能够省略低量级模态的技术。假设将输入的频率范围定义为$[\omega_a,\omega_b](\omega_a<\omega_b)$。在本项中，以频率响应分析为例，研究省略$[\omega_a,\omega_b]$以外范围的模态的情况。

首先，将 m 和 n 定义为用于分析的固有模态的最小、最大编号。这里，m 满足 $\omega_m<\omega_a$，n 满足 $\omega_n>\omega_b$。

那么，严密的频率响应分析可写成

$$U=\sum_{i=m}^{n}\phi_iQ_i+U_r \tag{5.42}$$

其中，U_r 表示被省略模态 $\phi_i(i=1,\cdots,m-1,n+1,\cdots,N)$影响的频率响应的剩余成分(residual components)，则

$$U_r=(\sum_{i=1}^{m-1}+\sum_{i=n+1}^{N})\phi_iQ_i \tag{5.43}$$

$$Q_i=\frac{\phi_i^{\mathrm{T}}F}{\omega_i^2+2\mathrm{j}\zeta_i\omega_i\Omega-\Omega^2}\quad(i=1,2,\cdots,N) \tag{5.44}$$

如果把 ω_c 作为某一个给定常数的频率，那么式(5.30)可通过 $\Omega=\omega_c$ 的点进行泰勒展开。即可得到

$$Q_i=\frac{\bar{\phi}_i^{\mathrm{T}}F}{\omega_i^2+2\mathrm{j}\zeta_i\omega_i\omega_c-\omega_c^2}(1+z_i+z_i^2+\cdots)\approx\frac{\bar{\phi}_i^{\mathrm{T}}F}{\omega_i^2+2\mathrm{j}\zeta_i\omega_i\omega_c-\omega_c^2} \tag{5.45}$$

式中

$$z_i=\frac{\Omega^2-\omega_c^2-2\mathrm{j}\zeta_i\omega_i(\Omega-\omega_c)}{\omega_i^2+2\mathrm{j}\zeta_i\omega_i\omega_c-\omega_c^2} \tag{5.46}$$

此外，式(5.45)的**收敛条件**(convergence condition)为

$$|z_i|<1 \tag{5.47}$$

将式(5.45)代入式(5.43)，得到

$$U_r \approx GF = U_r' \tag{5.48}$$

其中，G 称为**剩余灵活性矩阵**(residual flexibility matrix)，那么有

$$G = \left(\sum_{i=1}^{m-1} + \sum_{i=n+1}^{N}\right) \frac{\phi_i \bar{\phi}_i^{\mathrm{T}}}{\omega_i^2 + 2\mathrm{j}\zeta_i\omega_i\omega_c - \omega_c^2} \tag{5.49}$$

因 G 不依存负荷的频率，如式(5.48)所示，不受省略的低量级和高量级模态的影响，即 U_r 近似于**准静力学响应**(response of quasi-statics)U_r'。但是，由于一般省略的模态 $\phi_i(i=1,\cdots,m-1,n+1,\cdots,N)$ 未计算，式(5.48)的剩余灵活性矩阵 G 不能根据式(5.49)得到。由此，针对 G 的计算方法进行探讨。

如果将矩阵$(K+\mathrm{j}\omega_c C-\omega_c^2 M)^{-1}$作为系统的固有模态展开，可得到

$$(K + \mathrm{j}\omega_c C - \omega_c^2 M)^{-1} = \sum_{i=1}^{N} \frac{\phi_i \bar{\phi}_i^{\mathrm{T}}}{\omega_i^2 + 2\mathrm{j}\zeta_i\omega_i\omega_c - \omega_c^2} \tag{5.50}$$

因此，剩余的灵活性矩阵可通过下述公式得到：

$$G = (K + \mathrm{j}\omega_c C - \omega_c^2 M)^{-1} - \sum_{i=m}^{n} \frac{\phi_i \bar{\phi}_i^{\mathrm{T}}}{\omega_i^2 + 2\mathrm{j}\zeta_i\omega_i\omega_c - \omega_c^2} \tag{5.51}$$

将式(5.51)代入式(5.48)，并且将其结果代入式(5.42)，可得到

$$U = (K + \mathrm{j}\omega_c C - \omega_c^2 M)^{-1} F + \sum_{i=m}^{n} \phi_i Q_i^d \tag{5.52}$$

式中

$$Q_i^d = Q_i - \frac{\phi_i^{\mathrm{T}} F}{\omega_i^2 + 2\mathrm{j}\zeta_i\omega_i\omega_c - \omega_c^2} = z_i Q_i \tag{5.53}$$

因此，模态频率响应的近似解，可以由下述两部分组成，即 $U=U_s+U_d$。其中，U_s 是准静力学的响应，可通过下述准静力学的方程式

$$(K + \mathrm{j}\omega_c C - \omega_c^2 M) U_s = F \tag{5.54}$$

求出。U_d 是补偿的动力学(dynamics)响应：

$$U_d = \sum_{i=m}^{n} \phi_i Q_j^d = \sum_{i=m}^{n} z_i \phi_i Q_i \tag{5.55}$$

在本模态重合法的过渡响应(transient response)领域中的表现，可用如下公式求得：

$$U = (K + \mathrm{j}\omega_c C - \omega_c^2 M)^{-1} F - \sum_{i=m}^{n} \phi_i (a_i q_i + b_i \dot{q}_i + c_i \ddot{q}_i)$$

式中

$$a_i=(\omega_c^2-2\mathrm{j}\zeta_i\omega_i\omega_c)c_i,\quad b_i=2\xi_i\omega_i c_i$$

$$c_i=\frac{1}{\omega_i^2+2\mathrm{j}\zeta_i\omega_i\omega_c-\omega_c^2},\quad q_i=\frac{1}{\omega_i^2+2\mathrm{j}\zeta_i\omega_i\omega_c-\omega_c^2}$$

5.3.5 误差分析

显然，如果 $m=1,n=N$，根据式(5.52)得到的频率响应，与通过模态位移法(5.23)得到的结果相同。此外，如果 $m=1,\omega_c=0$，马-萩原的模态重合法与模态加速度法相同，并且与 Hansteen 等的方法等效。以上关系如图 5.2 所示。

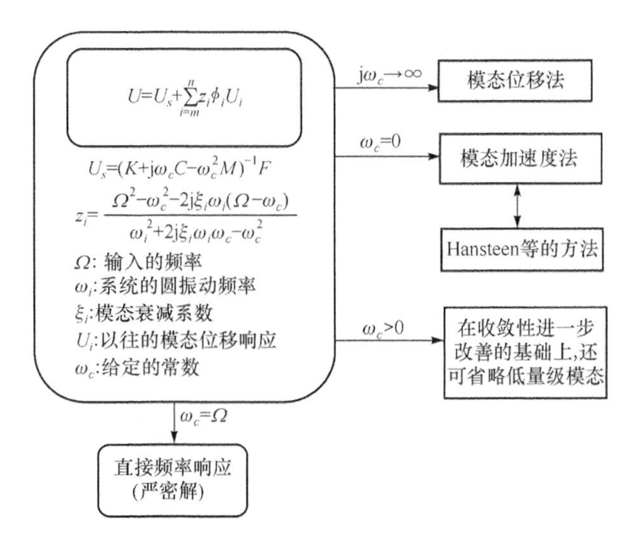

图 5.2 马-获原的模态重合法与以往的模态重合法的关系

根据式(5.52)，由于忽视 i 量级的模态所生成的计算误差为

$$e_i=|z_i|e_i^s \tag{5.56}$$

如式(5.56)所示，如果满足收敛条件式(convergence condition equation)，根据马-萩原的模态重合法，误差 e_i 要比模态位移法的误差 e_i^s 小。

有关收敛条件式(5.47)，首先考虑衰减系数 $\xi_i=0$ 的情况。这种情况下，有

$$\left|\frac{\Omega^2-\omega_c^2}{\omega_i-\omega_c^2}\right|<1 \quad 或 \quad \left|\frac{1-\left(\frac{\Omega}{\omega_c}\right)^2}{1-\left(\frac{\omega_i}{\omega_c}\right)^2}\right|<1 \tag{5.57}$$

图 5.3(a)表示的是由式(5.57)得到的**收敛范围**(convergence domain)和

未收敛的范围。这里，横轴是 $x=\dfrac{\Omega}{\omega_c}$，纵轴是 $y=\dfrac{\omega_i}{\omega_c}$。如图所示，式(5.45)的收敛范围为

$$
\begin{aligned}
&y>\sqrt{2-x^2}\ (0\leqslant x\leqslant 1),\quad y>x\ (1\leqslant x)\\
&y<x\ (0\leqslant x\leqslant 1),\quad y<\sqrt{2-x^2}\ (1\leqslant x\leqslant \sqrt{2})
\end{aligned}
\tag{5.58}
$$

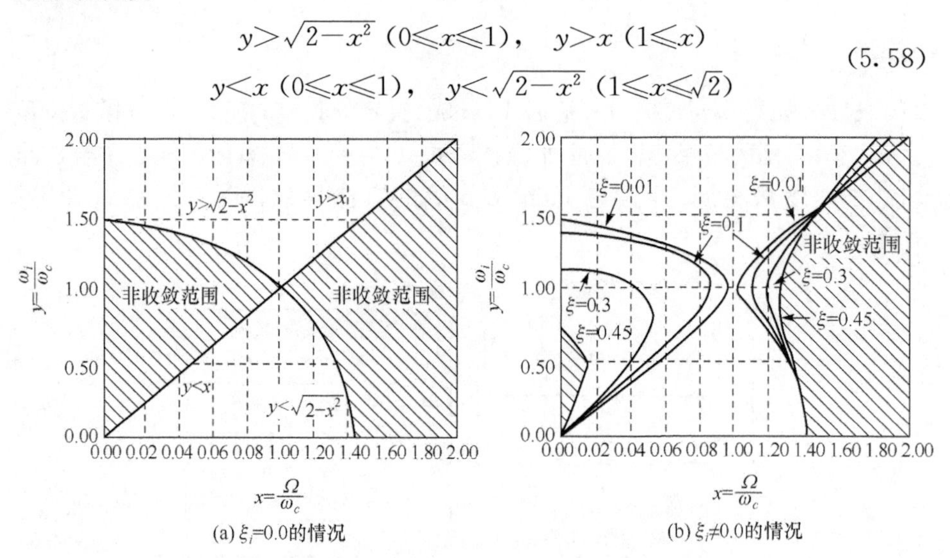

(a) ξ_i=0.0的情况　　(b) $\xi_i\neq$0.0的情况

图 5.3　马-获原模态重合法的收敛范围

对此，如公式 $\omega_c=\sqrt{\dfrac{1}{2}(\omega_b^2+\omega_a^2)}$ 所示，对于频率范围在 $[\omega_a,\omega_b]$ 以外的所有 ω_i 及 Ω 均满足式(5.58)。因而，频率范围在 $[\omega_a,\omega_b]$ 以外的模态被忽视的情况下，对于 $\Omega\in[\omega_a,\omega_b]$ 中所有输入频率 Ω 而言，马-获原的模态重合法所形成的误差比模态变位法所形成的误差小。尤其是 $|\omega_i-\omega_c|\gg 1$ 或者是 $\Omega\rightarrow\omega_c$ 的情况，误差明显变小。

此外，根据图 5.3(a)所示，在 $x\rightarrow 0$（也就是 $\Omega\ll\omega_c$）时，收敛条件近似于 $\omega_i>\sqrt{2\Omega}$，$x\rightarrow 0$（也就是 $\Omega\geqslant\sqrt{2\omega_c}$）时，无法忽略低量级模态。这些都是决定常数频率 ω_c 时的重要定律。

阻尼系数 ξ_i 非零的情况下，根据式(5.47)，收敛条件可写成

$$
\omega_i^4-2(\omega_c^2-4\xi_i^2\omega_c\Omega+2\xi_i^2\Omega^2)\omega_i^2+2\omega_c^2\Omega^2-\Omega^4>0 \tag{5.59}
$$

的形式。针对一定的 ξ_i 来解式(5.59)，可得到阻尼系统的收敛范围。

图 5.3(b)分别显示了 ξ_i=0.01，0.1，0.3 和 0.45 时的收敛范围。如图 5.3(b)所示，除去 $x>\sqrt{2}$（也就是 $\Omega>\sqrt{2\omega_c}$）的范围，随着阻尼系数 ξ_i 的增大，收敛范围也逐渐扩大。尤其是 $\xi_i\geqslant 0.5$ 时，可知 $x<1.26$ 的范围全部都进入了收敛

范围。但是需要注意的是，在 $x>\sqrt{2}$的范围内，随着阻尼系数 ξ_i 的增大，收敛范围有缩小的趋势。

根据实际的常数频率 w_c 的值，为了研究对解的收敛性的影响，设参数 β 满足 $\beta=1/x=\omega_c/\Omega$，计算不同 β 值所对应的相对误差(relative error)e_i/e_i^s。

图 5.4 显示的是阻尼系数 $\xi_i=0$ 时的计算结果。这里，横轴是 ω_i/Ω，纵轴是 e_i/e_i^s。图 5.4(a)是 $\beta=0$ 和 $\beta<1$ 时的结果，图 5.4(b)是 $\beta=0$ 和 $\beta>1$ 时的结果。这里，$\beta=0$ 时的结果用实线表示，这与模态加速法(Hansteen 等的方法)的结果是一致的，即 $e_i/e_i^a(\beta=0)$。

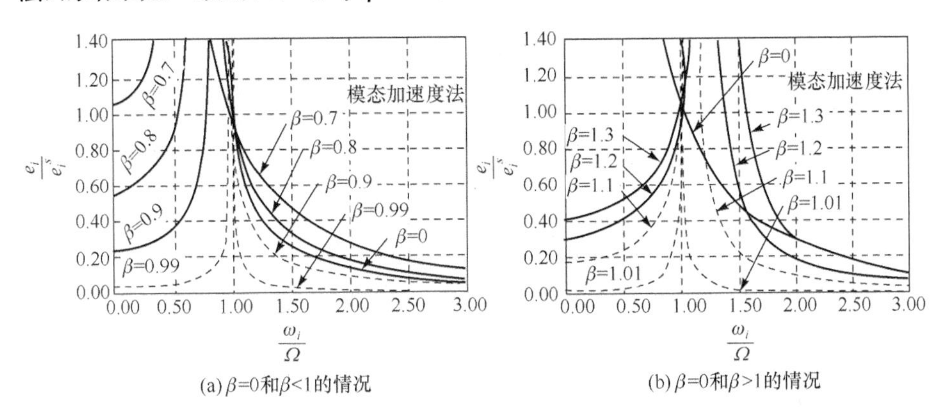

(a) $\beta=0$和$\beta<1$的情况　　(b) $\beta=0$和$\beta>1$的情况

图 5.4　忽略 i 次模态时的误差分析

如图 5.4 所示，如果满足

$$
\begin{cases}
\dfrac{\omega_i}{\Omega}\geqslant 1 \quad 或 \quad \dfrac{\omega_i}{\Omega}\leqslant\dfrac{\beta}{\sqrt{2-\beta^2}} & (0<\beta\leqslant 1) \\
\dfrac{\omega_i}{\Omega}\geqslant 1 \quad 或 \quad \dfrac{\omega_i}{\Omega}>\dfrac{\beta}{\sqrt{2-\beta^2}} & (0<\beta\leqslant 2)
\end{cases}
\tag{5.60}
$$

条件，马-荻原的模态重合法的误差 $|e_i|$ 则比模态加速法的误差 $|e_i^a|$ 小。这就如同高量级模态被省略的情况，将 ω_a 作为 ω_c 时，对于所有的 $\Omega\in[\omega_a,\omega_b]$，由马-荻原的模态重合法所得到的频率响应解，比模态加速法(Hansteen 等的方法)得到的解更准确。模态加速法和 Hansteen 等的方法不适用于低量级模态的省略，马-荻原的模态重合法却能够取得一个实质上的改善。

并且，在刚度矩阵 K 为奇异矩阵的情况下，模态加速度法与 Hansteen 等的方法的计算变得繁杂，但使用马-荻原的模态重合法，并取合理的 $\omega_c(\neq 0)$，就能实现与刚度矩阵非奇异情况相同的计算效果。因此，可以知道马-荻原的模态重合法比其他方法更有效。

通过图 5.5 的模型对以上所得的研究结果进行确认。图 5.5 是由长 200cm、宽 160cm、高 150cm 的钢板构成的中空长方体中的构造-声场耦合系统。构造的杨氏模量为 2.1×10^5Pa，密度为 0.8×10^{-6} kg/cm^3，泊松比为 0.3。并且钢板的板厚为 0.4cm。有关构造与声场的 FEM 模型，箱子模型的节点数与板壳元素[11]数分别是 98 和 96，声场的节点数与固体元素数[11]分别是 125 和 64。

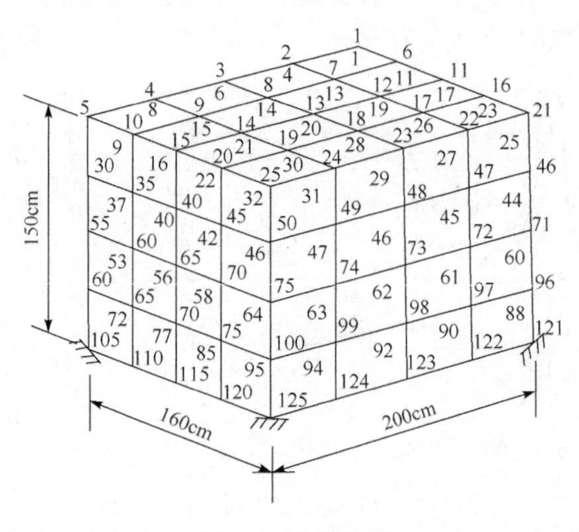

图 5.5　分析模型

为了便于分析，首先将构造与声场的物理坐标分别转换为模态坐标系，再进行耦合系统的分析。构造系统中 53 个模态坐标，声场系统中 17 个模态坐标，一共用到 70 个普通坐标。接下来以具有该 70 个普通坐标的模型为对象进行研究。并且，以激振点(excitation point)作为箱子第 40 个节点的 y 方向，以观测点(observation point)作为声场的节点 32，并忽略阻尼的影响。

图 5.6 中，显示了在使用 1～8 量级模态(0～22Hz)时，在低频范围(10～20Hz)中模态频率响应分析结果的比较。这里使用了 $\omega_c=15$Hz。可见，运用马-获原方法时，精度最高。

图 5.7 展示了使用 30～36 量级模态(78～106Hz)时，高频范围(70～90Hz)下模态频率响应分析结果的比较。这里使用了 $\omega_c=80$Hz。如图 5.7 所示，在忽略低量级模态时，模态加速度解的精度显著下降。对此，可知根据马-获原的模态重合法得到的结果，比模态位移法精度更高。

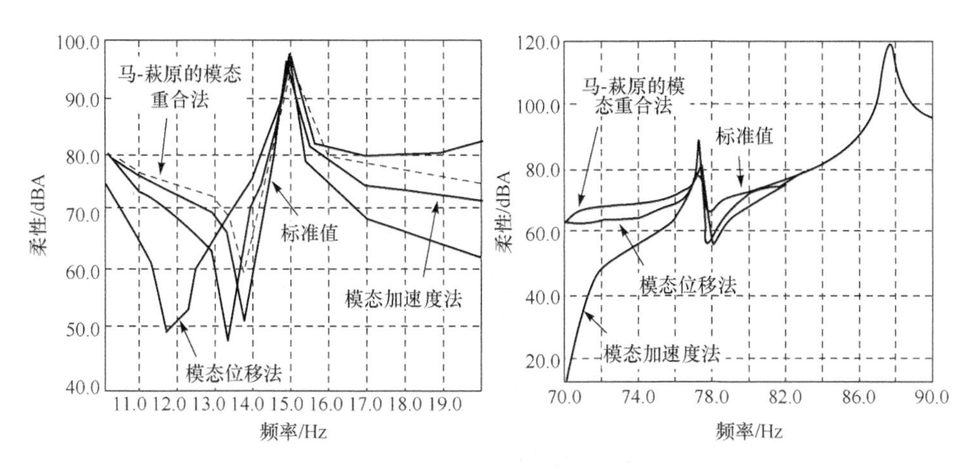

图5.6　模态频率响应分析结果的比较（忽略高量级模态的情况）

图5.7　模态频率响应分析结果的比较（高、低量级模态均忽略的情况）

5.4　耦合系统中的直接频率响应分析及其灵敏度分析

构造-声场耦合系统方程式的阻抗矩阵(impedance matrix)是非对称性的密集矩阵，如果采用以往的直接频率响应分析方法来求**直接频率响应**(direct frequency response)，计算会出现效率很差的情况。为了改善这个问题，本节介绍了不使用阻抗矩阵的逆矩阵(impedance matrix)[或称三角分解(triangular resolution)]的一种反复解法[12]。并且，导出了与其对应的**频率响应灵敏度分析**(frequency response sensitivity analysis)的计算法则。

根据该计算法则，不仅大大减少了计算量，而且可以求得高精度的频率响应和灵敏度。然后，本节展示了在模态坐标系统中进行转换计算的方法。最后，探讨了声压级的灵敏度，通过实际的箱子-声场系统的应用举例，验证了本节所介绍方法的有效性。

5.4.1　以往的直接频率响应分析

设激振力为 $f_s=F_s e^{i\omega t}$，响应为 $u=Ue^{i\omega t}$，根据式(5.5)可得到如下所示的频率响应方程式：

$$ZU=F \tag{5.61}$$

式中，Z 是耦合系统的阻抗矩阵，有

$$Z=\begin{bmatrix} K_{ss}-\omega^2 M_{ss} & K_{sa} \\ -\omega^2 M_{as} & K_{aa}-\omega^2 M_{aa} \end{bmatrix} \tag{5.62}$$

及

$$U=\begin{Bmatrix} U_s \\ U_a \end{Bmatrix}, \quad F=\begin{Bmatrix} F_s \\ 0 \end{Bmatrix} \tag{5.63}$$

对于一定的频率 ω,对式(5.61)直接求解,可得到频率响应

$$U=Z^{-1}F \tag{5.64}$$

这是以往的直接频率响应分析方法。根据式(5.64),需要求较多的频率响应,在计算量方面不容乐观。通常的构造分析中,对应的阻抗矩阵 Z 是具有一定频带宽度的对称矩阵,利用这一性质,可以期待达到某种程度的高速计算。

对此,存在构造-声场耦合系统的情况下,式(5.62)的阻抗矩阵 Z 是非对称的,也几乎没有频带性。这种情况下,从计算量方面来看,直接频率响应分析并不是很有效的方法。因此,将在 5.4.2 节中研究耦合系统直接频率响应计算的更为有效的方法。

5.4.2 直接频率响应分析的迭代法

首先将式(5.62)中的阻抗矩阵分成如下所示的三角矩阵(lower block triangular matrix)Z_1 和剩余矩阵 Z_2,即

$$Z_1=\begin{bmatrix} K_{ss}-\omega^2 M_{ss} & 0 \\ -\omega^2 M_{as} & K_{aa}-\omega^2 M_{aa} \end{bmatrix} \tag{5.65}$$

$$Z_2=\begin{bmatrix} 0 & K_{sa} \\ 0 & 0 \end{bmatrix} \tag{5.66}$$

式中

$$Z=Z_1+Z_2 \tag{5.67}$$

并且,式(5.61)可写成

$$Z_1 U=F-Z_2 U \tag{5.68}$$

设 $U^{(0)}=Z_1^{-1}F$,由式 (5.68)可得到下述**反复法**(iteration equation)为

$$U^{(n)}=U^{(0)}+BU^{(n-1)} \qquad (n=1,2,\cdots) \tag{5.69}$$

式中

$$B=-Z_1^{-1}Z_2 \tag{5.70}$$

进而,将式(5.69)分为构造响应 U_s 和声场响应 U_a,可得到如下计算法则:

$$U_s^{(0)}=Z_{ss}^{-1}F_s, \quad U_a^{(0)}=B_{as}^{-1}U_s^{(0)} \tag{5.71}$$

$$U_s^{(n)}=U_s^{(0)}+B_{sa}U_a^{(n-1)} \tag{5.72}$$
$$U_a^{(n)}=B_{as}U_s^{(n)} \quad (n=1,2,\cdots)$$

式中

$$B_{as}=-Z_{aa}^{-1}Z_{as}, \quad B_{sa}=-Z_{ss}^{-1}Z_{sa} \tag{5.73}$$

其中，Z_{ss}是构造的阻抗矩阵，Z_{aa}是声场阻抗矩阵。

$$Z_{ss}=K_{ss}-\omega^2 M_{ss}, \quad Z_{aa}=K_{aa}=\omega^2 M_{aa}$$
$$Z_{as}=\omega^2 Z_{sa}^{\mathrm{T}}=-\omega^2 M_{as} \tag{5.74}$$

为便于验证，收敛式(5.69)的必要条件为，矩阵 B 的定律 $\|B\|<1$ 或 B 的最大特征值小于 1。一般情况下，因式(5.70)的 $\|B\|$ 值比 1 小得多，所以对式(5.72)进行少数次的反复就能得到足够的精确度。其中，$\|B\|$ 是频率 ω 的函数，ω 与构造系统或声场系统的特征振动频率一致，则 $\|B\|>1$，会出现式(5.69)无法收敛的情况。这样的频率点位于系统的共振频率的附近，计算时有必要避开。

设构造的自由度数(number of degree of freedom)为 N_s，声场的自由度数为 N_a，则式(5.61)的耦合系统方程式的阶数为 $N+N_s+N_a$。该方程式的系数矩阵 Z 是非对称的，几乎是密集矩阵(dense matrix)。

对此，以式(5.71)和式(5.72)的计算来处理的矩阵，分别是构造和声场的阻抗矩阵，分别用 Z_{ss}和 Z_{aa}表示。虽需要式(5.72)的反复计算，但是其间 Z_{ss}和 Z_{aa}的反矩阵(inverse matrix)[或三角分解(triangular resolution)]的计算进行 1 次就能解决。

例如，三角分解所需要的运算量可用自由度的 2 次式来表示，解两个低阶(N_s 和 N_a)的耦合方程式(simultaneous equation)的计算量，比起一个高阶(N_s+N_a)耦合方程式，随着 N_s 及 N_a 的增长，会大幅减少。

并且，Z_{ss}^{-1}、Z_{aa}^{-1}的计算可使用通常的 FEM 码来解，也可以用以往的系数矩阵的对称性和连带性来实现高速的计算。

5.4.3　直接频率响应的灵敏度

频率响应灵敏度的分析中，给出设计变量(design variable)，求该设计变量所对应的频率响应的变化率(灵敏度)。设设计变量为 $\alpha_k(k=1,2,\cdots)$，频率响应 U 与 α_k 相关联的灵敏度 s_k 用差分来表示，则可写成 $s_k=\Delta U^k/\Delta\alpha_k$。这里，$\Delta\alpha_k$ 是设计变量 α_k 的微小变更量(increment)，ΔU^k 是 α_k 的变动引起的频率响应 U 的变化量。

这里针对直接频率响应的变化量 ΔU^k 的求解方法进行探讨，为了便于分析，下面将省略上标 k。

1. 运用 Z^{-1} 的直接法

对于设计变量的微小变更量 $\Delta\alpha$，设式(5.61)的阻抗矩阵 Z 的变更量为 ΔZ。这里

$$\Delta Z=\begin{bmatrix}\Delta K_{ss}-\omega^2\Delta M_{ss} & \Delta K_{sa}\\ -\omega^2\Delta M_{as} & \Delta K_{aa}-\omega^2\Delta M_{aa}\end{bmatrix}=\begin{bmatrix}\Delta Z_{ss} & \Delta Z_{sa}\\ \Delta Z_{as} & \Delta Z_{aa}\end{bmatrix} \tag{5.75}$$

对频率响应的计算式(5.4)进行微分，则有

$$\mathrm{d}ZU+Z\mathrm{d}U=0 \tag{5.76}$$

并且，用微小量 Δ 近似表达无穷小量 d，由式(5.76)可得

$$\Delta U=DU \tag{5.77}$$

式中

$$D=-Z^{-1}\Delta Z \tag{5.78}$$

运用式(5.77)，可求出设计变量的微量化 $\Delta\alpha$ 引起的频率响应的变化量 ΔU。因此，可求出**直接频率响应的灵敏度**(direct frequency response sensitivity) $s=\Delta U/\Delta\alpha$。这个 s，理论上随着 $\Delta\alpha\to 0$，可收敛为严密解(exact solution)，但由于存在计算机的有效数字的舍去及化整误差，所以只能得到一定的近似值。下面将展示对于一定的 $\Delta\alpha$ 求更严密的 ΔU 的方法，所以本节中将省去针对这一问题的探讨。

式(5.77)的计算中，阻抗矩阵的反矩阵 Z^{-1}(或三角分解)的计算是必要的。为了避免对 Z^{-1} 的计算，下面将针对基于5.4.2节所述的反复法的灵敏度分析方法进行探讨。

2. 不使用 Z^{-1} 的反复法

为了避免对 Z^{-1} 的计算，5.4.2节中探讨了根据一种反复法来求直接频率响应的计算法则。本节中，研究了与其相对应的灵敏度分析方法。将式(5.67)代入式(5.77)中，可得到如下所述的反复式：

$$\Delta U^{(n)}=\Delta U^{(0)}+B\Delta U^{(n-1)}\quad (n=1,2,\cdots) \tag{5.79}$$

式中

$$\Delta U^{(0)}=D_1U \tag{5.80}$$

及

$$D_1=-Z_1^{-1}\Delta Z,\quad B=-Z_1^{-1}Z_2 \tag{5.81}$$

将式(5.79)进一步分为构造的响应和声场的响应,可得到如下公式。

1) 只有 ΔZ_{ss} 不为零时

$$\Delta U_s^{(0)}=D_{ss}U_s,\quad \Delta U_a^{(0)}=B_{as}\Delta U_s^{(0)}$$
$$\Delta U_s^{(n)}=\Delta U_s^{(0)}+B_{sa}\Delta U_s^{(n-1)} \tag{5.82}$$
$$\Delta U_a^{(n)}=B_{as}\Delta U_s^{(n)}\quad (n=1,2,\cdots)$$

式中

$$D_{ss}=-Z_{ss}^{-1}\Delta Z_{ss} \tag{5.83}$$

2) 只有 ΔZ_{aa} 不为零时

$$\Delta U_s^{(0)}=0,\quad \Delta U_a^{(0)}=D_{aa}U_a$$
$$\Delta U_s^{(n)}=B_{sa}\Delta U_a^{(n-1)} \tag{5.84}$$
$$\Delta U_a^{(n)}=\Delta U_a^{(0)}+B_{as}\Delta U_a^{(n)}\quad (n=1,2,\cdots)$$

式中

$$D_{aa}=-Z_{aa}^{-1}\Delta Z_{aa} \tag{5.85}$$

3) 只有 ΔZ_{as}、ΔZ_{sa} 不为零时

$$\Delta U_s^{(0)}=D_{sa}U_a,\quad \Delta U_a^{(n)}=D_{as}U_s+B_{as}\Delta U_s^{(0)}$$
$$\Delta U_s^{(n)}=\Delta U_s^{(0)}+B_{as}\Delta U_a^{(n-1)} \tag{5.86}$$
$$\Delta U_a^{(n)}=B_{sa}(\Delta U_s^{(n)}-\Delta U_s^{(0)})\quad (n=0,1,\cdots)$$

式中

$$D_{sa}=-Z_{ss}^{-1}\Delta Z_{sa},\quad D_{as}=-Z_{aa}^{-1}\Delta Z_{as} \tag{5.87}$$

无论使用式(5.82)、式(5.84)和式(5.86)中的哪一个,由于只要完成非耦合系统的阻抗矩阵的计算(Z_{ss}或/及 Z_{aa})就可以了,如5.4.2节所述,可期待计算量的大幅减少。

5.4.4 运用特征模态进行计算

若求出了构造系统和声场系统的固有模态或耦合系统的固有模态,可利用求得的结果,将5.4.3节中的计算式转换成模态坐标系。本节将针对此问题进行探讨。

1. 运用耦合系统的固有模态进行计算

设耦合系统的特征值矩阵为 $\Lambda=\mathrm{diag}\{\lambda_i\}$,特征矢量矩阵为 $\phi=[\phi_1,\phi_2,\cdots,\phi_n]$。为了便于分析,假设系统不具有零特征值和重复特征值(repeated eigen value)。根据 5.2 节所述的耦合系统特征矢量矩阵(eigen vector of coupled system)的正交条件,可以得到如下 Z^{-1} 的展开式,即

$$\begin{aligned} Z &= K-\omega^2 M=\bar{\phi}^{-\mathrm{T}}\bar{\phi}^{\mathrm{T}}(K-\omega^2 M)\phi\phi^{-1} \\ &= \bar{\phi}^{-\mathrm{T}}(\Lambda-\omega^2 I)\phi^{-1}=\bar{\phi}^{-\mathrm{T}}\Omega\phi^{-1} \end{aligned}$$

因此

$$Z^{-1}=\phi\Omega^{-1}\bar{\phi}^{\mathrm{T}} \tag{5.88}$$

式中

$$\bar{\phi}^{\mathrm{T}}=\{\phi_s^{\mathrm{T}},\phi_a^{\mathrm{T}}\Lambda^{-1}\},\quad \Omega^{-1}=\mathrm{diag}\left\{\frac{1}{\lambda_i-\omega^2}\right\} \tag{5.89}$$

其中,ϕ_s 是与构造相关的特征矢量 ϕ 的成分;ϕ_a 是与声场有关的 ϕ 的成分。

并且,频率响应 U 也在特征矢量中展开

$$U=\phi Q,\quad \Delta U=\phi\Delta Q \tag{5.90}$$

这样,代入 5.4.3 节的灵敏度分析式(5.77)中,得

$$\Delta Q=SQ \tag{5.91}$$

式中

$$S=-\Omega^{-1}\bar{\phi}^{\mathrm{T}}\Delta Z\phi,\quad Q=\Omega^{-1}\bar{\phi}^{\mathrm{T}}F \tag{5.92}$$

式(5.91)可区分每个模态坐标进行分离,并且能够根据低量级模态进行计算,所以如果耦合系统的低量级模态已知,就可以根据式(5.91)实现高速的计算。

2. 运用非耦合系统模型进行计算

设构造系统的特征对矩阵为 $\Lambda_s=\mathrm{diag}\{\lambda_{si}\}$,$\psi_s=[\psi_{s1},\psi_{s2},\cdots,\psi_{sn_s}]$,声场系统的特征对矩阵为 $\Lambda_a=\mathrm{diag}\{\lambda_{ai}\}$,$\psi_a=[\psi_{a1},\psi_{a2},\cdots,\psi_{an_a}]$,频率响应的成分 U_s、U_a 分别可在 ψ_s、ψ_a 中展开。即

$$U_s=\psi_s Q_s,\quad U_a=\psi_a Q_a \tag{5.93}$$

将式(5.93)代入直接频率响应灵敏度的计算公式中,可以得到 Q_s、Q_a 坐标系的计算公式。例如,将式(5.93)代入式(5.82)中,式(5.82)变成

$$\begin{aligned} &\Delta Q_s^{(0)}=\bar{D}_{ss}Q_s,\quad \Delta Q_a^{(0)}=\bar{B}_{as}\Delta Q_s^{(0)} \\ &\Delta Q_s^{(n)}=\Delta Q_s^{(0)}=\bar{B}_{sa}\Delta Q_s^{(n-1)} \\ &\Delta Q_a^{(n)}=\bar{B}_{as}\Delta Q_s^{(n)}\quad (n=1,2,\cdots) \end{aligned} \tag{5.94}$$

式中

$$\begin{cases} \bar{D}_{ss}=-\Omega_s^{-1}\psi_s^{\mathrm{T}}\Delta Z_{ss}\psi_s,\quad \bar{B}_{sa}=-\Omega_s^{-1}\bar{Z}_{sa},\quad \bar{B}_{as}=-\Omega_a^{-1}\bar{Z}_{as} \\ \bar{Z}_{as}=\omega^2\bar{Z}_{sa}^{\mathrm{T}}=\psi_a^{\mathrm{T}}Z_{as}\psi_s \end{cases} \tag{5.95}$$

式(5.94)也可通过各模态坐标(构造模态坐标和声场模态坐标)分离。如

果构造和声场的低量级模态已知，根据式(5.94)可高速地求出耦合系统的频率响应灵敏度。

5.4.5　应用举例

1. 箱子-声场耦合系统的直接频率响应

使用与图 5.5 相同的箱子-声场模型，验证本节的直接频率响应分析方法的有效性。为方便起见，这里首先将构造和声场的物理坐标(physical coordinate)分别转换为各自的模态坐标系进行分析。即运用构造中有 68 个，声场中 70 个低量级特征振动模态(声场中含一个刚体模态)，将整个耦合系统收缩成 138 自由度。接下来以拥有该 138 自由度的系统为对象进行研究。为了求系统的频率响应，激振点作为箱子上节点 40 的 y 方向，观测点作为声场内的节点 32。

表 5.1 中显示了由 5.4.2 节的反复法得到的频率响应的收敛性。如表所示，除了 30Hz 点，所有的解都在 5 次以内反复，收敛在 5 位有效数字以内。但是，在 30Hz 的点没有发生收敛。这是因为输入频率与构造的第 5 次特征振动频率($f_{s5}=30.002$Hz，此外，相对应的耦合系统的特征振动频率 $f_5=29.207$Hz)基本一致，不满足 5.4.2 节的收敛条件。实际运用中，有必要避免这样的点。

表 5.1　频率响应反复解法的收敛性

本节展开的数值解	15Hz [dBA]	22Hz [dBA]	30Hz [dBA]	50Hz [dBA]
$P^{(0)}$	49.535	54.640	95.364	59.880
$P^{(1)}$	48.742	53.732	111.70	60.036
$P^{(2)}$	48.821	53.852	127.24	60.040
$P^{(3)}$	48.814	53.839	142.64	60.040
$P^{(4)}$	48.815	53.840	158.02	60.040
标准值	48.815	53.840	119.01	60.040

并且，如表 5.1 所示，用该反复法仅经过 1 次计算得到的初期解 $U^{(0)}$，给出了非常相近的严密解。在此，即使忽略式(5.62)的阻抗矩阵的右上模块 K_{sa}，对解的影响也很小。因实际上声场振动对构造振动的影响很小，这一点也可以从物理学角度来解释[13]。

2. 箱子-声场耦合系统的直接频率响应灵敏度

如图 5.5 所示,设第 1～10、11～20、21～30、31～40 壳元素的板厚分别为设计变量 α_1、α_2、α_3、α_4。将这些设计变量分别变化 0.005%[即 $\Delta\alpha_k/\alpha_k=0.005\%(k=1,2,3,4)$],根据本节的方法求频率响应灵敏度。

表 5.2 和表 5.3 中展示了运用 5.4.3 节中的反复法求得的频率响应灵敏度的收敛性。表 5.2 和表 5.3 分别是设计变量 α_1 和 α_2 所对应的计算结果(S_p)。如表中所示,反复计算均收敛在 5 次以内。将此与表 5.1 的频率响应的反复结果进行比较,可知两者具有相同程度的收敛性。

表 5.2 频率响应灵敏度反复解法的收敛性(设计变量 α_1)

本节展开的数值解	15Hz	22Hz	50Hz	80Hz
$S_\mathrm{p}^{(0)}$	0.41309	1.3360	−2.3461	−0.9417
$S_\mathrm{p}^{(1)}$	0.36896	1.1241	−2.4888	−1.0825
$S_\mathrm{p}^{(2)}$	0.37316	1.1472	−2.4972	−1.0757
$S_\mathrm{p}^{(3)}$	0.37276	1.1445	−2.4983	−1.0817
$S_\mathrm{p}^{(4)}$	0.37280	1.1448	−2.4984	−1.0800
标准值	0.37280	1.1448	−2.4984	−1.0804

表 5.3 频率响应灵敏度反复解法的收敛性(设计变量 α_2)

本节展开的数值解	15Hz	22Hz	50Hz	80Hz
$S_\mathrm{p}^{(0)}$	0.48131	−0.13230	−5.1846	−2.0635
$S_\mathrm{p}^{(1)}$	0.43129	−0.12539	−5.4801	−1.9904
$S_\mathrm{p}^{(2)}$	0.43605	−0.12654	−5.4980	−2.0497
$S_\mathrm{p}^{(3)}$	0.43556	−0.12642	−5.4991	−2.0380
$S_\mathrm{p}^{(4)}$	0.43560	−0.12643	−5.4992	−2.0416
标准值	0.43564	−0.12643	−5.4992	−2.0409

5.5 耦合系统的特征值与固有模态灵敏度分析

如果之前的讨论中引用左特征向量,可知会得到与单纯的构造系统相同的结论。因此,特征值与固有模态灵敏度也一样,首先尝试用简单的构造系统来表现,将得到的结果作为左特征向量使用,重新整理,求耦合系统的表达公式。

思考如下构造系统的特征值问题。

$$(K-\lambda_j M)\phi_j=0 \tag{5.96}$$

式中,λ_j 是系统的特征值;ϕ_j 是特征向量;K 和 M 分别是系统的刚度矩阵和质量矩阵。接下来假设系统不具有退化特征值。

单纯构造的情况下,有关系统的特征向量

$$\phi_i^{\mathrm{T}}K\phi_j=0,\quad \phi_i^{\mathrm{T}}M\phi_j=0\quad (i\neq j) \tag{5.97}$$

有上述正交条件,则

$$\phi_i^{\mathrm{T}}M\phi_i=1 \tag{5.98}$$

这样的正规化条件成立。

设系统的设计变量为 $\alpha_k(k=1,2,\cdots)$,对式(5.96)和式(5.98)用 α_k 进行偏微分(partial differential),则得到

$$-\lambda_j' M\phi_j+(K-\lambda_j M)\phi_j'=(K'-\lambda_j M')\phi_j \tag{5.99}$$

$$\phi_j^{\mathrm{T}}M\phi_j'=-\frac{1}{2}\phi_j^{\mathrm{T}}M'\phi_j \tag{5.100}$$

式中,λ_j'是特征值 λ_j 与设计变量 α_k 相关的灵敏度;ϕ_j'是特征向量 ϕ_j 与设计变量 α_k 相关的灵敏度。式(5.99)中,左乘 ϕ_j 的转置,且运用 $\phi_j^{\mathrm{T}}(K-\lambda_j M)=0$,可以得到**特征值灵敏度**(sensitivity of eigen value)。

$$\lambda_j'=E_{jj} \tag{5.101}$$

式中

$$E_{jj}=\phi_j^{\mathrm{T}}(K'-\lambda_j M')\phi_j \tag{5.102}$$

另外,$\phi_j^{\mathrm{T}}M\phi_j=1$。

有关**特征向量灵敏度**(sensitivity of eigen vector),式(5.99)采用如下形式的普通线性方程式求得:

$$A_j\phi_j'=b_j \tag{5.103}$$

式中

$$A_j=K-\lambda_j M,\quad b_j=(\lambda_j' M)\phi_j \tag{5.104}$$

但是,由于式(5.103)的系数矩阵 A_j 是奇异矩阵(singular matrix),这样是得不到解的。为了求解,提出了以下三种方法。

5.5.1　福克斯等的模态法[14]

使用模态重合法的模态位移法,特征向量灵敏度就可以实施如下展开:

$$\phi'_j = \sum_{i=1}^{n} \phi_i C_{ij}^0 \tag{5.105}$$

将式(5.105)代入式(5.99)，并左乘以 ϕ_i^{T}，且采用正交条件式(5.97)，得到

$$C_{ij}^0 = \frac{-1}{\lambda_i - \lambda_j} E_{ij} \quad (i \neq j) \tag{5.106}$$

式中

$$E_{ij} = \phi_i^{\mathrm{T}} (K' - \lambda_j M') \phi_j \tag{5.107}$$

此外，如果用式(5.100)，可求得系数 C_{ii}^0 为

$$C_{ii}^0 = -\frac{1}{2} \phi_i^{\mathrm{T}} M' \phi_i \tag{5.108}$$

综上所述，在使用福克斯等的灵敏度分析方法的情况下，通过省略高量级模态，有可能出现得到的灵敏度精度恶化的现象。因此，若要通过福克斯等的方法得到正确的特征向量灵敏度，就需要计算更多的模态，并用于灵敏度分析中。这基本上是因模态位移法的缺点产生的，可以说是福克斯等方法的界限。对此，多数研究者认为 1976 年由纳尔逊提出的方法更为有效。

5.5.2　纳尔逊法[15]

纳尔逊的方法与福克斯等的方法的不同之处在于，纳尔逊的方法中没有使用模态展开式(5.105)，是从式(5.103)和式(5.100)直接求特征向量的灵敏度 ϕ_j' 的。设系统的整体自由度为 N，则式(5.103)的系统矩阵 A_j 是$(N-1)$阶的奇异矩阵。为了得到问题的解，纳尔逊的方法中，首先求出了如下非奇异方程式的解 X_j^0。

$$\overline{A}_j X_j^0 = \overline{b}_j \tag{5.109}$$

式中，$\overline{A}_j$ 是将系数矩阵 A_j 的第 k 行、第 k 列的所有要素置换成零，并且将第 k 个对角项设为 1 的矩阵；$\overline{b}_j$ 是将 b_j 的第 k 个要素设置为零的向量。并且编号 k 通过 ϕ_j 的绝对值最大的成分的编号决定。且设特征向量灵敏度为

$$\phi_j' = X_j^0 + C_j \phi_j \tag{5.110}$$

将式(5.110)代入式(5.103)中，确定 C_j。这样可得到

$$C_j = -\phi_j^{\mathrm{T}} M X_j^0 - \frac{1}{2} \phi_j^{\mathrm{T}} M' \phi_j \tag{5.111}$$

如果可以严密地求出 K' 和 M'，那么根据纳尔逊法可以得到严密的灵敏度系数。但是纳尔逊方法中，对于各自的特征向量灵敏度 ϕ_j' $(j=1,2,\cdots)$，必须求式(5.109)的解。这在求大量的特征向量灵敏度时效率并不高。

5.5.3　B. P. Wang 的改善模态法[16]

如 5.3 节所述，在模态重合法领域，为了改善模态位移法的精度，提出了模态加速度法[5]。采用模态加速度法，模态重合法的收敛性将显著改善，即使使用更少的固有模态，也能得到比模态位移法精确更高的解。于是在 1985 年，B. P. Wang 将这个模态加速度法运用于构造系统的灵敏度分析中，提出了一种改善模态法。根据 B. P. Wang 的方法，可如下求出特征向量灵敏度：

$$\phi_j' = X_j^1 + \sum_{i=1}^{n} \phi_i C_{ij}^1 \tag{5.112}$$

式中，因为 X_j^1 是静力学方程式

$$KX_j^1 = b_j \tag{5.113}$$

的解，所以有

$$C_{ij}^1 = \frac{\lambda_i}{\lambda_j} \cdot \frac{1}{\lambda_j - \lambda_i} E_{ij} \quad (i \neq j) \tag{5.114}$$

并且，$C_{ii}^1 = C_{ii}^0$。

根据 5.3 节中讨论的加速度方法的优点，B. P. Wang 的方法大幅度地改善了福克斯等的方法。也就是说，B. P. Wang 的方法中，通过比福克斯等的方法少的模态得到更为准确的灵敏度系数。并且，对于分析的多数模态，因为解 1 次系统的静力学方程(5.13)即可，在求大多的特征向量灵敏度时，是比纳尔逊的方法更为有效的方法。

但是，与模态加速度法中存在的缺陷相同，如果省略低量级的模态，B. P. Wang 的方法的误差将比福克斯等的方法的误差大。并且，如果刚度矩阵 K 为异常，在求逆矩阵的情况下，按照这样将无法求式(5.113)的解。

5.5.4　马-萩原的模态法[17]

首先，式(5.103)可写成如下形式：

$$(K - \lambda_j M)\phi_j' = b_j \tag{5.115}$$

与式(5.112)相同，式(5.115)的解能够按照如下所示求得：

$$\phi_j' = X_j + \sum_{i=m}^{n} \phi_i C_{ij} \tag{5.116}$$

式中，X_j 是如下所示的线性方程式：

$$(K - \mu M) X_j = b_j \tag{5.117}$$

的解，因此有

$$C_{ij}=\frac{\lambda_j-\mu}{\lambda_i-\mu}\cdot\frac{\phi_i^{\mathrm{T}}b_j}{\lambda_i-\lambda_j} \tag{5.118}$$

如果将式(5.104)的 b_j 代入式(5.118)中，可得

$$C_{ij}=\frac{\lambda_j-\mu}{\lambda_i-\mu}\cdot\frac{1}{\lambda_j-\lambda_i}E_{ij}\quad(i\neq j) \tag{5.119}$$

式中，通过式(5.118)得到 $C_{ii}=0/0$，C_{ij} 变成不定系数。但是，与以往一样，如果将式(5.116)代入正规化的条件式(5.100)，则能够求得

$$C_{ii}=-\phi_i^{\mathrm{T}}MX_i-\frac{1}{2}\phi_i^{\mathrm{T}}M'\phi_i \tag{5.120}$$

一般情况下(除 $\mu=\lambda_j$ 的情况)，可得到

$$\phi_i^{\mathrm{T}}MX_i=0 \tag{5.121}$$

并且，有 $C_{ii}=C_{ii}^0$。通过赋予特殊的 μ 值，马-萩原的模态法可退化为以上所述的灵敏度分析方法。也就是说，如果 $\mu\to-\infty$，通过式(5.117)得到 $X_j\to 0$，并且式(5.119)的 C_{ij} 变成

$$C_{ij}=\frac{1}{\lambda_j-\lambda_i}E_{ij}=C_{ij}^0\quad(i\neq j) \tag{5.122}$$

因此，马-萩原的模态法是福克斯等的模态法的退化。如果 $\mu=\lambda_j$，则根据式(5.119)，$C_{ij}\,(i\neq j)$ 变成 0，那么式(5.116)变为

$$\phi_j'=X_j+C_{jj}\phi_j=X_j^0+C_j\phi_j \tag{5.123}$$

因此，马-萩原的模态法是纳尔逊的方法的退化。并且，如果 $\mu=0$，由式(5.117)和式(5.113)，X_j 变为 X_j^1，并且式(5.119)的 C_{ij} 变成

$$C_{ij}=\frac{\lambda_j}{\lambda_i}\cdot\frac{1}{\lambda_j-\lambda_i}E_{ij}=C_{ij}^1\quad(i\neq j) \tag{5.124}$$

因此，马-萩原的模态法是 B. P. Wang 的改善模态法的退化。上述关系如图 5.8所示。

这里，虽然 μ 可以取任意值，但是通过选择满足 5.5.5 节中所述的条件式的 μ 值，由马-萩原模态法得到的解的精度会比由 B. P. Wang 的改善模态法得到的解的精度更高。并且，比福克斯等的模态法精确度也明显较高。

并且，相对于 B. P. Wang 的方法无法适用于低量级模态，马-萩原的方法能够省略低量级模态，在计算高量级固有模态的灵敏度时，能够大幅度地提高计算效率。

况且，B. P. Wang 的方法不适用于具有刚度模态的系统，由于马-萩原的模态法适用于具有刚度模态的系统，所以是比 B. P. Wang 的方法更为普通的方法。这基本上是由 5.3 节的马-萩原的模态重合法的优点产生的，通过 μ 值

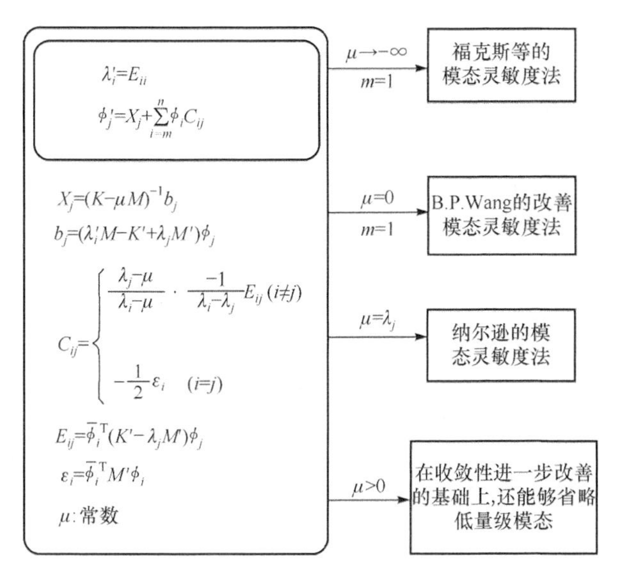

图 5.8　马-萩原的灵敏度分析式与以往的灵敏度分析式间的关系

的最优化,能够进一步期待计算精度和效率的提高。并且,若把马-萩原的方法与纳尔逊的方法进行比较,则在求解特征向量灵敏度时,只需要解 1 次式(5.117)即可,并且存在解式(5.103)时避开对特殊矩阵 A_j 处理的优点,因此是比纳尔逊的方法更为简单且高效的方法。

对于以往的非退化系统,即使对于退化系统也可以进行同样的讨论[18]。也就是说,存在与非退化系统的福克斯等的灵敏度分析方法对应的 Chen 等的方法[19],又如同样与纳尔逊法对应的 Ojalvo 的方法[20]、Dailey 的方法[21]等。研究结果显示,相对于上述方法,以马-萩原的模态重合法为基础的方法,在精度和效率两个方面都显示出了优越性。

5.5.5　误差分析

通过实施**误差分析**(error estimation),针对马-萩原的模态法的收敛性和**收敛条件**(convergence condition)进行描述。首先,对于 j 量级的特征向量的灵敏度,在第 i 次的模态被省略的情况下,如果设由福克斯等方法的式(5.105)产生的绝对误差为 $e_{ij}^0=\|\phi_i C_{ij}\|$,那么由马-萩原的模态法的式(5.116)产生的绝对误差 e_{ij} 为

$$e_{ij}=\left|\frac{\lambda_j-\mu}{\lambda_i-\mu}\right|e_{ij}^0 \tag{5.125}$$

并且，‖ · ‖表示矢量的定律(norm)。因此，如果收敛条件满足

$$\left|\frac{\lambda_j-\mu}{\lambda_i-\mu}\right|<1 \tag{5.126}$$

那么，马-萩原的模态法的误差比福克斯等的方法产生的误差小。由式(5.126)，针对 μ 可得到以下条件。

(1) 省略高阶模态($\lambda_i>\lambda_j$)的情况：

$$-\infty<\mu<\frac{1}{2} \tag{5.127}$$

(2) 省略低阶模态($\lambda_i<\lambda_j$)的情况：

$$\frac{1}{2}(\lambda_i+\lambda_j)<\mu<+\infty \tag{5.128}$$

并且，如以上所述的情况，由 B. P. Wang 的方法的式(5.112)所产生的绝对误差(absolute error)为 $e_{ij}^1=(\lambda_j/\lambda_i)e_{ij}^0$，所以如果满足

$$\left|\frac{\lambda_j-\mu}{\lambda_i-\mu}\right|<\frac{\lambda_j}{\lambda_i} \tag{5.129}$$

那么，根据马-萩原的模态法所产生的误差比 B. P. Wang 的方法所产生的误差小。通过式(5.129)，关于 μ 能得到以下条件。

(1) 省略高阶模态($\lambda_i>\lambda_j$)的情况：

$$0<\mu<\frac{2\lambda_i\lambda_j}{\lambda_i+\lambda_j} \tag{5.130}$$

(2) 省略低阶模态($\lambda_i<\lambda_j$)的情况：

$$-\infty<\mu<\lambda_i \quad \text{或} \quad \frac{2\lambda_i\lambda_j}{\lambda_i+\lambda_j}<\mu<+\infty \tag{5.131}$$

并且，由式(5.125)可知，随着 μ 值接近于 λ_j，由马-萩原的模态法所产生的误差 e_{ij} 接近于 0。然而，如果 μ 与 λ_j 一致，虽然理论上误差 e_{ij} 为 0，但由于式(5.125)的系数矩阵 $K-\mu M$ 为奇异矩阵，所以无法得到理论上的解。因此，在使用马-萩原模态法的情况下，有 $\mu\neq\lambda_j$。

实际上，在使用式(5.116)进行解释时，有必要提前确定分析中所使用的模态的最小值 m 及最大值 n。在接下来的分析中，给出一个由 m 和 n 决定的近似计算式。

首先，设 j 量级的特征矢量灵敏度的严密解为 ϕ'^*_j，那么在省略 m 次以下和 n 次以上的模态时，式(5.116)所引起的计算误差可以写成

$$e_j=\frac{\|\phi'^*_j-\phi'_j\|}{\|\phi'^*_j\|} \tag{5.132}$$

将式(5.116)代入式(5.132),能够得到

$$e_j = \frac{\left\| \sum_{i=1}^{m-1} \phi_i C_{ij} + \sum_{i=n+1}^{N} \phi_i C_{ij} \right\|}{\| \phi'^{*}_{j} \|} \leqslant e_j^{\mathrm{L}} + e_j^{\mathrm{H}} \tag{5.133}$$

式中,e_j^{L} 是被省略的低量级模态所产生的误差;e_j^{H} 是被省略的高量级模态所产生的误差,有

$$e_j^{\mathrm{L}} = \frac{\left\| \sum_{i=1}^{m-1} \phi_i C_{ij} \right\|}{\| \phi'^{*}_{j} \|}, \quad e_j^{\mathrm{H}} = \frac{\left\| \sum_{i=n+1}^{N} \phi_i C_{ij} \right\|}{\| \phi'^{*}_{j} \|} \tag{5.134}$$

首先,如果采用式(5.119)和式(5.106),那么有关 e_j^{H} 可得

$$e_j^{\mathrm{H}} = \frac{\left\| \sum_{i=n+1}^{N} \frac{\lambda_j - \mu}{\lambda_i - \mu} C_{ij}^{0} \phi_i \right\|}{\| \phi_j^{*} \|} \leqslant \left| \frac{\lambda_j - \mu}{\lambda_{n+1} - \mu} \right| \delta_j \tag{5.135}$$

则有

$$\delta_j = \max\{S_{n+1}^{k} \quad (k = n+1, \cdots, L)\} \tag{5.136}$$

$$S_{n+1}^{k} = \frac{\left\| \sum_{i=n+1}^{k} \phi_i C_{ij}^{0} \right\|}{\| \phi'^{*}_{j} \|} \tag{5.137}$$

由式(5.137)可知,S_{n+1}^{k}是在省略自 $n+1$ 次到 k 次模态时,根据福克斯等的方法所产生的计算误差。为了简便,假设稍微忽略数学精确性,可以假定 $S_{n+1}^{k} < S_{n+1}^{N}(k = n+1, \cdots, N)$。并且 $\delta_j = S_{n+1}^{k}$,即 δ_j 是在全部忽视 n 次以上的高量级模态时根据福克斯等的方法所产生的计算误差。假设高量级模态的容许误差为 δ_{H},通过式(5.135)能够得到

$$\lambda_{n+1} \geqslant \mu + \beta_{\mathrm{H}} |\lambda_j - \mu| \tag{5.138}$$

式中,$\beta_{\mathrm{H}} = \delta_j / \delta_{\mathrm{H}}$ 表示对于福克斯等的方法精度的比例。例如,在想要提高福克斯等的方法的一位精度,假设 $\beta_{\mathrm{H}} = 10$ 即可。因此根据式(5.138),能够决定分析中使用模态的最大值 n。同样,对于低量级模态的省略,可以得到

$$\lambda_{m-1} \leqslant \mu - \beta_{\mathrm{L}} |\lambda_j - \mu| \tag{5.139}$$

式中,β_{L} 是在省略低量级模态时对于福克斯等的方法精度的比例。如果使用式(5.139),那么可确定分析中使用的模态的最小值 m。

构造-声场耦合系统的情况下,特征值灵敏度 λ'_j与特征矢量灵敏度 ϕ'_j的计算式(5.101)、式(5.116)和式(5.119)可以原样使用,其中的系数 E_{ij} 将显示为

$$E_{ij}=\bar{\phi}_i^{\mathrm{T}}(K'-\lambda_j M')\phi_j \tag{5.140}$$

并且,式(5.120)的 C_{ii} 为

$$C_{ii}=\frac{1}{2}\bar{\phi}_i^{\mathrm{T}}M'\phi_i \tag{5.141}$$

式中,$\bar{\phi}_i$ 为左特征向量。

5.5.6 应用举例

1. 构造系统的灵敏度分析

这里也使用图 5.5 的模型进行探讨。为了方便,把设计变量设为纸箱上板的厚度,针对同一平板及左侧平板中心点的面外法线方向的特征矢量成分(以下称为观测点 1 和观测点 2)求灵敏度。

在表 5.4 中,以 1 次特征向量($f_1=8.6049\text{Hz}$)的灵敏度为例,在省略高量级模态时,根据不同的 μ_f 值来表示特征向量灵敏度的收敛性。这里,$\mu_f=\sqrt{\mu/(2\pi)}$。如前所述,$\mu=-\infty$时,马-萩原的模态法成为福克斯等的模态法;$\mu=0$ 时,成为 B. P. Wang 的改善模态法。

在表 5.4(a)中显示的是有关观测点 1(节点数字为 13)的灵敏度的分析结果。此处,使用所有模态时的严密解为 $\phi'_{1,13}=10.401$。如表 5.4(a)所示,仅采用 1 个模态的情况下,通过福克斯等的方法、B. P. Wang 的方法和马-萩原的方法($\mu_f=8.0\text{Hz}$ 和 $\mu_f=8.5\text{Hz}$)得到的误差,分别是 92%、65%、26%和 6%。如果使用 3 个模态,那么福克斯等的方法的误差将是 9%,但是 B. P. Wang 的方法的误差为 1.3%,马-萩原的方法的误差为 0.2%和 0.4%。

表 5.4 与高量级模态的省略相关的比较

(a)观测点 1 的灵敏度(严密解为 10.401)

$m=1$ $n=$	福克斯法 ($\mu=-\infty$)	B. P. Wang 法 ($\mu=0.0$)	马-萩原法 ($\mu_f=8.0\text{Hz}$)	马-萩原法 ($\mu_f=8.5\text{Hz}$)
1	0.80335	3.6273	7.7105	9.37592
3	9.4602	10.263	10.378	10.397
6	9.9755	10.388	10.400	10.401
15	10.020	10.390	10.400	10.401
36	10.424	10.401	10.401	10.401
47	10.409	10.401	10.401	10.401

(b)观测点 2 的灵敏度(严密解为−0.36969)

$m=1$ $n=$	福克斯法 ($\mu=-\infty$)	B. P. Wang 法 ($\mu=0.0$)	马-荻原法 ($\mu_f=8.0$Hz)	马-荻原法 ($\mu_f=8.5$Hz)
1	0.17546	−0.28303	−0.34424	−0.36459
3	0.14771	−0.25931	−0.35279	−0.36664
6	−0.44838	−0.37093	−0.36987	−0.36972
15	−0.44653	−0.37086	−0.36985	−0.36972
36	−0.39899	−0.36982	−0.36971	−0.36970
47	−0.36700	−0.36969	−0.36969	−0.36969

假如在实用中要求 0.05%的灵敏度,从表中可知,用福克斯等的方法需要使用 47 个以上的模态,用 B. P. Wang 的方法需要使用 15 个以上的模态。对此,马-荻原的方法只需要使用 3 个模态就能够得到足够的精度。

表 5.4(b)是有关观测点 2 的灵敏度的分析结果,显示了与表 5.4(a)相同的结果。并且,根据计算结果可知,随着 μ_f 逐渐接近 1 次特征振动频率,收敛会越来越快。

表 5.5 是在省略低量级和高量级双方时,求出的 29 次特征向量($f_{29}=77.734$Hz)的灵敏度。这里,为了研究低量级模态的影响,设 $n=53$ 为确定值,只 m 发生变动。在表 5.5(a)中,显示了有关观测点 1 的结果。严密解为 $\phi'_{29,13}=-15.447$。

如表 5.5(a)所示,在 29 次以下的低量级模态全部省略的情况下,通过福克斯等的方法、B. P. Wang 的方法和马-荻原的方法($\mu_f=80$Hz 和 78Hz)产生的误差,分别为 105%、200%、27%和 4%。由此可知,与马-荻原的方法相比,B. P. Wang 的方法,反而精度下降了。

表 5.5　与低量级模态的省略相关的比较

(a)观测点 1 的灵敏度(严密解为−15.447)

$n=53$ $m=$	福克斯法 ($\mu=-\infty$)	B. P. Wang 法 ($\mu=0.0$)	马-荻原法 ($\mu_f=80$Hz)	马-荻原法 ($\mu_f=78$Hz)
29	0.81901	15.399	−11.353	−14.834
27	−14.689	−3.2964	−15.349	−15.434
20	−15.216	−4.0473	−15.431	−15.445
9	−15.303	−4.3019	−15.438	−15.446
2	−15.371	−8.9655	−15.442	−15.446
1	−15.450	−15.447	−15.477	−15.447

(b)观测点 2 的灵敏度(严密解为 0.79797)

n=53 m=	福克斯法 ($\mu=-\infty$)	B. P. Wang 法 (μ=0.0)	马-荻原法 (μ_f=80Hz)	马-荻原法 (μ_f=78Hz)
29	−0.12418	0.80707	0.48459	0.74909
27	0.14977	2.7622	0.90246	0.81182
20	0.7664	1.6329	0.79814	0.79799
9	0.76478	1.6280	0.79800	0.79797
2	0.78295	2.2120	0.79805	0.79810
1	0.76560	0.79641	0.79807	0.79798

并且,如果使用 29 次以下的 2 个模态(m=27,频率在 70.8Hz 以上),那么福克斯等的方法的误差为 5%,B. P. Wang 的方法的误差为 79%,但是马-荻原的方法(μ_f=80Hz 和 78Hz)的误差为 0.6%和 0.08%。在此,仅省略 1 个模态的情况下,通过福克斯等的方法和 B. P. Wang 的方法得到的误差分别是 0.5%和 42%,比较可知,马-荻原的模态法得到很大的改善。

表 5.5(b)针对观测点 2 的灵敏度进行分析,显示出与表 5.5(a)相同的结果。

2. 构造-声场耦合系统的固有模态的灵敏度

研究图 5.5 的箱中充满空气的构造-声场耦合系统的模型。声场的节点数为 125,固体元件数为 64。首先,将构造和声场的物理坐标转换为各自的模态坐标系,对耦合系统进行分析。构造系统中使用 53 个模态坐标,声场系统中使用 17 个模态坐标,整体共使用了 70 个普通坐标。并且,如图 5.5 所示,以 1~10 号原件的板厚作为设计变量,以观测点作为构造上第 40 号节点的 y 方向和声场内第 32 号节点的位置。

在表 5.6 中,通过不同的 μ_f 值表示与 2 次特征向量灵敏度 n 相关的收敛性。表 5.6(a)是与构造上的观测点相关的结果,表 5.6(b)是与声场内的观测点相关的结果。与上面构造系统的灵敏度分析结果相同,通过使用误差分析中得到范围内的 μ_f,可知解的收敛性得到了明显的改善。

表 5.6　构造-声场耦合系统的特征向量灵敏度

(a)构造上观测点灵敏度(严密解为 9.208×10^{-7})

$m=1$ $n=$	福克斯法 ($\mu=-\infty$)	B. P. Wang 法 ($\mu=0.0$)	马-荻原法 ($\mu_f=9.20$Hz)	马-荻原法 ($\mu_f=9.27$Hz)
3	0.5474	0.5054	0.4817	0.4810
8	0.4729	0.4762	0.4810	0.4810
22	0.5117	0.4813	0.4810	0.4810
34	0.5014	0.4811	0.4810	0.4810
70	0.4810	0.4810	0.4810	0.4810

(b)声场内的观测点灵敏度(正确值=0.4810)

$m=1$ $n=$	福克斯法 ($\mu=-\infty$)	B. P. Wang 法 ($\mu=0.0$)	马-荻原法 ($\mu_f=9.20$Hz)	马-荻原法 ($\mu_f=9.27$Hz)
3	2.216×10^{-7}	8.037×10^{-7}	9.186×10^{-7}	9.205×10^{-7}
8	2.293×10^{-7}	7.982×10^{-7}	9.183×10^{-7}	9.205×10^{-7}
22	9.860×10^{-7}	9.244×10^{-7}	9.209×10^{-7}	9.208×10^{-7}
34	7.357×10^{-7}	9.206×10^{-7}	9.208×10^{-7}	9.208×10^{-7}
70	9.208×10^{-7}	9.208×10^{-7}	9.208×10^{-7}	9.208×10^{-7}

3. 简易车体室内噪声分析的应用[22]

在这里,将马-荻原的新特征模态灵敏度分析方法应用于较大规模的简易车厢内的噪声问题上,验证了其有效性。进而,设计人员为了降低噪声,展示了实际应用中进行灵敏度分析的步骤和具体方法。

1) 特征振动频率灵敏度分析

图 5.9 所示的简易车体的振动分析模型是由 368 个节点和 366 个四角形平板原件构成的[图 5.9(a)]。平板的厚度为 0.4cm。并且,内部声场模型的节点数为 638,固体原件个数为 430[图 5.9(b)]。如图 5.10 所示,将围绕舱体的 9 个面分别作为一个设计变量。

设计变量用 $\alpha_k(k=1,2,\cdots,9)$表示。对于该款简易模型,要求构造系统为 79 个,声场系统为 18 个,合计构成耦合系统,是 97 个特征值和特征向量的组合。

表 5.7 表示频域在 0～11Hz、55～60Hz、78～100Hz 时的构造系统特征振动频率、声场系统特征振动频率、耦合系统特征振动频率。

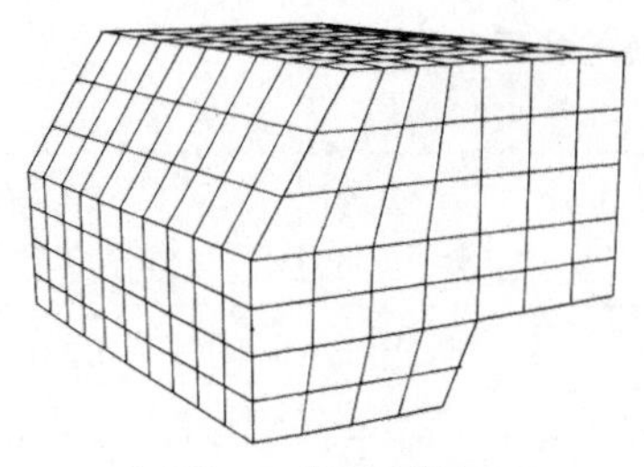

节点数:368;板壳要素数:366
(a) 构造振动模型

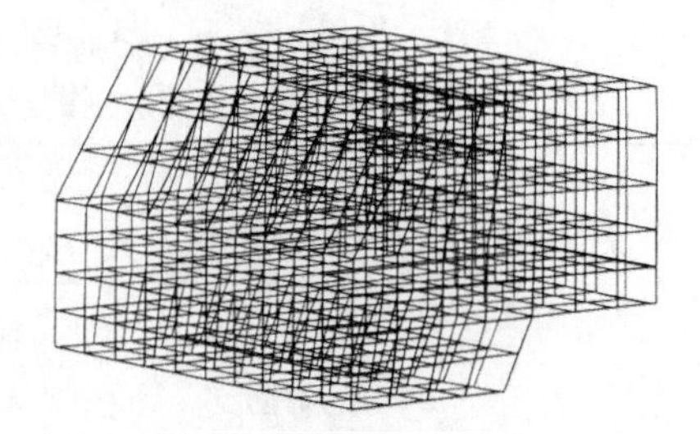

节点数:638;固体要素数:430
(b) 声场模型

图 5.9　简易车辆客舱模型

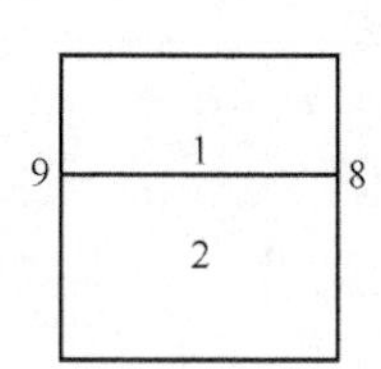

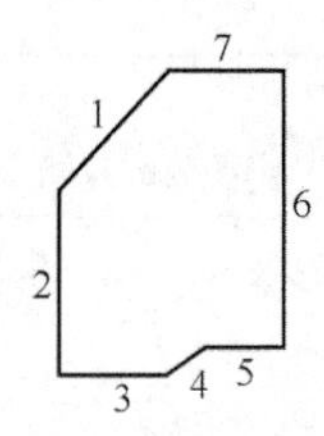

图 5.10　设计变量的定义

表 5.7　构造-声场耦合振动系统的特征振动频率

模态编号	构造系统特征振动频率/Hz	声场系统特征振动频率/Hz	耦合系统特征振动频率/Hz
1		①0.00	0.00
2	①6.962		6.945
3	②9.179		9.458
4	③10.44		10.36
5	④10.75		10.86
52	(51)55.22		55.21
53	(52)55.80		55.75
54		②56.90	56.57
55	(53)56.64		57.75
56	(54)57.80		57.86
78	(76)78.29		78.27
79		③78.76	87.77
80	(77)78.82		79.19
81	(78)79.56		79.46
82	(79)79.57		81.63
83		④96.90	98.97

如表 5.8 所示，将构成车厢的九个板件分别作为一个设计变量，求对第 2、3、4、54、79 号的特征振动频率的设计变量 $\alpha_k(k=1,2,\cdots,9)$ 的灵敏度。这里，第 2、3、4 号的特征振动频率与构造系统的共振有关，第 54、79 号的特征振动频率与声场系统的共鸣有关。

表 5.8　构造-声场耦合振动系统中对特征振动频率的各设计变量的灵敏度系数

设计变量	f_2'(×0.1)	f_3'(×0.1)	f_4'(×0.1)	f_{54}'(×0.1)	f_{79}'(×0.1)
α_1	2.477	2.812	2.661	2.718	1.806
α_2	0.266	0.581	0.439	2.495	2.041
α_3	0.033	0.229	0.087	1.162	1.539
α_4	0.113	0.432	0.458	0.320	0.867
α_5	1.652	2.583	0.896	0.222	0.749
α_6	5.664	4.945	2.117	1.077	1.841
α_7	6.232	5.015	5.231	4.439	1.055
α_8	0.471	3.223	7.045	0.674	4.616
α_9	0.471	3.216	7.098	0.693	4.616

2）固有模态灵敏度分析的不同方法的比较

固有模态的灵敏度分析都是由模态重合法引导而来的。该模态重合法的精度一般依赖于使用的模态数目。因此，固有模态灵敏度分析也根据使用的模态数精度发生改变。在此，将针对该问题进行探讨。

表 5.9 和表 5.10 所示的输入点是如图 5.9 所示是客舱(cabin)右侧的引擎盖的位置，计测点是客舱声场内右方向盘处的驾驶员右耳位置。

表 5.9　省略高量级模态时的固有模态灵敏度系数的精度比较

$m=1$	福克斯法	B. P. Wang 法	马-获原法	马-获原法
$n=$	$(\mu=-\infty)$	$(\mu=0.0)$	$(\mu_f=6.0\text{Hz})$	$(\mu_f=6.9\text{Hz})$
3	−7.598	−6.929	−7.252	−7.460
6	−11.07	−8.149	−7.671	−7.484
10	−7.520	−7.519	−7.488	−7.474
15	−7.480	−7.506	−7.484	−7.474
60	−8.336	−7.482	−7.476	−7.474
97	−7.474	−7.474	−7.474	−7.474

表 5.10 省略低量级模态时的固有模态灵敏度系数的精度比较

n=97 m=	福克斯法 ($\mu=-\infty$)	B. P. Wang 法 (μ=0.0)	马-荻原法 (μ_f=78.0Hz)	马-荻原法 (μ_f=79.0Hz)
97	−4.839	−5.215	−4.472	−4.295
70	−5.387	−5.701	−4.322	−4.385
54	−4.698	−4.611	−4.357	−4.375
30	−4.453	−4.662	−4.369	−4.372
5	−4.384	−5.178	−4.371	−4.371
1	−4.371	−4.371	−4.371	−4.371

首先，在省略高频率模态的情况下，为了比较马-萩原的模态法、福克斯等的方法和 B. P. Wang 的方法，将**转换值**(shift value)设为 $\mu_f=-\infty$，0.0，6.0Hz，6.9Hz[$\mu\neq\lambda_j$，$\mu_i=\sqrt{\mu/(2\pi)}$]进行计算。表 5.9 的值是耦合系统第 2 号特征模态与输入点成分的设计变量 α_2 相关的灵敏度。在此，为了研究省略高量级模态的影响，将最低量级的模态编号 m 固定为 1，使用最高量级模态编号 n 的值，从 3 到全模态数 97 间变换。并且，当 $\mu_f=-\infty$时，该方法将归附于福克斯等的方法；当 μ_f=0.0 时，该方法将归附于 B. P. Wang 法。

如果将使用所有模态时的灵敏度作为严密解，那么由表 5.9 可知，使用 3 个模态时，在马-萩原的模态法下转换值 μ_f 为 6.0Hz 时，相对于严密解的误差为3.1%，μ_f 的值接近模态的特征振动频率 6.945Hz，假定为 6.9Hz，那么误差为 0.2%。

一方面，B. P. Wang 方法的误差为 7.9%，福克斯法的误差为 1.7%。在这里，当马-萩原模态法下的转换值 μ_f 为 6.0 时，福克斯法的精度更高，但是，使用的模态数增加至 6 个时，马-萩原的模态法的误差为 2.6%，精度获得了改善，而福克斯法的误差反而变得非常高，达到 48%。也就是说，福克斯法中只要不使用所有的模态，就无法预测误差，无法明确用几个模态最好。

另一方面，采用新方法，如果假定 μ_f 为接近特征振动频率的 6.9Hz，那么从表 5.9 可清楚地看出使用 3 个模态即可，并且如果假定 μ_f 为 6.0Hz，仅使用 6 个模态就能得到实用的精度。

像这样，以 μ_f 为严密解的马-萩原模态法，比能够省略高频率模态的 B. P. Wang 方法精度高。并且如文献[17]中所述，在误差分析中，转换值越接近模态的特征振动频率，灵敏度越高，这在该车辆模型中也可以得到验证。

接下来，为了研究省略低频率模态的影响，假定转换值 $\mu_f=-\infty$，0.0，78.0Hz，79.0Hz($\mu\neq\lambda_j$)，耦合系统的第 79 号特征模态的设计变量 α_2 相关的灵敏度计算结果如表 5.10 所示。这里，固定最高量级的模态编号 n 为 97，最低量级的模态编号 m 在 79 到 1 范围内变化。同一个表中，在使用 79～97 号的 18 个模态时，采用马-萩原模态法将转换值 μ_f 设定为 78.0Hz 时，相对于严密解的误差为 2.3%，μ_f 的值接近模态的特征振动频率 78.77Hz，假定为 79.0Hz，则误差为 1.8%。并且，福克斯法的误差为 10.7%，B. P. Wang 法的误差是 19.3%。并且，当 $m=1$ 时，福克斯法和 B. P. Wang 法两者才能得到标准值(exact value)。

也就是说，两种方法都表示低量级模态一个都不能省略，但是马-萩原模态法中当 $m=30$ 时，误差几乎接近 0。因此如表中所示，在省略低量级模态的情况下，B. P. Wang 法反而比福克斯法精度更低，但是新的特征模态灵敏度分析法显示出比福克斯法高得多的精度。并且省略高量级模态的情况也是一样，转换值越接近模态的特征振动频率，灵敏度的精度越高，这在该车辆模型中也能够进行验证。

有关计算效率，马-萩原的模态法中，相对于矩阵 $(K-\mu M)$ 的反矩阵只要进行 1 次计算即可，纳尔逊方法中，必须针对各自的特征向量 ϕ_j 进行反矩阵的计算。说明在处理一个以上的特征向量时，马-萩原的模态法比纳尔逊的方法效率高。

3) 使用模态频率响应灵敏度的降低噪声分析

在这里，设计人员在实际中使用灵敏度分析，展示了为达到降低噪声的设计法而实施的具体方针。即按照以下步骤，采用模态频率响应灵敏度分析，期待降低耦合系统中的噪声。

(1) 实施模态频率响应分析，设定达到极大位置的频率点、问题频率点和频率区域。

(2) 在问题频率区域的极大值上，找到灵敏度系数绝对值较大的设计变量。

(3) 在问题频率区域内，针对上述设计变量，进行模态频率响应灵敏度分析，计算灵敏度系数的频率特征。

(4) 为了降低耦合系统中的噪声，考虑以上所得的灵敏度的频率特征，通过灵敏度分析的结果，或者运用灵敏度分析的最优化分析得到具体的设计方法。

图 5.11 显示的是第(1)步的结果。在这里，模态频率响应分析执行到频率为 0.0～90.0Hz 的范围。如图所示，在耦合系统的声压特征中，有三个极大的部分，即 23.6Hz 上的 81.2dBA，31.2Hz 上的 81.38dBA，57.8Hz 上

的 80.31dBA。

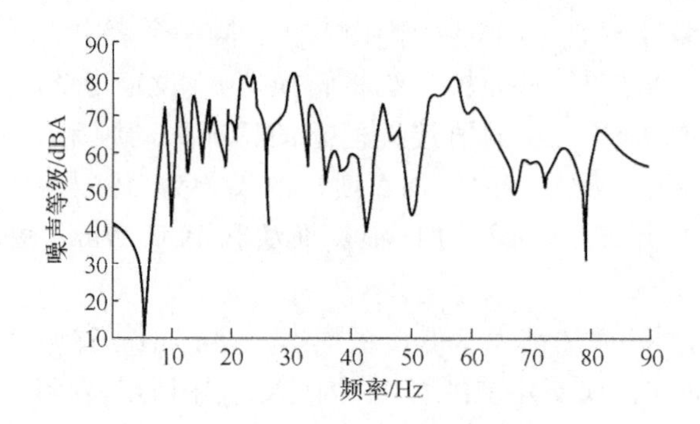

图 5.11 构造-声场耦合系统的观测点噪声-频率特征

为降低由声场的共鸣产生的 57.8Hz 的最大值，进行第(2)步的模态频率响应灵敏度分析。

表 5.11 中，是 9 个有关设计变量的峰频率为 57.8Hz 时的频率响应灵敏度的计算结果。从该表中可知，设计变量 α_3、α_7、α_9 相关的灵敏度绝对值为 4.332dBA/mm、10.06dBA/mm、2.932dBA/mm，值相对较大。因此，将 α_3、α_7、α_9 运用到第(3)步的模态频率响应灵敏度分析中。

表 5.11 峰频率中的驱动位置的频率响应灵敏度系数

α_1	α_2	α_3	α_4	α_5	α_6	α_7	α_8	α_9
2.667	2.675	4.322	1.723	1.114	0.987	10.06	0.800	2.932

图 5.12 显示的是第(3)步的结果。这里将 α_3、α_7、α_9 相关的模态频率响应灵敏度放在 52～65Hz 的频率区域中进行计算。如表 5.11 所示，对于三个设计变量，在最大位置 57.8Hz 处的灵敏度系数是正确的(若板的厚度增加，声压水平就会上升)。因此，为了降低声压的最大值，有必要减少作为设计变量的板厚度。但是如图所示，因设计变量 α_3 相关的灵敏度频率特征是在最大值附近的频率区域，所以具有绝对值比较大的负值。这说明设计变量减小后，位于最大位置附近的声压就会增大，进而有可能产生新的最大值。因此，可以说设计变量 α_3 在声压的降低中并不如 α_7、α_9 那样发挥很大的作用。

最后，考虑以上结果，在第(4)步中，将设计变量 α_7、α_9 由 4mm 变为 3mm。其结果如图 5.13 所示，在 57.8Hz 的最大值处，声压降低了 7.2dBA。而且认为如果利用最优化分析，可以实施更加定量化的研究。

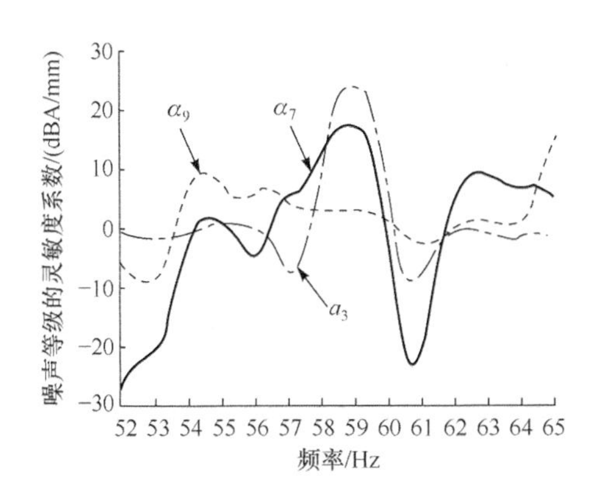

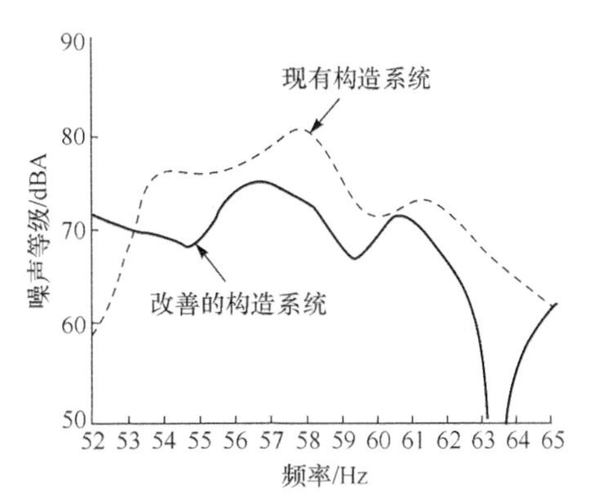

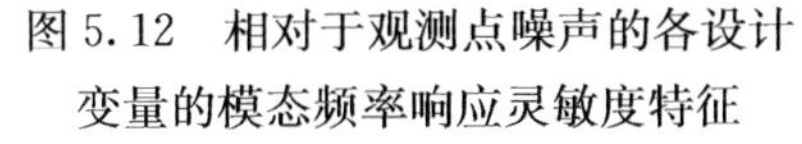
图 5.12　相对于观测点噪声的各设计变量的模态频率响应灵敏度特征

图 5.13　观测点噪声等级的下降

5.6　耦合系统的模态频率响应灵敏度分析

本节针对构造-声场耦合系统的模态频率响应（modal frequency response，MFR）及其灵敏度分析（modal frequency response sensitivity）方法进行探讨。

MFR 灵敏度系数可定义为对设计变量的变化量 MFR 变化率。假设设计变量为 $\alpha_k(k=1,2,\cdots)$，如果用差分表示与频率响应值 U 和 α_k 相关的变化率 s_k，那么 MFR 灵敏度系数可以写成 $s_k=\Delta U_k/\Delta\alpha_k$。这里，$\Delta\alpha_k$ 是设计变量 α_k 的微小变更量，ΔU_k 是 α_k 的变动引起的响应值 U 的变化量。

有关该 s_k 的求法，可使用耦合系统的特征对（eigen-pair）灵敏度的方法，以及 MFR 的直接微分方法；并且，本节还针对一定频率范围内的声压水平评价和声压水平相对于设计变量的整体变化率进行了探讨。

5.6.1　特征对的灵敏度方法

根据 MRF 的计算公式，若设构造的频率响应值为 U，将设计变量变更后的频率响应值设为 U_1，那么频率响应值的变化量 ΔU 可用下述公式求出：

$$\Delta U=U_1-U \tag{5.142}$$

设 Φ_i 是由式(5.98)正规化得来的特征向量，基于各种模态重合法，ΔU 可用下述公式求出。

1) 基于模态位移法的情况

$$U=\sum_{i=1}^{n}\frac{\Phi_i\bar{\Phi}_i^{\mathrm{T}}F}{\lambda_i-\omega^2},\quad U_1=\sum_{i=1}^{n}\frac{\Phi_{1i}\bar{\Phi}_{1i}^{\mathrm{T}}F}{\lambda_{1i}-\omega^2}\tag{5.143}$$

并且,在式(5.143)中

$$\lambda_{1i}=\lambda_i+\Delta\lambda_i,\quad \Phi_{1i}=\Phi_i+\Delta\Phi_i,\quad \bar{\Phi}_{1i}=\bar{\Phi}_i+\Delta\bar{\Phi}_i\tag{5.144}$$

式中,$\Delta\lambda_i$ 是由设计参数的变动(increment of design variable)量 $\Delta\alpha_k$ 引起的特征值λ_i 的变化量;$\Delta\Phi_i$ 与 $\Delta\bar{\Phi}_i$ 是由 $\Delta\alpha_k$ 引起的 Φ_i 及 $\bar{\Phi}_i$ 的变化量。假定系统不具有退化特征值,根据文献[4],$\Delta\lambda_i$、$\Delta\Phi_i$ 和 $\Delta\bar{\Phi}_i$ 可由下述公式求出:

$$\Delta\lambda_i=\bar{\Phi}_i^{\mathrm{T}}(\Delta K-\lambda_i\Delta M)\Phi_i\tag{5.145}$$

$$\Delta\Phi_i=\sum_{i=1}^{n}\Phi_iC_{ij},\quad \Delta\bar{\Phi}_j=\sum\bar{\Phi}_iD_{ij}\tag{5.146}$$

式中

$$C_{ij}=\begin{cases}\dfrac{-1}{\lambda_i-\lambda_j}\bar{\Phi}_i^{\mathrm{T}}(\Delta K-\lambda_i\Delta M)\Phi_j & (i\neq j)\\[2mm] -\dfrac{1}{2}\bar{\Phi}_i^{\mathrm{T}}\Delta M\Phi_j & (i=j)\end{cases}\tag{5.147}$$

并且

$$D_{ij}=\begin{cases}\dfrac{1}{\lambda_i-\lambda_j}\bar{\Phi}_i^{\mathrm{T}}(\Delta K-\lambda_i\Delta M)\Phi_j & (i\neq j)\\[2mm] -\dfrac{1}{2}\bar{\Phi}_i^{\mathrm{T}}\Delta M\Phi_j & (i=j)\end{cases}\tag{5.148}$$

式中,ΔK^k、ΔM^k 作为系数矩阵 K、M 的变化量,可用下述公式表示:

$$\Delta K^k=\begin{bmatrix}\Delta K_{ss}^k & \Delta K_{sa}^k\\ 0 & \Delta K_{aa}^k\end{bmatrix},\quad \Delta M^k=\begin{bmatrix}\Delta M_{ss}^k & 0\\ \Delta M_{as}^k & \Delta M_{aa}^k\end{bmatrix}\tag{5.149}$$

为了方便,省略上标 k。

由式(5.145)和式(5.146)求 $\Delta\lambda_i$、$\Delta\Phi_i$ 和 $\Delta\bar{\Phi}_i$,只需将其代入式(5.144)、式(5.142)和式(5.143)即可。然后,根据 $s_k=\Delta U_k/\Delta\alpha_k$,即可求出频率响应值的灵敏度 s_k。

2) 基于模态加速度法的情况

$$U=\sum_{i=1}^{n}\frac{\omega^2}{\lambda_i}\cdot\frac{\Phi_i\bar{\Phi}_i^{\mathrm{T}}}{\lambda_i-\omega^2}F+K^{-1}F\tag{5.150}$$

$$U=\sum_{i=1}^{n}\frac{\omega^2}{\lambda_{1i}}\cdot\frac{\Phi_{1i}\bar{\Phi}_{1i}^{\mathrm{T}}}{\lambda_{1i}-\omega^2}F+K_1^{-1}F\tag{5.151}$$

式中,$K_1=K+\Delta K$。并且右和左特征向量灵敏度可分别用式(5.152)和式(5.153)表示：

$$\Delta\Phi_j = \sum_{i=1}^{n} \Phi_i C_{ij}^1 + K^{-1} b_j \tag{5.152}$$

$$\Delta\bar{\Phi}_j = \sum_{i=1}^{n} \bar{\Phi}_i D_{ij}^1 + K^{-1} \bar{b}_j \tag{5.153}$$

式中，$b_j=(\Delta\lambda_j M-\Delta K+\lambda_j\Delta M)\Phi_j$，$\bar{b}_j=(\Delta\lambda_j M-\Delta K+\lambda_j\Delta M)\bar{\Phi}_j$；

$$C_{ij}^1=\begin{cases}\dfrac{\lambda_j}{\lambda_i}\cdot\dfrac{1}{\lambda_j-\lambda_i}E_{ji} & (i\neq j)\\ C_{ii}^0 & (i=j)\end{cases} \tag{5.154}$$

$$D_{ij}^1=\begin{cases}\dfrac{\lambda_i}{\lambda_j}\cdot\dfrac{1}{\lambda_i-\lambda_j}E_{ij} & (i\neq j)\\ D_{ii}^0 & (i=j)\end{cases} \tag{5.155}$$

并且有 $C_{ii}^0=D_{ii}^0=-\dfrac{1}{2}\Phi_i^{-\mathrm{T}}\Delta M\Phi_i$。其中，$E_{ij}=\bar{\Phi}_i^{\mathrm{T}}(\Delta K-\lambda_j\Delta M)\Phi_j$，$\bar{E}_{ji}=\bar{\Phi}_i^{\mathrm{T}}(\Delta K-\lambda_1\Delta M)\Phi_j$。

3）基于马-莰原的模态重合法的情况

$$U=\sum_{i=m}^{n}\frac{\omega^2-\mu}{\lambda_i-\mu}\cdot\frac{\Phi_i\bar{\Phi}_i^{\mathrm{T}}}{\lambda_i-\omega^2}F+(K-\mu M)^{-1}F \tag{5.156}$$

$$U_1=\sum_{i=m}^{n}\frac{\omega^2-\mu}{\lambda_{1i}-\mu}\cdot\frac{\Phi_{1i}\bar{\Phi}_{1i}^{\mathrm{T}}}{\lambda_{1i}-\omega^2}F+(K_1-\mu M_1)^{-1}F \tag{5.157}$$

其中，$K_1=K+\Delta K$，$M_1=M+\Delta M$，μ 称为转换值的参数。

右和左特征向量的灵敏度可分别用式(5.158)和式(5.159)来表示：

$$\Delta\Phi_j=\sum_{i=m}^{n}\Phi_i C_{ij}^2+(K-\lambda_c M)^{-1}b_j \tag{5.158}$$

$$\Delta\bar{\Phi}_j=\sum_{i=m}^{n}\bar{\Phi}_i D_{ij}^2+(K-\lambda_c M)^{-1}\bar{b}_j \tag{5.159}$$

式中

$$C_{ij}^2=\begin{cases}\dfrac{\lambda_j-\lambda_c}{\lambda_i-\lambda_c}\cdot\dfrac{-1}{\lambda_i-\lambda_j}E_{ji} & (i\neq j)\\ C_{ii}^0 & (i=j)\end{cases} \tag{5.160}$$

$$D_{ij}^2=\begin{cases}\dfrac{\lambda_i-\lambda_c}{\lambda_j-\lambda_c}\cdot\dfrac{-1}{\lambda_j-\lambda_i}\bar{E}_{ji} & (i\neq j)\\ D_{ii}^0 & (i=j)\end{cases} \tag{5.161}$$

式中，λ_c 是特征模态灵敏度分析中的转换值。

5.6.2 频率响应公式的直接微分法

频率响应方程式

$$(K-\omega^2 M)U=F \tag{5.162}$$

对其进行微分，如果无穷小的变量(derivatives)d(·)近似于微小量Δ(·)，则可得到

$$(K-\omega^2 M)\Delta U=-(\Delta K-\omega^2\Delta M)U \tag{5.163}$$

相对于指定的设计变量的变更，式(5.163)的等号右边是已知量。假设$F^*=-(\Delta K-\omega^2\Delta M)U$，式(5.163)将变成与式(5.162)相同的形式。因此，响应灵敏度可采用与响应的情况相同的方法求出。

1) 基于模态位移法的情况

若采用模态位移法公式，式(5.163)中的ΔU可通过下述公式求出：

$$\Delta U=\sum_{i=1}^{n}\Phi_i\omega_i \tag{5.164}$$

其中

$$\omega_i=\frac{1}{\lambda_i-\omega^2}\bar{\Phi}_i^{\mathrm{T}}F^*=\frac{-1}{\lambda_i-\omega^2}\bar{\Phi}_i^{\mathrm{T}}(\Delta K-\omega^2\Delta M)U \tag{5.165}$$

2) 基于模态加速度法的情况

若采用模态加速度法公式，式(5.163)中的ΔU可通过下述公式求出：

$$\Delta U=U_a^*+\sum_{i=1}^{n}\Phi_i\omega_i^a \tag{5.166}$$

此处，U_a^*是公式

$$KU_a^*=F^*=-(\Delta K-\omega^2\Delta M)U \tag{5.167}$$

的解，ω_i^a可通过下述公式求出：

$$\omega_i^a=-\frac{\omega^2}{\lambda_i}\cdot\frac{1}{\lambda_i-\omega^2}\bar{\Phi}_i^{\mathrm{T}}(\Delta K-\omega^2\Delta M)U \tag{5.168}$$

3) 基于马-萩原的模态重合法的情况

若采用马-萩原的模态重合法，式(5.163)中的ΔU可通过下述公式求出：

$$\Delta U=U_d^*+\sum_{i=m}^{n}\Phi_i\omega_i^d \tag{5.169}$$

此处，U_d^*为

$$(K-\mu M)U_d^*=-(\Delta K-\omega^2\Delta M)U \tag{5.170}$$

的解，ω_i^d可通过下述公式求出：

$$\omega_i^d=-\frac{\omega^2-\mu}{\lambda_i-\mu}\cdot\frac{1}{\lambda_i-\omega^2}\bar{\Phi}_i^{\mathrm{T}}(\Delta K-\omega^2\Delta M)U \tag{5.171}$$

综上所述，得到模态频率响应灵敏度公式，尤其是基于马-萩原的模态重合法的情况下，有必要讨论应该将哪一个频率范围的模态加入公式中。其流程图如图 5.14 所示[23]。

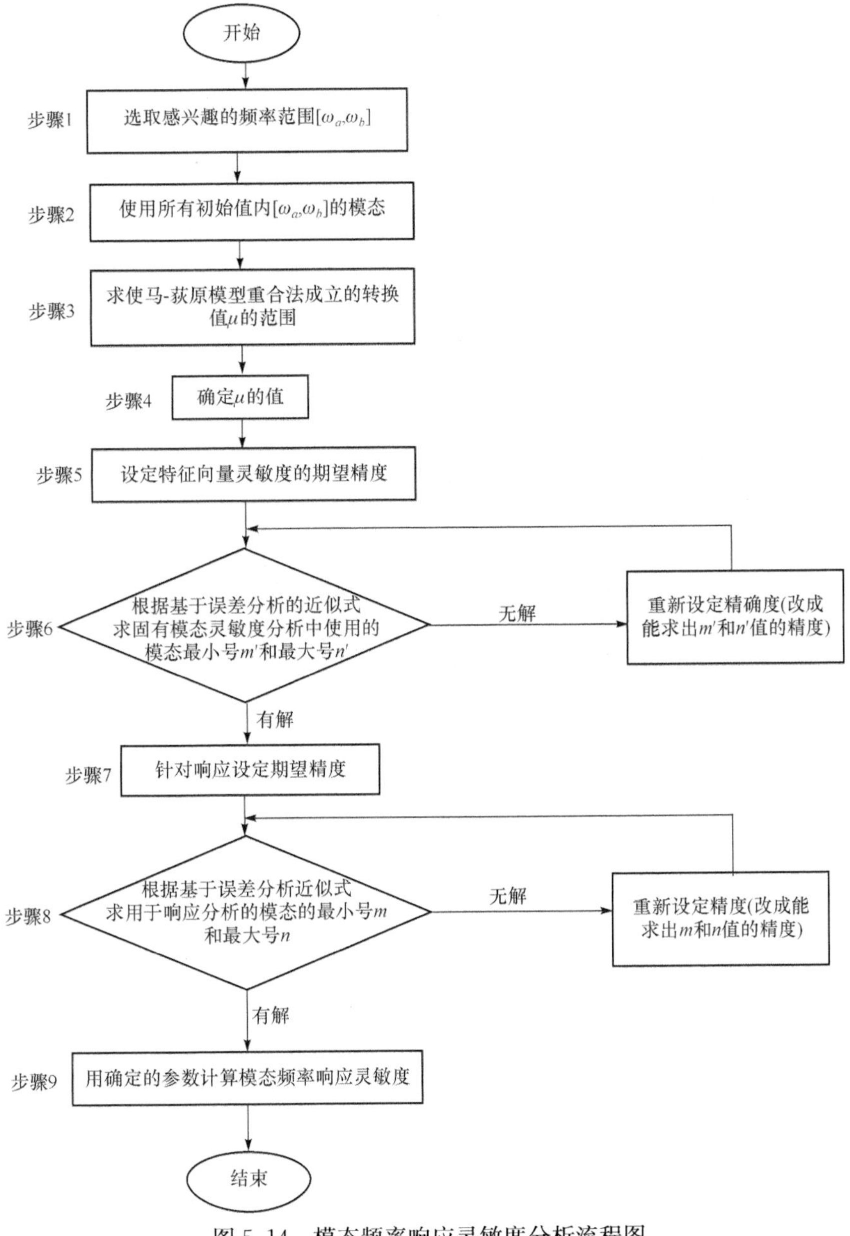

图 5.14　模态频率响应灵敏度分析流程图

转换值 μ 如上所述,可从马-萩原的模态重合法成立的条件中知道其范围。详细过程在此省略,图中步骤 6 所示的最小号 m'和最大号 n'可根据 5.5 节中介绍的误差分析确定,可分别从式(5.139)和式(5.138)求得。并且,有关步骤 8 的最小号 m 和最大号 n,可分别从式(5.172)和式(5.173)求得:

$$\lambda_{m-1} \leqslant \mu - \beta_{\mathrm{L}} \left| \Omega^2 - \mu \right| \tag{5.172}$$

$$\lambda_{n+1} \geqslant \mu - \beta_{\mathrm{H}} \left| \Omega^2 - \mu \right| \tag{5.173}$$

5.6.3 声压水平积分及声压水平灵敏度积分的公式化[24]

在构造-声场耦合系统中,采用频率响应 U 用分贝表示声压级,有

$$p = 10\lg\left(\frac{U}{U_0}\right)^2 \tag{5.174}$$

式中,$U_0 = 2\times10^{-5}\,\mathrm{Pa}$。以 U_0 为阈值,当 $U \leqslant U_0$ 时,上述公式中的声压水平 p 为零。

将考虑的频率范围定为$[\omega_a, \omega_b]$。这里,$\omega_a \leqslant \omega_b$。式(5.174)的声压级 p 使用 dB 表示,因此频率范围$[\omega_a, \omega_b]$内的积分如下所示:

$$G_p = 10\lg\left(\int_{\omega_a}^{\omega_b} 10^{\frac{p}{10}}\,\mathrm{d}\omega\right) \tag{5.175}$$

式中,G_p 是表示对$[\omega_a, \omega_b]$范围内声压级的整体评价的量,称为**声压级积分**(sound pressure level integral)。

并且,设相对于设计变量的变化量 $\Delta\alpha$ 的声压级 p 的变化量为 Δp,则声压级的灵敏度为

$$s_p = \frac{\Delta p}{\Delta\alpha} \tag{5.176}$$

运用该公式,则声压级积分的灵敏度可表示为

$$G_s = \frac{\displaystyle\int_{\omega_a}^{\omega_b} 10^{\frac{p}{10}} s_p\,\mathrm{d}\omega}{\displaystyle\int_{\omega_a}^{\omega_b} 10^{\frac{p}{10}}\,\mathrm{d}\omega} \tag{5.177}$$

式中,G_s 是表示$[\omega_a, \omega_b]$范围内的声压级整体变化率的量,将 G_s 称为**声压级积分灵敏度**(sound pressure level integral sensitivity)。根据以上的公式化过程,可清楚得到

$$G_s = \frac{\Delta G_p}{\Delta\alpha} \tag{5.178}$$

5.6.4　应用举例

用图 5.5 所示的模型进行探讨。为了方便，这里设定构造系统采用 68 个、声场系统采用 70 个低量级固有模态，将整体耦合系统简化为具有 138 个自由度的系统。将系统的激振点作为箱上节点 7 的 z 方向，观测点作为声场内的节点 32，底面的板壳元件的板厚作为设计变量。使设计变量变化 0.0005%(即 $\Delta\alpha/\alpha=0.0005\%$)，采用基于模态位移法、模态加速度法、马-萩原模态重合法求得模态频率响应灵敏度 ΔU 的频率特性，用图 5.15 和图 5.16 表示。如 5.5 节所述，马-萩原的方法在式(5.156)和式(5.169)中，可归附于转换值 $\mu=-\infty$时的基于模态位移法的方法，在 $\mu=0$ 时，基于模态加速度法的方法。

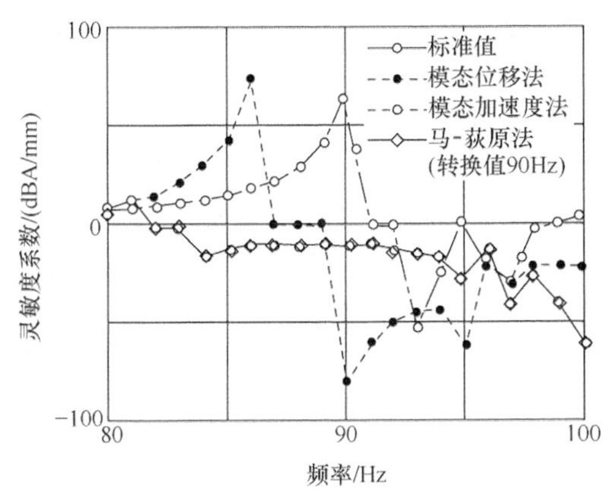

图 5.15　模态频率响应灵敏度系数的精度对比
(仅限于使用 40 到 70 号模态的情况)

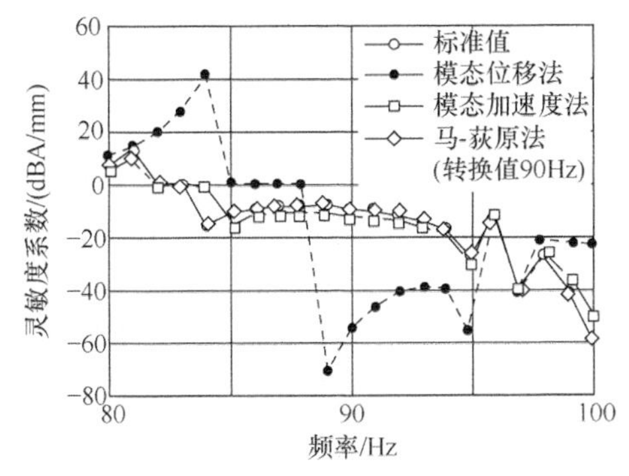

图 5.16　模态频率响应灵敏度系数的精度对比
(省略了高于 71 号的高量级模态的情况)

图 5.15 中显示了省略高量级模态及低量级模态时的探讨结果。这里，对象频率范围$[\omega_a, \omega_b]$中，$\omega_a=80\text{Hz}$，$\omega_b=100\text{Hz}$。按照图 5.14 的流程，在确定转换值及使用模态后，比较模态频率响应灵敏度的值。这里，同流程图的步骤 2 中，以包含在对象频率范围内的特征模态号 $m=55$、$n=56$ 作为开始值。并且，步骤 3 中的转换值的范围为 $84.51\text{Hz}<\mu_f<99.82\text{Hz}[\mu_f=\sqrt{\mu}/(2\pi)]$。因此，步骤 4 中取$\mu_f=90\text{Hz}$。

在此作为一个例子，步骤 5 中省略低量级模态的情况下，基于马-萩原模态法的特征向量灵敏度的值具有和福克斯等的模态法相同的精度，即 $\beta_i=1.0$。并且，省略高量级模态的情况下，具有福克斯等的模态法 7 倍的精度，即 $\beta_H=7.0$。以此数值为基础，在步骤 6 中，首先得到最小模态号 $m=40$，最大模态号 $n=70$。步骤 7 中，省略低量级模态的情况下，基于马-萩原的方法所求得的 MFR 值具有模态位移法 2 倍的精度，即 $\beta_L=2$。并且，在省略高量级模态的情况下，具有模态位移法 30 倍的精度。即 $\beta_L=30$。根据该数值，在步骤 8 中，同样首先得到最小模态号 $m=40$，最大模态号 $n=70$。

因此，在图 5.15 中，将低于 39 次的低量级模态与高于 71 次的高量级模态省略时的灵敏度的计算结果，与由直接频率响应分析得到的数值作为标准值进行比较。由此，基于马-萩原的方法求得的灵敏度的值便与标准值基本一致了。另外，基于模态位移法的灵敏度曲线产生了很大的峰，出现了较大的振动，与标准值相差甚远。这样，基于模态位移法及模态加速度法的方法中，针对省略高量级及低量级模态时与标准值出现较大出入，在马-萩原的方法中，选择合适的转换值及使用模态，则可得接近标准值的高精度的值。

图 5.16 中，除了低量级的模态没有计算外，其他部分给出了与图 5.15 完全相同条件的计算，即 $m=1$、$n=70$、$\mu_f=90\text{Hz}$。如图所示，基于马-萩原的方法所求得的灵敏度的值，虽与标准值基本一致，但在基于模态位移法的情况下，会得到与图 5.15 完全没有变化的结果。

这里需要注意的是，在原本可以省略高量级模态的模态加速度法中，虽给出了相当接近标准值的值，但是与之相比，马-萩原法具有更好的精度。这样，在马-获原法中，若选择合适的转换值和使用模态，在仅省略高量级模态的情况下，比基于模态位移法的情况具有更高的精度，并且与模态加速度法相比，也显示出更高的精度。

为了进一步对上述结论进行定量性的证明，采用与图 5.1 和图 5.16 相同的观测点，集中在频率 90Hz 省略高量级模态的情况下，比较其频率点的 MFR 灵敏度收敛性，如表 5.12 所示。表中，基于马-萩原的模态重合法的情况下，给出 $\mu_f=88\text{Hz}$ 和 80Hz 的两种值。通过马-萩原模态重合法，因在$\mu_f=$

90Hz 时给出了标准值，所以 μ_f=88Hz 时比 μ_f=80Hz 时具有更高的精确，且在 n=60 时已经给出了合理值。基于模态位移法的情况下，灵敏度的值发生较大振动，连符号都产生了变化。在模态加速度法的情况下，确实比使用模态位移法具有更好的收敛性，但即使使用接近整体模态数的 120 模态，得到的数值也还是与标准值偏离甚远，实际上在模态加速度法的情况下，连省略高量级的模态都比较困难。

表 5.12　省略高量级模态时的特征模态灵敏度系数的精度比较(标准值为−9.8015)

m=1 n=	基于模态位移法的情况 (μ=−∞)	基于模态加速度法的情况 (μ=0.0)	基于马-萩原的模态重合法的情况 (μ_f=88Hz)	基于马-萩原的模态重合法的情况 (μ_f=80Hz)
138	−9.8015	−9.8015	−9.8015	−9.8015
120	12.5413	−12.943	−9.9196	−9.8569
100	−12.731	−10.257	−9.8240	−9.8357
80	−62.876	−11.305	−9.8664	−9.8703
60	0.0	−11.453	−9.8662	−10.119
55	0.41559	24.383	−7.3893	−0.38513

这样，在基于马-萩原的模态重合法的情况下，通过 μ_f 给出特征频率得到标准值，但由于具有一般情况所要求的频率范围的变化幅度，作为转换值，在图 5.15 中所求的范围内，即接近极端值 μ_f=80Hz 的情况也可通过该表表示。如表中所示，80Hz 的情况下，已经给出了合理值，此时的 n=80。

表 5.13 中，显示了同时省略高量级和低量级模态时的结果。此处也表明，μ_f=80Hz 时，小机等的方法[23]求得的精度最高。在小机等的方法中，μ_f=80Hz的情况也得到了 m=50 时的高精度值。另外，在基于模态位移法和模态加速度法的情况下，因这些值与标准值相差很大，精度比仅省略高量级模态的情况更低。

表 5.13　省略高量级及低量级模态时的固有模态灵敏度系数(标准值为−9.8015)

n=70 m=	基于模态位移法的情况 (μ=−∞)	基于模态加速度法的情况 (μ=0.0)	基于马-萩原的模态重合法的情况 (μ_f=88Hz)	基于马-萩原的模态重合法的情况 (μ_f=80Hz)
1	−54.715	−11.229	−9.8634	−10.100
10	−54.676	−34.983	−9.8641	−10.104
20	−54.677	−35.424	−9.8641	−10.104
40	−80.105	67.322	−9.8112	−9.7858
50	−56.789	−18.527	−9.8221	−9.8646
60	−8.0010	0.0	−8.8158	−8.6919

5.7　耦合系统的部分构造合成法

在针对大规模且构造复杂的振动问题的解法中，有一种被称为**部分构造合成法**(component mode synthesis)的方法[25]。针对由于计算机内部存储容量的限制，无法对整体构造进行一次性解决的大规模问题，希望通过将构造分割成若干个子系统，使分析成为可能。

部分构造合成法的分析过程，是将分析对象先分割成几个子系统，称为部分构造，通过导入模态坐标等消除子系统内部的自由度，自由度缩小后再进行合成。这样做的好处是，用较小的存储容量处理大规模问题，对于部分构造变更没必要从头开始重新分解，且可以直接利用从实验中获得的模态模型。

原本部分构造合成法在构造的低量级振动中，由于各部分的振动形状非常简单，可以说这是使用合理函数近似表达响应来区分模态的结果，以往的研究多以相对较低的频率响应分析为中心。例如，以汽车室内噪声问题等为代表的构造-声场耦合问题中，省略低量级模态的重要性如前所述。

与此相对，以往的部分构造合成法中，在其自由度缩小的过程中，即使可以省略高量级模态，由于低量级模态无法省略，分析对象的频率越高所需要的模态数也就越多，伴随着分析模态的细化，导致分析效率大幅下降。所以本节中，以可以省略低量级和高量级的马-萩原模态重合法为基础，通过部分构造合成法对构造-声场耦合振动问题进行公式化[26]，即使高频范围的响应也可用较少的模态数来分析。

5.7.1　部分构造合成法的公式

研究图 5.17 所示的由多个构造子系统和声场构成的系统。

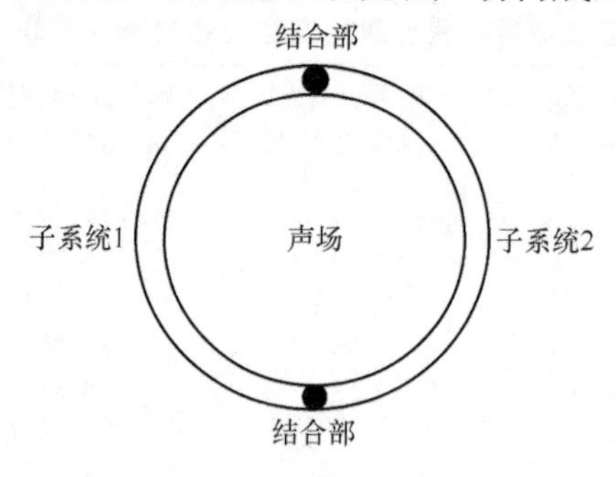

图 5.17　构造-声场耦合系统的概念图

若运动方程式采用集中质量，子系统内部不受任何负荷作用，可表示为

$$\begin{bmatrix} M_{s1} & \cdots & 0 & 0 & 0 \\ \vdots & & \vdots & \vdots & \vdots \\ 0 & \cdots & M_{sk} & 0 & 0 \\ 0 & \cdots & 0 & M_{sc} & 0 \\ M_{as1} & \cdots & M_{ask} & M_{asc} & M_{aa} \end{bmatrix} \begin{Bmatrix} \ddot{u}_{s1} \\ \vdots \\ \ddot{u}_{sk} \\ \ddot{u}_{sc} \\ \ddot{u}_{a} \end{Bmatrix} + \begin{bmatrix} K_{s1} & \cdots & 0 & K_{s1c} & K_{s1a} \\ \vdots & & \vdots & \vdots & \vdots \\ 0 & \cdots & K_{sk} & K_{skc} & K_{ska} \\ K_{sc1} & \cdots & K_{sck} & K_{sc} & K_{sac} \\ 0 & \cdots & 0 & 0 & K_{aa} \end{bmatrix} \begin{Bmatrix} u_{s1} \\ \vdots \\ u_{sk} \\ u_{sc} \\ u_{a} \end{Bmatrix} = \begin{Bmatrix} 0 \\ \vdots \\ 0 \\ f_{sc} \\ 0 \end{Bmatrix} \tag{5.179}$$

这里，系数矩阵的下标 $i(i=1,2,\cdots,k)$ 表示子系统的编号，c 表示与各子系统相互结合部分的自由度对应。自式(5.179)取出与一个构造子系统 i 内部相关的运动方程式，将与外部的相互作用相关的项置于右边，可用下述公式表示为

$$[M_{si}]\{\ddot{u}_{si}\}+[K_{si}]\{u_{si}\}=-[K_{sic}]\{u_{sc}\}-[K_{sia}]\{u_a\}=\{\hat{f}\} \tag{5.180}$$

式中，若子系统内部的位移 $\{u_{si}\}$ 采用模态坐标，可用下述公式表示为

$$\{u_{si}\} = \sum_{j=1}^{N_i}\{\Phi_{sj}\}q_{sj} \tag{5.181}$$

式中，$\{\Phi_i\}$ 表示子系统的分类(限制)模态；N_i 表示子系统内部的自由度。模态重合法适用于式(5.180)和式(5.181)，若省略高量级和低量级模态，采用频率自 $m(>1)$ 到 $n(<N_i)$ 次的模态，根据式(5.42)和式(5.51)，最终可得

$$\{u_{si}\}=[\Phi_{si}]\{q_{si}\}+[G_i]\{u_{sc}\}+[G_{sia}]\{u_a\} \tag{5.182}$$

式中

$$[\Phi_{si}]=[\Phi_{sm},\cdots,\Phi_{sn}] \tag{5.183}$$

$$[G_i]=-\left[([K]-\omega_c^2[M])^{-1}-\sum_{j=m}^{n}\frac{\{\Phi_{sj}\}\langle\Phi_{sj}^{\mathrm{T}}\rangle}{\omega_i^2-\omega_c^2}\right][K_{sic}] \tag{5.184}$$

$$[G_{sia}]=-\left[([K]-\omega_c^2[M])^{-1}-\sum_{j=m}^{n}\frac{\{\Phi_{sj}\}\langle\Phi_{sj}^{\mathrm{T}}\rangle}{\omega_i^2-\omega_c^2}\right][K_{sia}] \tag{5.185}$$

式(5.184)和式(5.185)的 ω_c 是马-萩原模态重合法的参数，是某固定的角振动频率。

声压向量 $\{u_a\}$ 也可转换为模态坐标，采用 k 次模态，可表示为

$$\{u_a\} = \sum\{\Phi_a\}q_a \tag{5.186}$$

总结式(5.185)和式(5.186)，可得到以下转换关系式：

$$\begin{Bmatrix} u_{s1} \\ \vdots \\ u_{sk} \\ u_{sc} \\ u_a \end{Bmatrix} = \begin{bmatrix} \Phi_{s1} & \cdots & 0 & G_{s1c} & G_{s1a} \\ \vdots & & \vdots & \vdots & \vdots \\ 0 & \cdots & \Phi_{sk} & G_{skc} & G_{ska} \\ 0 & \cdots & 0 & I & 0 \\ 0 & \cdots & \cdots & 0 & \Phi_a \end{bmatrix} \begin{Bmatrix} q_{s1} \\ \vdots \\ q_{sk} \\ u_{sc} \\ q_a \end{Bmatrix} = [T]\{\tilde{u}\} \tag{5.187}$$

将式(5.187)代入系统的运动方程(5.179)中，从前向后进行转换矩阵的转置，可得到如下所示的缩小的整体系统的运动方程：

$$[\widetilde{M}]\{\ddot{\tilde{u}}\}+[\widetilde{K}]\{\tilde{u}\}=\{\widetilde{F}\} \tag{5.188}$$

式(5.188)的自由度数是边界部分的自由度数+子系统内部的分类模态数，与原来的运动方程(5.178)相比，形成自由度大幅缩小的方程式。式(5.188)的系数矩阵，在构造-声场耦合问题中依然是不对称的，但通过导入左右的特征模态可进一步求解。此外，构造振动的情况下，系数矩阵是对称的。

5.7.2 数值分析举例

1. 振动问题的频率响应分析

图5.18显示的是箱形分析模型。图5.18(a)表示的是要素分割及负荷条件。底板4边的中央部分分别设有弹性支撑，荷重在底板的一个角(节点30)的 z 方向上输入。对于该模型，可以每个板作为一个子系统，合计分割成六个子系统进行分析，如图5.18(b)所示。

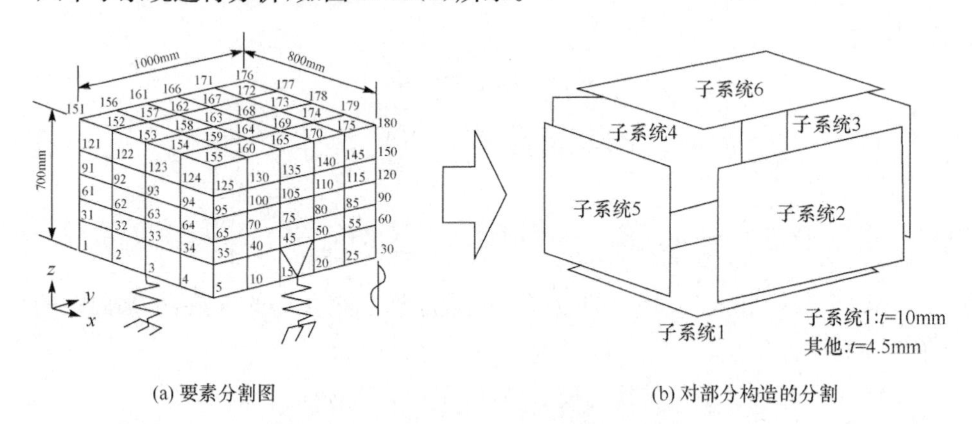

(a) 要素分割图　　(b) 对部分构造的分割

图5.18　分析模型及其部分构造的分解

图5.19展示了节点88(子系统3的大致中央部分)的 z 方向加速度的传

递函数。针对 MSC/NASTRAN 的超单元法分析，以及本节所示方法的分析进行比较。两种方法均实施了 3 种情况的比较：①使用所有的 0～800Hz 的分类模态的情况；②省略高量级和低量级的模态，采用 100～600Hz 的分类模态的情况；③使用200～600Hz的分类模态的情况。本节所述方法中有关参数 ω_c，给出了 300Hz 的值。

(a) NASTRAN(超单元法)

(b) 马-萩原的模态重合法(ω_c=300Hz)

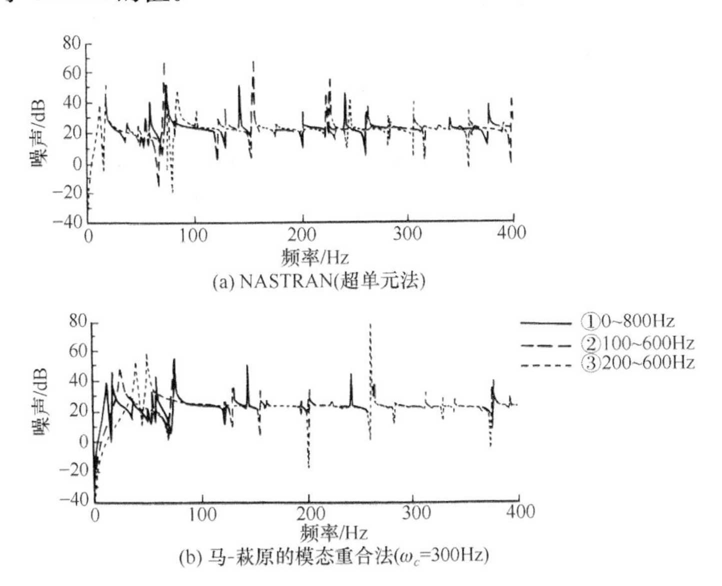

图 5.19　省略高量级和低量级模态时频率响应的变化(节点 88,0～400Hz)

在不省略低量级模态的第①种情况下，本节所述方法与 NASTRAN 取得了大致相同的结果，但在省略低量级模态的同时，共振点、反共振点的位置和振幅的大小等却存在着很大差异。图 5.20 中，将 300Hz 左右即 200～400Hz 的响应扩大显示，未省略低量级模态的情况①，与省略的情况②、③进行比较，在 300Hz 附近，本节所述的方法取得了更好的结果。本分析中，设参数 ω_c 为 300Hz，可知通过将参数 ω_c 设定在感兴趣的频率范围附近，通过高量级、低量级模态的省略，可高效地缩小自由度。

2. 构造-声场耦合问题的频率响应分析

图 5.18 的箱形模型内部加入声场模型(图 5.21)，便可进行构造-声场耦合问题的分析。

箱内部(节点 42)的声压频率响应如图 5.22 所示。分析过程同样，将箱子的六张板作为一个子系统，省略 600Hz 以上的高量级模态和 200Hz 以下的

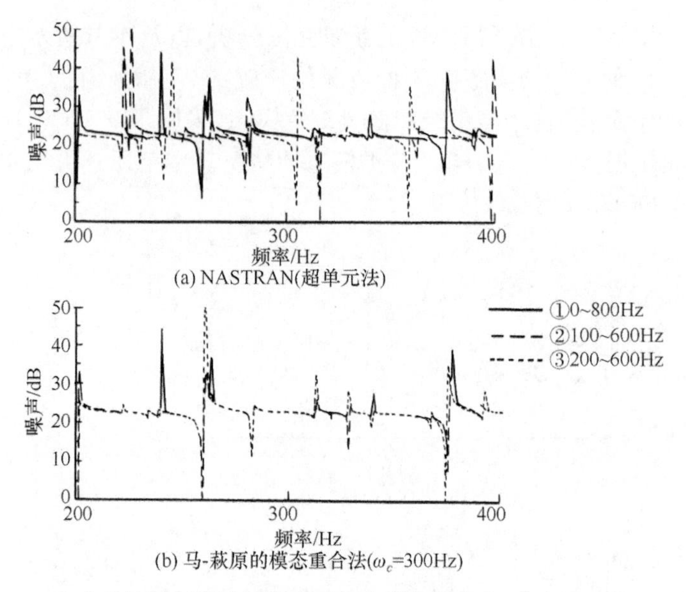

图 5.20 省略高量级和低量级模态时频率响应的变化(节点 88,200～400Hz)

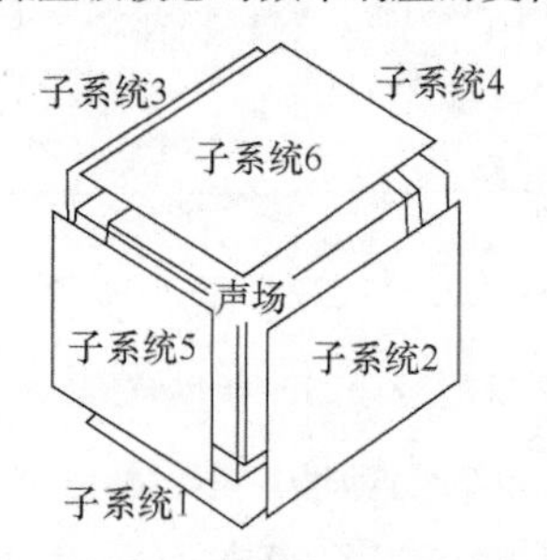

图 5.21 构造-声场耦合系统的部分构造

低量级模态,进行分析。本节方法的参数 ω_c = 300Hz。不采用部分构造合成法,与使用所有的模态实施分析的结果进行比较,可以 300Hz 为中心,得到非常一致的结果。

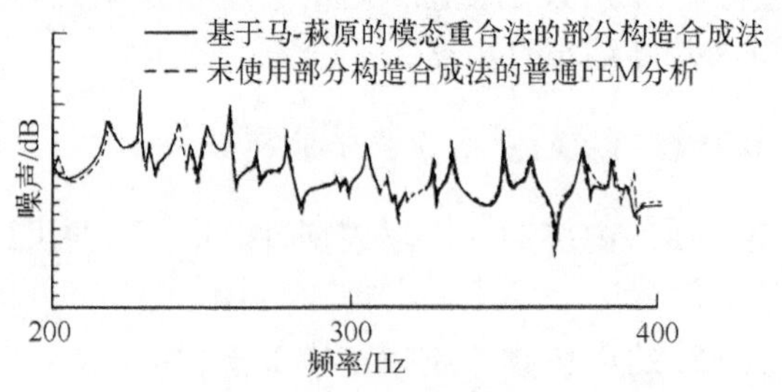

图 5.22 声压的频率响应(节点 42,200～400Hz)

5.8 小 结

作为构造-声场耦合问题,本章提出了汽车内部产生的微弱响声和道路噪声等问题。虽然有实验模态分析等各种各样的探讨方法,但在设计阶段评价声学特性的纯分析并不容易。以下几点的对应策略是历经数年总结出来的:①道路噪声是指60～300Hz的声音,100Hz以上的分析是困难的;②以耦合系统的模态重合法为首的最优化分析等,以及在构造的合理化中发挥重要作用的灵敏度分析等并不容易实施。

本章所阐述的分析技术是针对以下课题开发出来的:①省略高量级和低量级模态的新模态重合法;②利用左右特征向量模态的正规化公式和正交条件公式;另外,利用①和②的一系列耦合系统的灵敏度分析和部分构造合成法的提示。除模态重合法之外,还有控制理论和实验模态分析的基础。因此,本章所阐述的技术,在今后该领域的进步中必将发挥巨大的作用。

参考文献

[1] Craggs, A. and Stead, G.:"Sound transmission between enclosures—A study using plate and acoustic finite elements",ACUSTCA,35,2 (1976)

[2] 加川幸雄:有限要素法による振動・音響工学—基礎と応用—,培風館 (1981)

[3] MacNeal, R. H., Citerley, R. and Chargin, M.:"A Symmetric modal formulation of fluid-structure interaction",ASME Paper 80-C2/PVP-117 (1980)

[4] 萩原,馬,荒井,永渕:"構造一音場連成系の固有モード感度解析手法の開発",機論(C),56-527,pp. 1704-1711 (1990)

[5] Williams, D.:"Dynamic loads in aeroplanes under given impulsive loads with particular reference to landing and gust loads on a large flying boat",Great Britain RAE Reports SME 3309,3316 (1945)

[6] Hansteen, O. E. and Bell, K.:"On the accuracy of mode superposition analysis in structural dynamics",Earthquake Engineering and Structural Dynamics,7,5,pp. 405-411 (1979)

[7] 馬,萩原:"高次と低次のモードの省略可能な新しいモード合成技術の開発,第1報:ダンピング系の周波数応答解析",機論 (C),57-536,pp. 1148-1155 (1991)

[8] 馬,萩原:"構造一音場連成系のモーダル周波数応答感度解析手法の開発",機論(C),57-536,pp. 1156-1163 (1991)

[9] Maddox, N. R.:"On the number of modes necessary for accurate response and resulting

forces in dynamic analysis", ASME J. Appl. Mech. , 42, pp. 516-517 (1975)

[10] Craig, R. R. Jr. : Structural dynamics, John Wiley Sons, Inc. , pp. 341-375 (1981)

[11] MSC/NASTRAN User's manual, The MacNeal-Schwendler Corporation (1983-5)

[12] 馬,萩原:"構造一音場連成系の直接周波数応答解析手法の開発",機論 (C),57-535,pp. 762-767 (1991)

[13] 荒井,萩原,永渕:"感度解析を用いた車室内振動騒音解析",構造工学における数値解析法シンポジウム論文集,12,pp. 545-550 (1988-7)

[14] Fox, R. L. and Kapoor, M. P. : "Rates of change of eigenvalues and eigenvectors", AIAA Journal, 6, 12, pp. 2426-2429 (1968)

[15] Nelson, R. B. : "Simplified calculation of eigenvector derivatives", AIAA Journal, 14, 9, pp. 1201-1205 (1976)

[16] Wang, B. P. : "An improved approximate method for computing eigenvector derivatives", AIAA/ASME/ASCE/AHS 26th Structures, Structural Dynamics and Materials Conf. , Orlando, FL (1985. 4)

[17] 馬,萩原:"高次と低次のモードの省略可能な新しいモード合成技術の開発,第 2 報:固有モード感度解析への適用",機論 (C),57-539,pp. 2198-2204 (1991)

[18] 馬,萩原:"高次と低次のモードの省略可能な新しいモード合成技術の開発,第 3 報:縮重固有値を持つ系の感度解析への適用",機論 (C),57-540,pp. 2198-2204 (1991)

[19] Chen, S. H. and Pan, H. H. : "Design sensitivity analysis of vibration modes by finite element perturbation", Proceedings of the 4th International Modal Analysis Conference, pp. 38-43 (1986)

[20] Ojalvo, I. U. : "Efficient computation of modal sensitivities for systems with repeated frequencies", AIAA J. 26, 3, pp. 361-366 (1988)

[21] Dailey, R. L. : "Eigenvector derivatives with repeated eigenvalues", AIAA J, 27, 4, pp. 486-491 (1989-4)

[22] 小机,馬,萩原:"高次と低次のモードの省略可能な新しいモード合成技術の開発,第 5 報:新手法の車両モデルの精度確認と車室内騒音低減設計時の利用方法の検討",機論 (C),58-546,pp. 643-648 (1992)

[23] 小机,馬,萩原:"新しいモーダル周波数応答解析技術の開発",日本応用数理学会論文集,4,2,pp. 141-164 (1994)

[24] 小机,萩原:"音圧レベル積分感度を用いた車室内騒音低減解析",機論 (C),59-568,pp. 3845-3851 (1993)

[25] 長松昭男,大熊政明:部分構造合成法,培風館 (1990)

[26] 依知川,萩原:"大規模高周波応答解析のための部分構造合成法の開発",日産技報論文集,pp. 1-7 (1993. 6)

第6章 振动控制

6.1 引 言

所谓的**振动控制**(vibration control),就是使用**控制器**(controller)使控制对象的振动状态发生变化,主要目的是抑制机械等的有害振动。

振动控制的方法可分为**被动控制**(passive control)和**主动控制**(active control)两大类。前者没有自外部注入特殊的能量,而是通过控制器本身来进行控制的方式,各种减振器及动态吸振器等的振动控制装置属于被动控制;而后者是自外部注入能量实施积极的控制方法,通过**作动器**(actuator)使控制对象的运动和振动向理想的状态变化,进行理想的控制。

控制这种输入的规则称为**控制理论**(control theory),根据控制目的,已开发出了各种各样的设计理论。从**最优控制**(optimal control)的代表**最优调节器**(optimal regulator),到针对控制对象的不确定性,以**鲁棒性**(robustness)的实现为目标的 $\boldsymbol{H^{\infty}}$ **控制**(H^{∞} control)、$\boldsymbol{\mu}$**-合成**(μ-synthesis),以及针对**非线性系统**(nonlinear system)进行稳健控制的**滑动模态控制**(sliding mode control)、**模糊性**(fuzzy)和**神经网络**(neural network),向**鲁棒控制**(robust control)、**非线性控制**(nonlinear control)、**适应控制**(adaptive control)逐步进行理论展开,并且实用化的尝试也在如火如荼地进行。

因此,主动控制在具有各种各样特性的控制器的实现上比较容易,与被动控制相比,具有能够灵活应对机械规格要求的特征,所以导入各种各样的机械中。尤其是随着数字控制技术的发展,上述控制系统设计理论的实用化道路逐渐拓宽,期待其能够为提高力学性能作出贡献。本章[1~30]将针对主动控制方法对构造物的振动控制进行研究,通过代表性的控制方法最优调节器和 H^{∞} 控制对振动控制的实施方法进行说明。

6.2 振动控制的背景和设计概念

近来,机器越来越要求小型化、轻量化、节能化,且耐振性、高速、高精度等高性能品质也越来越受到重视,为实现上述要求,机器内置控制系统越来越普遍。在这种状况下，机械的轻量化使构造系统的固有振动频率有下降的趋势，相反，为达到机器的高速、高精确度，控制系统的频率范围有扩大的倾向。因此，在控制频率范围内包含很多构造系统固有振动频率。这样，构造系统与控制系统的特性相互间深度耦合，呈现出复杂的振动情况。因此，为实现所期望的性能，对振动进行控制的现象越来越普遍。今后，随着机器高性能化的不断推进，振动控制的重要性也越来越高。

为了设计出灵活的构造物的振动控制系统，需要给控制对象选定正确的模型化和合适的控制方法。并且，根据需要使控制对象的模型实现低量级化，通过采用合理的对应设计标准的控制理论，能够设计出高效的可实现振动控制的控制系统。具体来讲，就是将构造物的运动方程式导入物理坐标中，记作状态方程式。从控制设计的观点来看，当构造系统的自由度较大时，为使控制系统的设计和构成变得容易，实施模型的**低量级化**(model reduction)。

进行低量级化的方法有几种，振动控制的情况下，基于模态坐标转换的方法比较有效。对于此处得到的模型，要详细研究系统的构造。其次，有必要根据机械的规格来明确控制目的，选定合适的控制方法。也就是说，评价时间范围中的过度响应，或从频率范围的响应立场来控制振动，进而要求系统误差稳健性，明确控制的目标。基于此，前者通过最优调节器理论，后者通过 H^∞ 控制理论，判断进行振动系统的控制，实施控制系统的具体设计。

6.3 构造系统的模型化

若对某对象进行控制，则必须事先把握该对象的物理现象。也就是说，要尽可能使用能够表现系统输入输出关系的正确的数学模型。并且，根据控制系统设计的需要，实施正确的数学模型的低量级化和简略化。并且，针对该数学模型进行控制系统的设计。

有关控制系统的设计，以往的方法是将单输入输出系统的输入输出关系作为拉普拉斯算子 s 相关的有理函数，通过所记述的传递函数研究其频率特性和闭环系统的高级配置等，来进行控制系统的设计。现在，主流方法是详细地把握控制对象内部的状态，针对作为状态方程式记述的多输入输出系统设计控制系统。本章将要阐述的是后者，即状态空间中控制系统的设计。

接下来，将针对状态方程式的记述和作为本章研究对象的动态系统的模型化，以及使用模态坐标的系统的低量级化进行说明。

6.3.1 状态方程式的表达

一般来说，在保持**输入**(input)信息的因果关系的同时，将信息传达的结果作为**输出**(output)的机构等称为**系统**(system)。系统中，尤其是时刻 t 的输出依存于时刻 t 之前的输入的系统称为**动态系统**(dynamical system)。因此，在动态系统中，需要构筑自过去的动态输入到当前的输出的中间变量，将其称为**状态变量**(state variable)，其个数 n 称为动态系统的**量级**(order)。

将 n 量级的状态变量，p 量级的输入变量，h 量级的输出变量用向量表示，有

$$x(t)=\begin{Bmatrix} x_1(t) \\ x_2(t) \\ \vdots \\ x_n(t) \end{Bmatrix}\in \mathbf{R}^n,\quad u(t)=\begin{Bmatrix} u_1(t) \\ u_2(t) \\ \vdots \\ u_p(t) \end{Bmatrix}\in \mathbf{R}^p,\quad y(t)=\begin{Bmatrix} y_1(t) \\ y_2(t) \\ \vdots \\ y_h(t) \end{Bmatrix}\in \mathbf{R}^h \tag{6.1}$$

动态系统采用联立1阶的常微分方程式表示，可表示为

$$\dot{x}(t)=f[x(t),u(t),t] \tag{6.2}$$

$$y(t)=g[x(t),t] \tag{6.3}$$

式中，上角标“·”表示时间微分 $\mathrm{d}/\mathrm{d}t$。

式(6.2)为**状态方程式**(state equation)，式(6.3)为**输出方程式**(output equation)，总称为**系统方程式**(system equation)。$f[\cdot]$，$g[\cdot]$用 $x(t)$，$u(t)$ 的线性函数可表示为

$$\dot{x}(t)=A(t)x(t)+B(t)u(t) \tag{6.4}$$

$$y(t)=C(t)x(t) \tag{6.5}$$

称为**线性时间变化系统**(linear time-variable system)。

并且，$A(t)$，$B(t)$，$C(t)$赋予时间上的定值，可表示为

$$\dot{x}(t)=Ax(t)+Bu(t) \tag{6.6}$$

$$y(t)=Cx(t) \tag{6.7}$$

称为**线性时间不变系统**(linear time-invariant system)。

6.3.2 机械系统的状态方程式

作为机器系统的基本要素，研究图6.1所示的质量、弹簧、阻尼构成的单自由度系统。该系统的运动方程式，可表示为

$$m\ddot{x}(t)+c\dot{x}(t)+kx(t)=f(t) \tag{6.8}$$

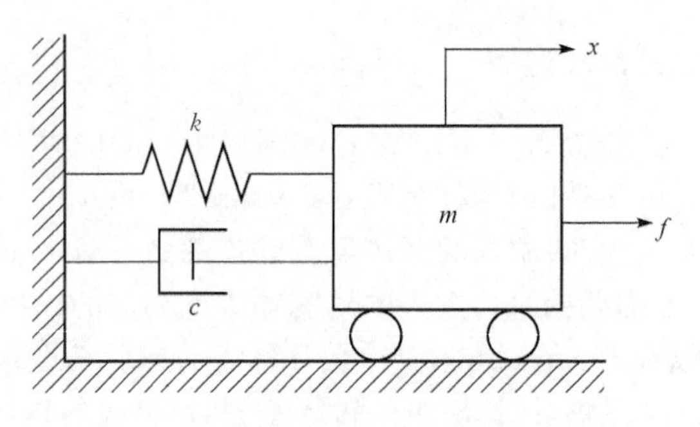

图 6.1 单自由度系统

设 $x_1=x$(位移),$x_2=\dot{x}$(速度),$u=f$(控制输入),则

$$\dot{x}_1=x_2$$

且

$$m\dot{x}_2(t)+cx_2(t)+kx_1(t)=u(t) \tag{6.9}$$

由上述两式可得状态方程式为

$$\begin{Bmatrix}\dot{x}_1(t)\\ \dot{x}_2(t)\end{Bmatrix}=\begin{bmatrix}0 & 1\\ -\dfrac{k}{m} & -\dfrac{c}{m}\end{bmatrix}\begin{Bmatrix}x_1(t)\\ x_2(t)\end{Bmatrix}+\begin{bmatrix}0\\ \dfrac{1}{m}\end{bmatrix}u(t) \tag{6.10}$$

为使上述公式实现一般化,可将**干扰**(disturbance)w 作用的 n 自由度系统的运动方程式记述为

$$M_s\ddot{x}+C_s\dot{x}+K_sx=B_{1s}w+B_{2s}u \tag{6.11}$$

式中,M_s、C_s、$K_s\in\mathbf{R}^{n\times n}$ 分别是质量矩阵、阻尼矩阵和刚度矩阵;$x\in\mathbf{R}^n$、$u\in\mathbf{R}^p$、$w\in\mathbf{R}^d$ 分别是状态向量、控制输入向量和干扰输入向量;$B_{1s}\in\mathbf{R}^{n\times d}$、$B_{2s}\in\mathbf{R}^{n\times p}$ 分别是干扰输入矩阵和控制输入矩阵,其中 d 是干扰输入的数目。将式(6.11)转换成状态方程式,可表示为

$$\dot{q}_s=A_sq_s+B_{1e}w+B_{2e}u \tag{6.12}$$

式中

$$\begin{gathered}\dot{q}_s=\begin{Bmatrix}x\\ \dot{x}\end{Bmatrix},\quad A_s=\begin{bmatrix}0 & I_n\\ -M_s^{-1}K_s & -M_s^{-1}C_s\end{bmatrix}\\ B_{1e}=\begin{bmatrix}0\\ M_s^{-1}B_{1s}\end{bmatrix},\quad B_{2e}=\begin{bmatrix}0\\ M_s^{-1}B_{2s}\end{bmatrix}\end{gathered} \tag{6.13}$$

系统的输出方程式用矩阵 $C_0\in\mathbf{R}^{h\times 2n}$ 表示为

$$y=C_0q_s \tag{6.14}$$

有着复杂形状和构造的机械构造物中,一般自由度 n 都会变大。尤其是

在对弹性构造物进行振动控制时，有必要考虑弹性模态来对系统进行模型化。

因此，构造分析的有力手段——有限元法(FEM)经常用于构造的模型化中，这种情况下的自由度非常大。这里所得到的大自由度模型，直接用于控制系统设计中并不现实。

因此，就有必要进行系统的低量级化。在进行振动控制时，从模态分析的思维来看，仅使用作为对象的固有模态来构成低量级的系统是有效的。以下将采用模态坐标对系统的低量级化方法进行说明。

6.3.3　模型的低量级化

为了构建用于设计控制系统的低量级系统，通过以下的模态坐标 $\xi\in\mathbf{R}^r$ 来实施系统转换：

$$x=\Phi\xi \tag{6.15}$$

式中，$\Phi\in\mathbf{R}^{n\times r}$ 是系统的固有模态矩阵，通过特征向量有以下构成：

$$\Phi=\left[\begin{Bmatrix}\phi_{11}\\ \phi_{12}\\ \vdots\\ \phi_{1n}\end{Bmatrix}\begin{Bmatrix}\phi_{21}\\ \phi_{22}\\ \vdots\\ \phi_{2n}\end{Bmatrix}\cdots\begin{Bmatrix}\phi_{r1}\\ \phi_{r2}\\ \vdots\\ \phi_{rn}\end{Bmatrix}\right]$$

式中，ϕ_{ij} 表示 i 次的固有向量在 j 接合处的自由度成分。并且，设系统的特征值向量为 $\Lambda=\mathrm{diag}(\Omega_1^2,\Omega_2^2,\cdots,\Omega_r^2)\in\mathbf{R}^{r\times r}$，其中 r 是低量级模型所采用的模态数，从最低量级开始依次采用，Ω_i 是 i 次的固有振动频率。此时，式(6.11)可转换如下述状态方程式：

$$\dot{q}=Aq+B_1w+B_2u \tag{6.16}$$

式中

$$q=\begin{Bmatrix}\xi\\ \dot{\xi}\end{Bmatrix},\quad A=\begin{bmatrix}0 & I_r\\ -\Lambda & -C_\Phi\end{bmatrix}$$
$$B_1=\begin{bmatrix}0\\ \Phi^{\mathrm{T}}B_{1s}\end{bmatrix},\quad B_2=\begin{bmatrix}0\\ \Phi^{\mathrm{T}}B_{2s}\end{bmatrix},\quad \Lambda=\mathrm{diag}(\Omega_1^2,\Omega_2^2,\cdots,\Omega_r^2)\in\mathbf{R}^{r\times r} \tag{6.17}$$

其中 $C_\Phi=\Phi^{\mathrm{T}}C_s\Phi$。并且，为了使 $\Phi^{\mathrm{T}}M_s\Phi=I$，需预先对 Φ 进行标准化。

此时，系统的输出方程式为

$$y=Cq \tag{6.18}$$

式中

$$C=C_0\Psi,\quad \Psi=\begin{bmatrix}\Phi & 0\\ 0 & \Phi\end{bmatrix}$$

6.3.4 通过系统识别进行实验的模型化

在已经存在的构造物上进行振动实验时，采用激振实验得到的数据进行系统识别，据此可使实验的模型化和控制系统的设计成为可能。系统识别可分为物理坐标系统识别和模态坐标系统识别两大类。在物理坐标系统识别的情况下，只要知道式(6.11)中包含的特性矩阵 M_s、C_s、K_s，便可记述式(6.12)和式(6.14)的系统方程式。

对这些特性矩阵用振动实验得到的频率响应函数(FRF)进行识别的方法，称为**特性矩阵识别法**(identification of spatial matrices)。通过该方法，可实现物理坐标系统的模型化和控制系统的设计。物理坐标模型化的特征是，该识别模型能够与其他方法得到的物理模型进行方便的结合。

另外，通过式(6.16)和式(6.18)知道构造物的模态特性，即固有振动频率、固有模态和模态阻尼比，便可记述模态坐标上的系统方程式。因此，上述设计理论也同样适用于**实验模态分析**(experimental modal analysis)方法。也就是说，通过振动实验测得各输入输出点间的 FRF，利用实验模态分析，仅根据与系统采用的模态数 r 同样数量的固有模态数即可识别控制对象的模态特性。也就是说，根据振动实验得到的实验数据，通过对实际系统的固有模态矩阵 Φ、特征值矩阵 Λ 和模态衰减矩阵 C_Φ 进行识别，可实验性地记述系统。对于该模型，可以实现控制系统的设计。

6.4 系统构造

研究系统方程式可表示为

$$\dot{q}(t)=Aq(t)+Bu(t) \tag{6.19}$$

$$y(t)=Cq(t)+Du(t) \tag{6.20}$$

的常系数系统。式中，A 是 $N\times N$ 的矩阵，B 是 $N\times p$ 的矩阵，C 是 $h\times N$ 的矩阵，D 是 $h\times p$ 的矩阵。当与式(6.16)的状态方程对应后，$N=2r$。控制系统中，虽然通过控制输入 $u(t)$ 可以使系统的状态从某种初始状态转移至期望状态，但必须保证这种 $u(t)$ 的存在。这便是可控制性的概念。

即使整体状态变量无法直接观测，也可通过比状态变量低量级的观测输出 $y(t)$ 来掌握所有状态变量的情况。只有保证这一点才具有可观测性。这些性质是系统构造中的固有特性，是在系统理论中发挥重要作用的概念。

6.4.1　可控制性

在系统(6.19)中,当存在可以将任意的初始状态 $q(0)=q_0$ 在有限的时间 t_1 内移至原点 $q(t_1)$ 的输入 $u(t)(0\leqslant t\leqslant t_1)$ 时,称该系统是**可控制**的(controllable)。且当所有的状态 q_0 都是可控制的时,称为**完全可控制**(completely controllable)。式(6.19)的系统可控制的充分必要条件是,在

$$V\overset{\text{def}}{=}[B,AB,\cdots,A^{N-1}B] \tag{6.21}$$

时,$\text{rank}V=N$。

可控制性仅由 A 和 B 决定,系统在可控制时可简单表示为:(A,B) 是可控制的。式(6.21)的矩阵 V 称为**可控制矩阵**(controllability matrix)。这种可控制性可表示如下。

式(6.19)的解 $q(t)$ 可记述为

$$q(t)=\Gamma(t)q(0)+\int_0^t\Gamma(t-\tau)Bu(\tau)\mathrm{d}\tau \tag{6.22}$$

式中

$$\Gamma(t)=I_n+\frac{t}{1!}A+\frac{t^2}{2!}A^2+\cdots+\frac{t^k}{k!}A^k+\cdots \tag{6.23}$$

现假设 N 量级向量 $\nu\neq0$ 且存在

$$\nu^{\mathrm{T}}[B,AB,\cdots,A^{N-1}B]=0 \tag{6.24}$$

此时,根据凯莱-哈密顿定理可得到

$$\nu^{\mathrm{T}}A^kB=0,\quad k=N,N+1,N+2,\cdots \tag{6.25}$$

并且,从式(6.23)可得

$$\nu^{\mathrm{T}}\Gamma(t)B=0 \tag{6.26}$$

再由式(6.22)可得,在任意的 $t(\geqslant0)$ 中都有

$$\nu^{\mathrm{T}}q(t)=\nu^{\mathrm{T}}\Gamma(t)q(0) \tag{6.27}$$

这与输入无关,表示在任意时刻 t,选择 $\nu^{\mathrm{T}}q(t)\neq0$ 时的初始状态 $q(0)$,所以此系统是不可控制的。由此可知,若使其可控,则需满足 $\text{rank}V=N$。

接下来,假设 $\text{rank}V=N$ 成立,则此时,对于任意的 $\nu(\neq0)$ 都有

$$\nu^{\mathrm{T}}A^kB\neq0 \tag{6.28}$$

其中,$k=0,1,\cdots,N-1$,所以有不为零的恒等式

$$\nu^{\mathrm{T}}\Gamma(t)B=\nu^{\mathrm{T}}B+\frac{t}{1!}\nu^{\mathrm{T}}AB+\frac{t^2}{2!}\nu^{\mathrm{T}}A^2B+\cdots+\frac{t^k}{k!}\nu^{\mathrm{T}}A^kB+\cdots \tag{6.29}$$

因此设

$$G_c(t) = \int_0^t \Gamma(\tau) BB^{\mathrm{T}} \Gamma(\tau)^{\mathrm{T}} \mathrm{d}\tau \tag{6.30}$$

这里,$G_c(t)$称为**可控格兰姆矩阵**(controllability Gramian)。此时研究

$$\nu^{\mathrm{T}} G_c(t) \nu = \int_0^t \nu^{\mathrm{T}} \Gamma(\tau) BB^{\mathrm{T}} \Gamma(\tau)^{\mathrm{T}} \nu \mathrm{d}\tau = \int_0^t \| B^{\mathrm{T}} \Gamma(\tau)^{\mathrm{T}} \nu \|^2 \mathrm{d}\tau \tag{6.31}$$

被积分项是取正值的连续函数,$\nu^{\mathrm{T}} G_c(t) \nu$是非复单调递增函数。并且,$\| B^{\mathrm{T}} \Gamma(\tau)^{\mathrm{T}} \nu \|^2$是恒等的且不为零,所以存在这样的$t$使$\nu^{\mathrm{T}} G_c(t) \nu > 0$,$G_c(t)$就形成了正定值矩阵即正则矩阵。$\| B^{\mathrm{T}} \Gamma(\tau)^{\mathrm{T}} \nu \|^2$对于几乎所有的$\tau$都是非零的,对于任意$t>0$,$G_c(t)$都是正定值矩阵。现设$u(t)$为下述公式:

$$u(t) = -B^{\mathrm{T}} \Gamma(t_f - t)^{\mathrm{T}} G_c^{-1}(t_f) \Gamma(t_f) q(0) \tag{6.32}$$

此时,可得到

$$\begin{aligned} q(t_f) &= \Gamma(t_f) q(0) - \left\{ \int_0^t \Gamma(t_f - \tau) BB^{\mathrm{T}} \Gamma(t_f - \tau)^{\mathrm{T}} \mathrm{d}\tau \right\} G_c^{-1}(t_f) \Gamma(t_f) q(0) \\ &= \Gamma(t_f) q(0) - G_c(t_f) G_c^{-1}(t_f) \Gamma(t_f) q(0) = 0 \end{aligned} \tag{6.33}$$

在时刻t_f,系统的状态向原点移动。这便是$\mathrm{rank} V = N$实现可控的充分条件。

6.4.2 可观测性

在系统(6.19)和(6.20)中,在有限时间t_1内通过测定$y(t)$和$u(t)$来确定唯一的$q(0)$,该系统即**可观测的**(observable)。式(6.19)和式(6.20)的系统实现可观测的充分必要条件是,当

$$W \stackrel{\mathrm{def}}{=} [C^{\mathrm{T}}, A^{\mathrm{T}} C^{\mathrm{T}}, \cdots, (A^{\mathrm{T}})^{N-1} C^{\mathrm{T}}] \tag{6.34}$$

时,$\mathrm{rank} W = N$。

可观测性仅由A和C决定,系统在可观测时可简单表示为:(C,A)是可观测的。式(6.34)的矩阵W称为**可观测矩阵**(observability matrix)。有关可观测性,可表示如下。

从系统的输出$y(t)$和式(6.22)的关系,可导出下述公式:

$$z(t) = y(t) - Du(t) - C\int_0^t \Gamma(t-\tau) Bu(\tau) \mathrm{d}\tau = C\Gamma(t) q(0) \tag{6.35}$$

式中,$z(t)(0 \leqslant t \leqslant t_f)$是已知量。因此,通过$z(t)(0 \leqslant t \leqslant t_f)$可决定唯一的$q(0)$,是可观测性的充分必要条件。现在考虑$\mathrm{rank} W = N$不成立的情况。此时的$N$量级向量$\eta(\neq 0)$,对于所有的$t$,有

$$C\Gamma(t) \eta = 0 \tag{6.36}$$

与前一种情况显示相同。因此,若$q(0) = \eta$,则由式(6.35)可得$z(t) = 0$。另

外，对于 $q(0)$，也可得 $z(t)=0$，所以在 $q(0)=0$ 和 $q(0)=\eta$ 两者之间没有区别。所以，是不可观测的。

下面，假设 $\text{rank}W=N$ 的条件成立。与 $G_c(t)$同样，设 $G_0(t)$为

$$G_0(t)=\int_0^t \Gamma(\tau)^{\mathrm{T}} C\Gamma(\tau)\mathrm{d}\tau \tag{6.37}$$

$G_0(t)$对于任意的 $t_f(>0)$都为正则矩阵。且设 $G_0(t)$称为**可观测格兰姆矩阵**(observability Gramian)。此时有

$$G_0^{-1}(t_f)\int_0^{t_f} \Gamma(\tau)^{\mathrm{T}} C^{\mathrm{T}} z(t)\mathrm{d}\tau = G_0^{-1}(t_f)\int_0^{t_f} \Gamma(\tau)^{\mathrm{T}} C^{\mathrm{T}} C\Gamma(\tau)\mathrm{d}\tau = q(0) \tag{6.38}$$

可求出 $q(0)$的值。因此，可知 $\text{rank}W=N$ 是充分条件。

6.4.3 振动模态及可控、可观测性

在模态分析中，首先从给出的运动方程式求特征值和特征向量，再根据该特征向量利用构成的模态矩阵 Φ，进行物理坐标系统向模态坐标系统的线性转换。在模态坐标系中，根据固有模态正交性的性质，因各坐标间为非耦合化关系，如图 6.2 所示，可观察采用模态的 r 个单自由度系统的合成，因此分析也变得简单易行。其中，M_s 和 K_s 分别是质量矩阵和刚度矩阵，C_s 为比例黏性矩阵，m_i、c_i、k_i 分别表示 i 次的模态质量、模态阻尼、模态刚度。

例如，如图 6.3 所示，研究一端固定，尖端上施加质量的梁状构造物。在此梁的结构点 a 处，通过施加驱动力 F_a，点 b 的位移响应 X_b 可通过模态分析表示如下：

$$\frac{X_b}{F_a}=\sum_{i=1}^{r}\frac{\phi_{ia}\phi_{ib}}{-\omega^2 m_i+\mathrm{j}\omega c_i+k_i}=\sum_{i=1}^{r}\phi_{ia}\phi_{ib}G_i(\omega) \tag{6.39}$$

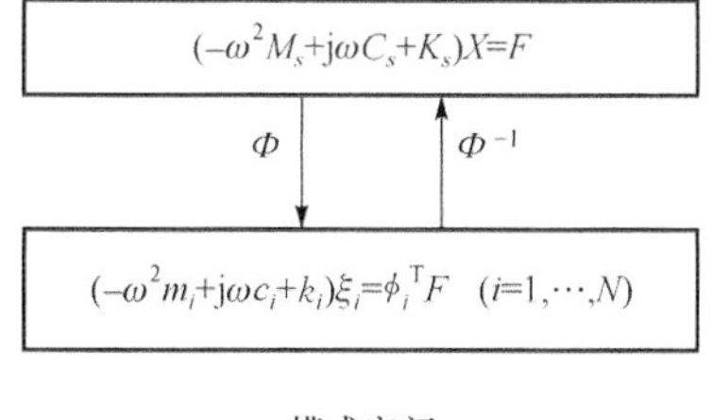

图 6.2 物理坐标系与模态坐标系的对应

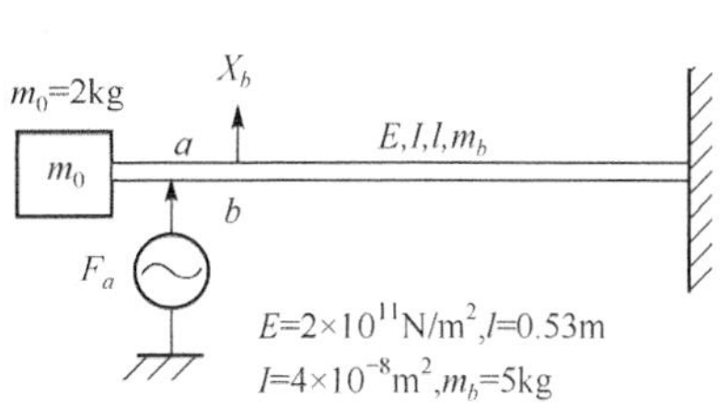

图 6.3 梁构造物的驱动点及响应点

式中，$G_i(\omega)$是 i 次模态的传递函数；ϕ_{ia} 和 ϕ_{ib} 分别表示激振点与响应点中 i 次模态的特征向量成分。

$$G_i(\omega)=\frac{\dfrac{1}{k_i}}{1-\left(\dfrac{\omega}{\Omega_i}\right)^2+\mathrm{j}\left(\dfrac{2\zeta_i\omega}{\Omega_i}\right)}$$

$$\Omega_i=\sqrt{\frac{k_i}{m_i}},\quad \xi_i=\frac{c_i}{2\sqrt{k_i m_i}}$$

这种关系用驱动力 F_a 对应的 X_b 的响应流程图表示，如图 6.4 所示。

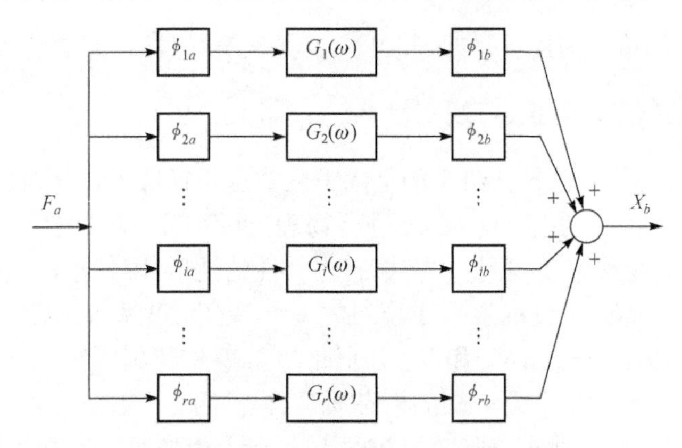

图 6.4　基于模态分析的多自由度系统的响应流程图

有关图 6.3 所示的梁构造物的例子，根据模态分析求固有模态，1～3 次的振动模态，如图 6.5 所示。

从图 6.5 可看出，2 次模态振动的节点是从顶端到 0.09 的位置，3 次模态的节点在 0.035 和 0.45 的位置。

由于振动节点位置的位移为零，将 X_b 选在 i 次模态的振动节点上，就不会出现该模态响应。这是图 6.4 中 i 次模态的固有模态成分 ϕ_{ib} 为零的含义。同样，将 F_a 选在 i 次模态的节点上，也不会出现该模态 X_b 的响应。这说明固有模态成分 ϕ_{ia} 肯定为零。

接下来，针对具有现代控制理论特征的可控制性、可观测性和振动的节点的关系进行研究。

研究将控制力 u 作用于与图 6.2 相同的运动方程式表示的构造系统的情况。物理坐标上的系统方程式可用前述式(6.12)和式(6.14)记述。对应模态分析，此处也利用矩阵 A 的特征向量组成的坐标转换矩阵 U，进行如下 1 次

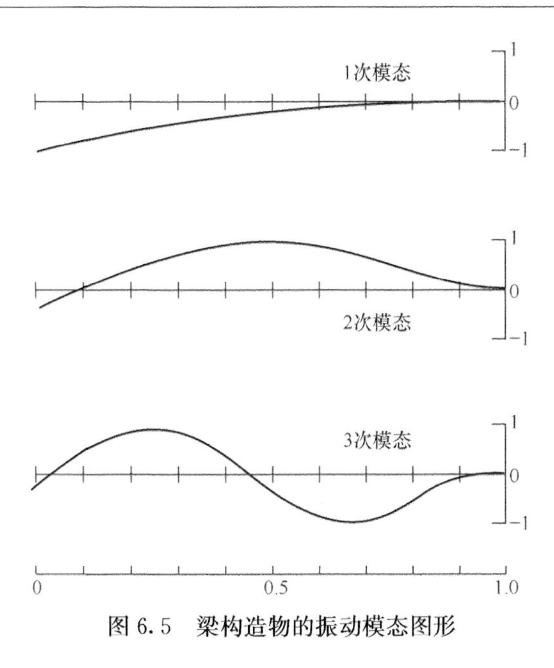

图 6.5 梁构造物的振动模态图形

转换：

$$q_s = UZ$$

接下来，假设1次输入、1次输出，进行 $B \to b, C \to c$ 转换，可用下述正规系统的状态方程式表示为

$$\dot{z} = \widetilde{A}z + \tilde{b}u \tag{6.40}$$

$$y = \tilde{c}z \tag{6.41}$$

式中，$\widetilde{A}, \tilde{b}, \tilde{c}$ 是对角正规形式：

$$\widetilde{A} = U^{-1}AU = \mathrm{diag}(\lambda_1, \lambda_2, \cdots, \lambda_N)$$

$$\tilde{b} = U^{-1}b = [\beta_1, \beta_2, \cdots, \beta_N]$$

$$\tilde{c} = cU = \{\theta_1, \theta_2, \cdots, \theta_N\}$$

式中，λ_i 为特征值。

用流程图来表示该正规系统的状态方程式如图6.6所示。这里，由图6.4的模态分析得到的流程图中，是用 r 个2次振动系统重合来表现的，在图6.6的正规系统的流程图中，是用 $N(=2r)$ 个单次系统的重合来表现的。对比图6.4

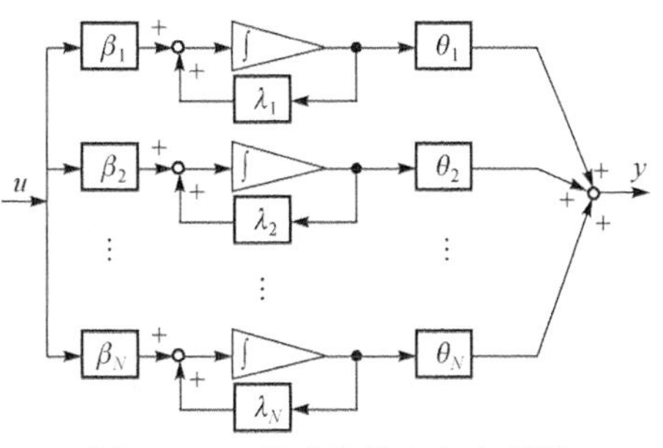

图 6.6 正规系统的响应流程图

和图 6.6 可知，在模态分析中的固有模态成分 ϕ_{ia}，ϕ_{ib}（$i=1,\cdots,r$）分别对应正规系统中的 β_j，θ_j（$j=1,\cdots,N$）。

在现代控制理论中，当 $\beta_j\neq 0$ 时，称该系统可控，当 $\theta_j\neq 0$ 时，称该系统可观测，而当 $\beta_j=0$、$\theta_j=0$ 时，系统不可控、不可观测。因此，$\phi_{ia}=0$ 相当于不可控，$\phi_{ib}=0$ 相当于不可观测，这些都是在振动节点处形成的。在图 6.7 中，有以下四种情况：

(1) 可控制、可观测；

(2) 不可控制、可观测；

(3) 可控制、不可观测；

(4) 不可控制、不可观测。

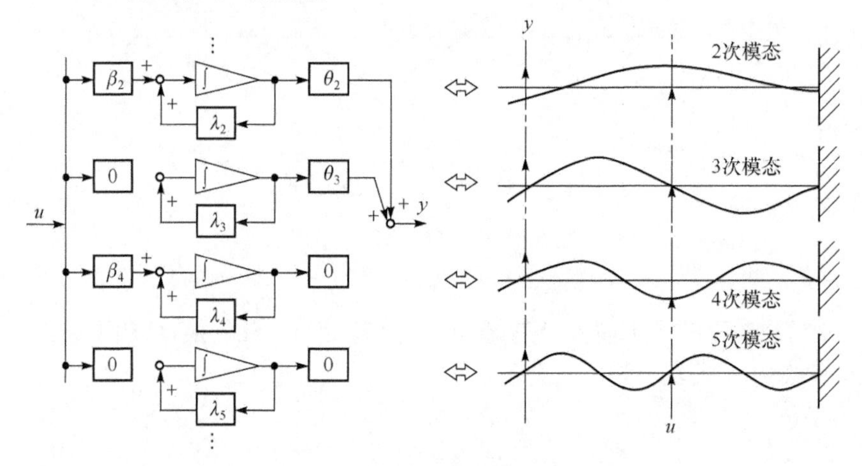

图 6.7　可控制性、可观测性及振动模态图形上的驱动点与响应点的对应

这里，u 表示控制力，y 表示响应。理论上是由消除极限值和零点产生不可控制、不可观测，但实际上是构造系统的振动节点产生了不可控制及不可观测。

6.5　最优控制

在设计控制系统时，要考虑各种各样的目的。该目的使系统时间响应中的过渡特性改善，并整合频率响应成期望的形状，对外部干扰和系统特性变动构成鲁棒控制系统。并且，有必要从满足这样的设计规范的几个控制规则中，选择最合适的控制规则。所以，给出该理想控制规则的指标为**评价函数**（performance index），将该评价函数控制在最小的控制称为**最优控制**。

作为评价函数，通过采用达到目标状态所需的时间，控制在最短时间内确定位置，在达到目标状态前设定所消耗的能量，将能量消耗控制在最小。有关状态变量和控制输入，定义 2 次形式的评价函数，将其控制在最小的控制称为**最优调节器**。并且，控制从外部干扰到控制量的传递函数矩阵使 H^{∞} 目标在最小的控制范围内称为 H^{∞} 控制。

最优调节器是尽可能将消耗能量控制在最小的同时，以得到期望的过渡特性为目的的控制。而 H^{∞} 的控制方法是考虑频率特性的整型控制系统的设计方法，针对控制对象的不确定性，能够设计使其满足稳定性的鲁棒控制系统。

6.5.1 最优调节器

通过反馈系统的状态，能够循序渐进地回归原点的闭环控制系统称为调节器。这种控制一般用于化学装置的温度控制、化学成分的浓度控制，以及将控制量保持在一定基准的控制和振动控制等。这里根据最佳状态反馈规则构成的调节器就是最优调节器。

对于式(6.19)所记述的系统，研究设计调节器的最佳状态反馈增益 F 的问题。

研究多输入输出的线性系统中，尽可能地减少控制能量的消耗，使状态归为零状态的控制问题，也就是求下述评价函数：

$$J=\int_{0}^{\infty}(q^{\mathrm{T}}Qq+u^{\mathrm{T}}Ru)\,\mathrm{d}t \tag{6.42}$$

最小时的控制输入 $u(t)$。式中，Q 为非负定的对称矩阵，R 为正定的对称矩阵，都是设计规范给出的重叠矩阵。通过增大 Q、降低状态 q，提高快速响应性能，并且通过增大 R 抑制控制输入 u 减小。由于式(6.42)是关于 q、u 的 2 次形式，称为**2 次形式评价函数**(quadratic performance index)。这类控制问题的公式化，如下所示。

当(A,B)可控时，控制式(6.42)在最小值的控制输入 $u(t)$ 由下述状态反馈规则

$$u(t)=-Fq(t) \tag{6.43}$$

给出。最佳状态反馈增益 F 由

$$F=R^{-1}B^{\mathrm{T}}P \tag{6.44}$$

给出。其中，P 为下述**里卡蒂方程式**(Riccati equation)

$$A^{\mathrm{T}}P+PA+Q-PBR^{-1}B^{\mathrm{T}}P=0 \tag{6.45}$$

的正定对称解，当(A,B)可控时，这样的P是唯一存在的。此时，评价函数J的最小值为

$$\min J = q^{\mathrm{T}}(0)Pq(0) \tag{6.46}$$

根据式(6.43)和式(6.44)中给出的控制输入构成的闭环系统：

$$\dot{q}(t) = (A - BR^{-1}B^{\mathrm{T}}P)q(t) \tag{6.47}$$

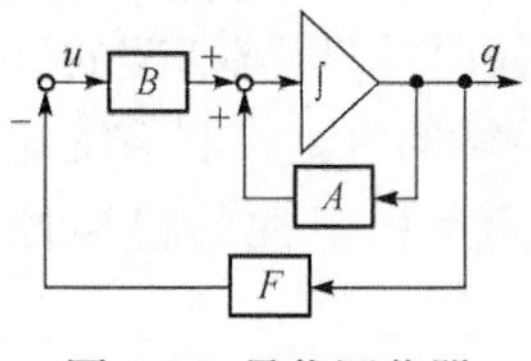

图 6.8　最优调节器

称为最优调节器，其流程图如图 6.8 所示。

因为最优调节器是在式(6.42)最小时的控制，所以也可以说是在控制对象的时间范围内评价过渡响应的控制。并且，摆在面前的是响应能量与控制能量的权衡问题，有必要设定式(6.42)中合理的Q和R的成分平衡。

1. 最优调节器的解的导出

最优调节器的解的导出采用 **Brockett 方法**，表示如下。

若要使(A,B)可控，且J存在最小值，则必须满足在$t\to\infty$时，$q(0)\to 0$。因此，由式(6.19)可导出如下关系：

$$\int_0^{\infty} \frac{\mathrm{d}}{\mathrm{d}t}(q^{\mathrm{T}}Pq)\mathrm{d}t = -q^{\mathrm{T}}(0)Pq(0)$$

$$= \int_0^{\infty} \{q^{\mathrm{T}}(t)(A^{\mathrm{T}}P + PA)q(t) + u^{\mathrm{T}}(t)B^{\mathrm{T}}Pq(t) + q^{\mathrm{T}}(t)PBu(t)\}\mathrm{d}t$$

上述关系可写成

$$\int_0^{\infty} \{q^{\mathrm{T}}(t)(A^{\mathrm{T}}P + PA)q(t) + u^{\mathrm{T}}(t)B^{\mathrm{T}}Pq(t) + q^{\mathrm{T}}(t)PBu(t)\}\mathrm{d}t + q^{\mathrm{T}}(0)Pq(0) = 0 \tag{6.48}$$

由式(6.42)和式(6.48)，对于任意的对称矩阵P，有

$$\begin{aligned} J =& q^{\mathrm{T}}(0)Pq(0) \\ &+ \int_0^{\infty} [\{u(t) + R^{-1}B^{\mathrm{T}}Pq(t)\}^{\mathrm{T}}R\{u(t) + R^{-1}B^{\mathrm{T}}Pq(t)\} \\ &+ q^{\mathrm{T}}(t)\{A^{\mathrm{T}}P + PA + Q - PBR^{-1}B^{\mathrm{T}}P\}q(t)]\mathrm{d}t \end{aligned} \tag{6.49}$$

根据该关系式，如果P满足式(6.45)，那么可得到最优输入式(6.43)、式(6.44)和式(6.46)的结论。

2. 里卡蒂方程式的解法

为构成最优调节器，有必要解式(6.45)的里卡蒂方程式。作为里卡蒂方程式的代表性解法，有 **Kleiman 方程式及 Potter 的代数解法**等，在此对第二种

解法进行介绍。

下述**哈密顿矩阵**(Hamilton matrix)

$$H=\begin{bmatrix} A & -BR^{-1}B^{\mathrm{T}} \\ -Q & -A^{\mathrm{T}} \end{bmatrix} \tag{6.50}$$

的特征值实数部分,记作 $\lambda_1,\cdots,\lambda_N$,设与其对应的特征向量为

$$\begin{bmatrix} v_i \\ u_i \end{bmatrix} \quad (i=1,\cdots,N) \tag{6.51}$$

时,给出

$$P=[u_1,\cdots,u_N][v_1,\cdots,v_N]^{-1} \tag{6.52}$$

可表示如下。

P 是式(6.45)的解,因其可写成

$$(sI+A^{\mathrm{T}})P-P(sI-A+BR^{-1}B^{\mathrm{T}}P)+Q=0$$

得到

$$A-BR^{-1}B^{\mathrm{T}}P=0 \tag{6.53}$$

将上述公式的特征值记作 $\lambda_1,\cdots,\lambda_N$,特征向量记作 $v_1,\cdots,v_N$,由上述公式可得

$$(\lambda_i I+A^{\mathrm{T}})Pv_i+Qv_i=0 \tag{6.54}$$

若 $Pv_i=u_i$,由式(6.50)可知,$[v_i^{\mathrm{T}},u_i^{\mathrm{T}}]^{\mathrm{T}}$ 是与 H 的特征值 λ_i 对应的特征向量,可通过式(6.52)求得。

3. 最优调节器的性质

下面讨论最优调节器的性质。

式(6.45)的左边加上和减去 sP,利用式(6.44)得

$$P(sI-A)+(-sI-A^{\mathrm{T}})P+F^{\mathrm{T}}RF=Q \tag{6.55}$$

进而右乘 $(sI-A)^{-1}B$,左乘 $B^{\mathrm{T}}(-sI-A^{\mathrm{T}})^{-1}$,两边同时加上 R,整理可得

$$\begin{aligned}&[I+F(-sI-A)^{-1}B]^{\mathrm{T}}R[I+F(sI-A^{\mathrm{T}})^{-1}B]\\&=R+B^{\mathrm{T}}(-sI-A^{\mathrm{T}})^{-1}Q(sI-A)^{-1}B\end{aligned} \tag{6.56}$$

式(6.56)称为**卡尔曼方程式**(Kalman equation)。这里,设 $s=\mathrm{j}\omega$,右边第 2 项为非负,对于任意的 ω 值,下面的式子始终成立。

$$[I+F(-\mathrm{j}\omega I-A)^{-1}B]^{\mathrm{T}}R[I+F(\mathrm{j}\omega I-A)^{-1}B]\geqslant R \tag{6.57}$$

式(6.57)是满足最优调节器的反馈矩阵 F 的必要条件。有关单输入输出系统,可将式(6.57)写成如下形式:

$$[1+h_c(-\mathrm{j}\omega)][1+h_c(\mathrm{j}\omega)]=|1+h_c(\mathrm{j}\omega)|^2\geqslant 1,\forall\,\omega\geqslant 0 \tag{6.58}$$

式中

$$h_c(s)=f(sI-A)^{-1}b \tag{6.59}$$

是最优调节器的环路传递函数。

接下来讨论最优调节器的稳定性。

根据式(6.58)，可得 $h_c(s)$的向量轨迹如图 6.9 所示。也就是说，这种关系是“环路传递函数 $h_c(s)$的向量轨迹，进入不了以 $-1+\mathrm{j}\omega$ 为中心的单位圆的内侧”。因此，最优调节器中获得的富余空间将为无限大。并且，可知相位富余也在 60°以上。而且，若研究增益大小的变动，图 6.9 中点 A 如果增益的减少在 1/2 以下，则不仅向 -1 右边移动，闭环系统的稳定性也得到维持。因此，在 $f/2<f<\infty$ 的区域内，系统是稳定的。

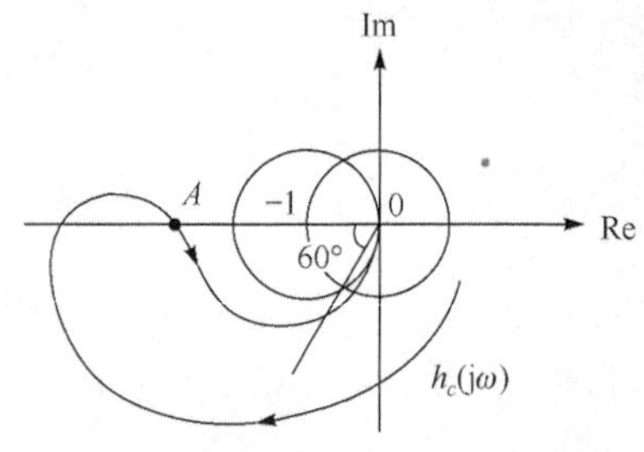

图 6.9　最优调节器的向量轨迹

如上所述可知，最优调节器具有某种程度的鲁棒稳定性。但是，对于构造特征的误差和变动等的不确定性，要更加重视维持强大的稳定性控制。后述的 H^∞ 控制是更详细地考虑相对于这种不确定性的稳定性的鲁棒控制法。

6.5.2　H^∞ 控制

1. H^∞ 控制的概念

在控制系统设计对象的数学模型中，必定会混入**模型化误差**(modeling error)等不确定因素。这样的不确定性中，考虑各种各样的因素，主要有 FEM 等的模型化产生的近似和伴随着低量级化的中止误差，由于操作条件和环境变化等导致的特征变动和非线性的混入等。所谓鲁棒控制，是针对这种不确定性和变动，能够发挥充分的控制性能(稳定特征和过渡特征)和稳定性的控制系统。

在反馈控制系统中，存在称为增益余量和相位余量的鲁棒稳定条件的概念，在最优调节器中也存在满足优越的低灵敏度特征和原条件的鲁棒稳定性。

为了追求更强的鲁棒性，最近，与以往不同思路的控制系统设计方法受到了关注。这就是导入频率范围的评价方法的 H^∞ 控制理论。LQ 控制是针对给予的一个干扰进行最优化控制，而 H^∞ 控制是基于在给予最坏的干扰时，将最坏的响应控制在最小的范围，并在频率范围应对抑制干扰这一基本问题。

H^{∞} 控制的基本概念是，设计出尽可能减小某个输入输出点间传递函数大小的控制系统。H^{∞} 控制的评价函数是通过输入输出间的传递函数矩阵的 H^{∞} 规则的形式给出。单输入输出系统的情况下，该评价函数对应频率响应即伯德图的增益的最大值。如图 6.10 中所示的伯德图和向量轨迹显示了该关系。通过将 H^{∞} 规则最小化，实现期望中的频率响应的整型，这是 H^{∞} 控制的基本思想。

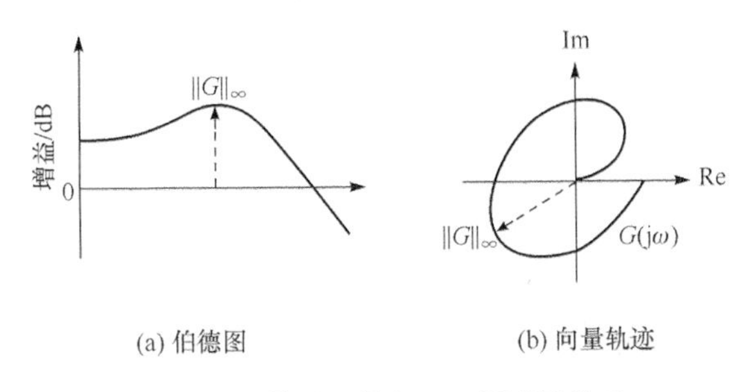

图 6.10　传递函数与 H^{∞} 规则的关系

通过使用该 H^{∞} 控制的频率整型功能，实现机械规格要求的频率响应性能和鲁棒性能。因此，在频率区域内评价控制系统特性的情况下，以及针对模型的不确定性通过鲁棒设计信赖性高的控制系统的情况下，H^{∞} 控制是有效的。

2. H^{∞} 控制系统的公式化

研究如图 6.11 所示的反馈控制系统。该系统可以定义为如下所示的公式：

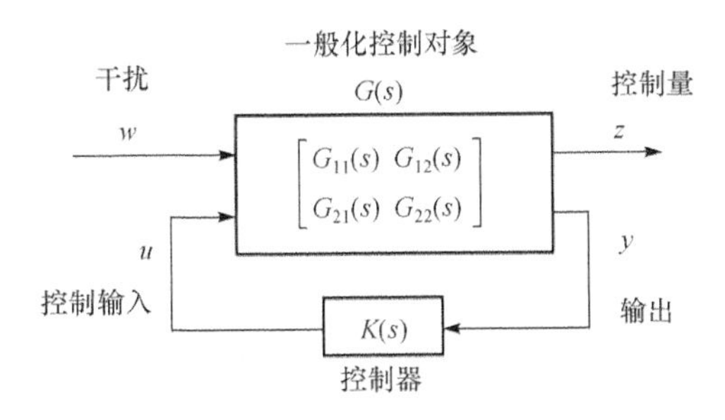

图 6.11　H^{∞} 控制系统

$$\begin{Bmatrix} z \\ y \end{Bmatrix}=G(s)\begin{Bmatrix} w \\ u \end{Bmatrix}=\begin{bmatrix} G_{11}(s) & G_{12}(s) \\ G_{21}(s) & G_{22}(s) \end{bmatrix}\begin{Bmatrix} w \\ u \end{Bmatrix} \tag{6.60}$$

$$u=K(s)y \tag{6.61}$$

式中，w 为干扰输入，z 为控制量，u 为控制输入，y 为观测量。并且，$G(s)$称为一般化控制对象，表示**动态补偿器**(dynamic compensator)$K(s)$为零时的开环传递函数。

在该控制系统中，自干扰输入 w 到控制量 z 的传递函数 T_{zw}公式为

$$T_{zw}=G_{11}+G_{12}K(I-G_{22}K)^{-1}G_{21} \tag{6.62}$$

此时，所谓的 H^{∞}控制问题，就是针对给出的 $\gamma(>0)$，求满足以下两个设计规格的补偿器 $K(s)$。

规格 1 $K(s)$使得 $G(s)$内部稳定化。

规格 2 $\|T_{zw}\|_{\infty}<\gamma$。

一方面，规格 1 是保证控制系统设计中闭环系统的稳定性的基本规格；另一方面，规格 2 是评价控制性能的规格，控制性能通过 H^{∞}规则 $\|T_{zw}\|_{\infty}$进行评价，设计成使其达到最小的动态补偿器 $K(s)$，这就是 H^{∞}控制理论。

3. H^{∞}规则的定义

研究在 H^{∞}控制问题中，作为评价函数使用的 H^{∞}规则的定义和物理意义。首先对于传递函数 $T_{zw}(s)$，H^{∞}规则 $\|T_{zw}(s)\|_{\infty}$可定义如下：

$$\|T_{zw}(s)\|_{\infty}=\sup\bar{\sigma}[T_{zw}(\mathrm{j}\omega)] \tag{6.63}$$

式中，$\bar{\sigma}[T_{zw}(\mathrm{j}\omega)]$是 $T_{zw}(\mathrm{j}\omega)$的最大特征值，表示 $T_{zw}^{*}(\mathrm{j}\omega)T_{zw}(\mathrm{j}\omega)$的最大特征值的平方根。其中，$T_{zw}^{*}(\mathrm{j}\omega)$表示 $T_{zw}(\mathrm{j}\omega)$的共轭转置。由式(6.63)可知，下述公式也成立：

$$\bar{\sigma}[T_{zw}(\mathrm{j}\omega)]\leqslant\|T_{zw}(s)\|_{\infty} \tag{6.64}$$

为简化上述公式，针对单输入输出系统的情况进行研究。此时，最大特征值为复数传递函数的绝对值：

$$\|T_{zw}(s)\|_{\infty}=\sup|T_{zw}(\mathrm{j}\omega)| \tag{6.65}$$

即在单输入输出系统的情况下，$\|T_{zw}(s)\|_{\infty}$是传递函数增益的最大值，满足下述公式：

$$|T_{zw}(\mathrm{j}\omega)|\leqslant\|T_{zw}(s)\|_{\infty} \tag{6.66}$$

进而，H^{∞}规则能够在时间范围表现，可记述为下述公式：

$$\|T_{zw}\|_{\infty}=\sup\frac{\|T_{zw}w\|_2}{\|w\|_2}=\sup\frac{\|z\|_2}{\|w\|_2} \tag{6.67}$$

其中，$\|w\|_2$ 可通过下述公式给出：

$$\|w\|_2=\left\{\int_{-\infty}^{\infty}w^{\mathrm{T}}(t)w(t)\mathrm{d}t\right\}^{1/2} \tag{6.68}$$

也就是说，$\|T_{zw}\|_{\infty}$表示针对最坏干扰输出 $w(t)$的最坏响应 $z(t)$的值。即 H^{∞}控制理论针对未知干扰输入的最差情况进行设计。

4. 模型的误差及小增益定理

在模型化误差中有两种表现法，即如图 6.12 所示的加法误差和图 6.13 所示的乘法误差。加法变动的情况下，实际的控制对象 $\bar{P}(s)$使用模型化控制对象 $P(s)$和加法的变动 $\Delta_a(s)$，表示为

$$\bar{P}(s)=P(s)+\Delta_a(s) \tag{6.69}$$

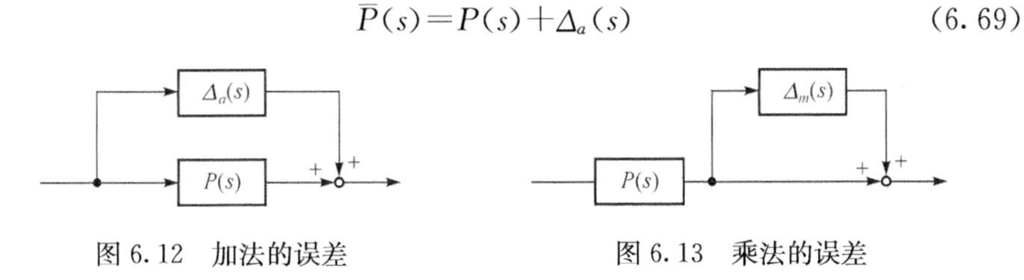

图 6.12　加法的误差　　图 6.13　乘法的误差

这里，为了与一般化控制对象 $G(s)$区别，将实际的控制对象记为 $P(s)$。另外，乘法变动的情况下，使用如图 6.13 的 $\Delta_m(s)$，可记述为

$$\bar{P}(s)=\{I+\Delta_m(s)\}P(s) \tag{6.70}$$

对于这样的变动，如果能保持闭环系统的稳定性，那么该控制系统就是鲁棒稳定。

有关控制系统的稳定性，如果传递函数的增益未满 1，那么闭环系统一定是稳定的。若将此一般化，那么在图 6.11 中，对于稳定的 $G(s)$和$K(s)$，当满足

$$\|G(s)K(s)\|_{\infty}\leqslant 1 \tag{6.71}$$

时，闭环系统是稳定的，称为**小型增益定理**(small gain theorem)。此定理表示的是闭环系统达到稳定的必要条件。因此，当混入式(6.69)和式(6.70)所示的模型化误差时，只要满足式(6.71)，那么闭环系统就达到了鲁棒稳定。

5. 评价函数的设定

针对采用与控制性能及鲁棒性能相关的频率加权函数的 H^{∞}控制问题的

评价函数的设定进行说明。下面研究如图 6.14 所示的控制系统。在该系统中,从干扰 w 到偏差 e 的传递函数如下述公式所示:

$$S(s)=\{I+P(s)K(s)\}^{-1} \tag{6.72}$$

式中,$S(s)$称为**灵敏度函数**(sensitivity function),在目标值追踪控制的情况下,希望该灵敏度函数尽可能小。此外,自干扰 w 到控制输入 u 的传递函数为

$$V(s)=K(s)\{I+P(s)K(s)\}^{-1} \tag{6.73}$$

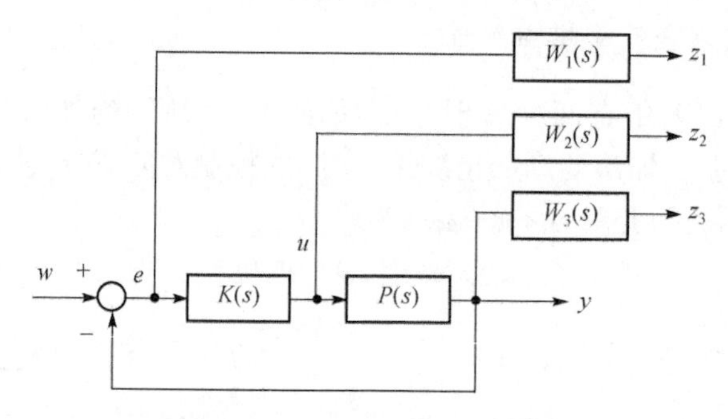

图 6.14　频率加权 H^{∞} 控制问题

并且,干扰 w 到输出 y 的传递函数为

$$T(s)=P(s)K(s)\{I+P(s)K(s)\}^{-1} \tag{6.74}$$

该 $T(s)$称为**互补灵敏度函数**(complementary sensitivity function),与灵敏度函数 $S(s)$之间的关系为

$$S(s)+T(s)=I \tag{6.75}$$

传递函数 $V(s)$、$T(s)$作为鲁棒稳定问题的评价函数使用。一般来说,为了提高控制性能,$S(s)$在低频率范围较小,并且为了确保针对高频率范围内大量存在的不确定性的鲁棒性,希望在高频率区域中 $V(s)$、$T(s)$减小。

接下来,考虑相对于系统误差的鲁棒性。首先,对于系统的加法误差,如果前述的小型增益定理

$$\|\Delta_a(s)V(s)\|_{\infty}<1 \tag{6.76}$$

成立,那么对于加法的误差 $\Delta_a(s)$,闭环系统达到鲁棒稳定。同样地,对于乘法的误差 $\Delta_m(s)$,为了保证鲁棒性,需要满足

$$\|\Delta_m(s)T(s)\|_{\infty}<1 \tag{6.77}$$

因此,使该系统不稳定的 $\Delta_a(s)$及 $\Delta_m(s)$最小的情况,可通过如下公式给出:

$$\bar{\sigma}\{\Delta_a(\mathrm{j}\omega)\}=\frac{1}{\bar{\sigma}\{V(\mathrm{j}\omega)\}} \tag{6.78}$$

$$\bar{\sigma}\{\Delta_m(\mathrm{j}\omega)\}=\frac{1}{\bar{\sigma}\{T(\mathrm{j}\omega)\}} \tag{6.79}$$

综上所述，可以通过以下公式给出使用频率加权函数 $W_2(s)$、$W_3(s)$的控制系统的稳定余量规格：

$$\|W_2(s)V(s)\|_\infty<1 \tag{6.80}$$

$$\|W_3(s)V(s)\|_\infty<1 \tag{6.81}$$

如果 $W_2(s)$、$W_3(s)$满足

$$\bar{\sigma}[\Delta_a(\mathrm{j}\omega)]<\bar{\sigma}[W_2(\mathrm{j}\omega)] \tag{6.82}$$

$$\bar{\sigma}[\Delta_m(\mathrm{j}\omega)]<\bar{\sigma}[W_3(\mathrm{j}\omega)] \tag{6.83}$$

式(6.80)和式(6.81)成立，那么该系统对于变动 $W_a(s)$、$W_m(s)$达到了鲁棒稳定。设表示控制性能的灵敏度函数 $S(s)$所呈的频率加权函数为$W_1(s)$，综合式(6.80)和式(6.81)的鲁棒性评价函数，用以下公式记述 H^∞控制问题：

$$\left\|\begin{matrix}W_1(s)S(s)\\W_2(s)V(s)\\W_3(s)T(s)\end{matrix}\right\|_\infty<1 \tag{6.84}$$

这里，仅使用 $W_1(s)S(s)$和 $W_3(s)T(s)$定义的式(6.84)的评价函数称为**混合灵敏度问题**(mixed-sensitivity approach)。在混合灵敏度问题中，与控制性能相关的加权 $W_1(s)$及与鲁棒性能相关的加权 $W_3(s)$是通过式(6.75)的关系并考虑两者权衡而设定的。

在研究结构物上作用干扰刺激力 w 的振动控制问题时，考虑使用作为支配鲁棒性能的评价函数 w 到 u 的传递函数 T_{uw}，以及作为支配控制性能的评价函数 w 到 y 的传递函数 T_{yw}。在此情况下，虽然式(6.75)的关系不成立，但是在评价性能上很适用。这里，T_{yw}称为**稳定函数**。为了提高控制性能，提高 T_{yw}的鲁棒性能，有必要减少 T_{uw}。为了满足两种性能的要求，设定频率加权函数为$W_1(s)$、$W_2(s)$，用下述公式定义 H^∞振动控制问题：

$$\left\|\begin{matrix}W_1T_{yw}\\W_2T_{uw}\end{matrix}\right\|_\infty<1 \tag{6.85}$$

6. H^∞控制问题的解法

在 H^∞控制理论中，有状态反馈和动态补偿器输出反馈的设计理论，但在此处，作为实际问题，针对广泛使用的后者进行说明。

一般化控制对象 $G(s)$的状态空间表现记述为

$$\dot{q}=Aq+B_1w+B_2u \tag{6.86}$$

$$z=C_1q+D_{11}w+D_{12}u \tag{6.87}$$

$$y=C_2q+D_{21}w+D_{22}u \tag{6.88}$$

并且,该一般化控制对象 $G(s)$ 可表示如下:

$$G(s)\overset{\text{def}}{=}\left[\begin{array}{c:cc} A & B_1 & B_2 \\ \hdashline C_1 & D_{11} & D_{12} \\ C_2 & D_{21} & D_{22} \end{array}\right] \tag{6.89}$$

这里使用下述公式表示:

$$C_e(sI-A_e)^{-1}B_e+D_e\overset{\text{def}}{=}\left[\begin{array}{c:c} A_e & B_e \\ \hdashline C_e & D_e \end{array}\right]$$

并且,B_1、D_{11} 和 D_{21} 事前通过 H^∞ 规则 γ 实施正规化。此时,H^∞ 控制问题中的规格 2 的条件可以记述为

$$\|T_{zw}\|_\infty<1 \tag{6.90}$$

对于式(6.89)的一般化控制对象,研究满足前述规格 1 和规格 2 的 H^∞ 控制系统的设计问题。作为 H^∞ 控制系统的解法,在基于 Glover 和 Doyle 的状态空间中,通过解两个里卡蒂方程式,说明设计动态补偿器的方法。首先,在 H^∞ 控制系统的解法中,做如下假设:

S-1 (A,B_2):稳定性

S-2 $\text{rank}D_{12}=p$(列满秩)

S-3 $\text{rank}\begin{bmatrix} A-\text{j}\omega I & B_2 \\ C_1 & D_{12} \end{bmatrix}=N+p$(列满秩),$\forall\omega\in\mathbf{R}$

S-1′ (A,C_2):观测性

S-2′ $\text{rank}D_{21}=h$(行满秩)

S-3′ $\text{rank}\begin{bmatrix} A-\text{j}\omega I & B_1 \\ C_2 & D_{21} \end{bmatrix}=N+h$(行满秩),$\forall\omega\in\mathbf{R}$

下面,为方便进行理论展开,在不失一般性的基础上假定下述假设成立,给出 H^∞ 控制问题的解。

$$D_{11}=0,\quad D_{22}=0,\quad D_{12}=\begin{bmatrix} 0 \\ I \end{bmatrix},\quad D_{21}=[0\ I],\quad D_{12}^{\text{T}}C_1=0,\quad B_1D_{21}^{\text{T}}=0 \tag{6.91}$$

H^∞ 控制问题可解,即 G 可以进行内部稳定化,满足式(6.90)的控制器 $K(s)$ 存在的充分必要条件是以下两个里卡蒂方程:

$$A^{\text{T}}X+XA+C_1^{\text{T}}C_1+X(B_1B_1^{\text{T}}-B_2B_2^{\text{T}})X=0 \tag{6.92}$$

$$AY+YA^{\text{T}}+B_1B_1^{\text{T}}+Y(C_1^{\text{T}}C_1-C_2^{\text{T}}C_2)Y=0 \tag{6.93}$$

存在正定对称解 X、Y,且满足

$$X \geqslant 0, \quad Y \geqslant 0, \quad \lambda_{\max}(XY) < 1 \tag{6.94}$$

式中，$\lambda_{\max}(\cdot)$表示行列的最大特征值。满足 H^{∞} 控制的补偿器不是唯一的，且使用自由参数写成中间变量的形式。通常，采用该自由参数置零的中心解，根据以下公式设计控制器 $K(s)$：

$$\dot{q}_{cp} = A_{cp} q_{cp} + B_{cp} y \tag{6.95}$$

$$u = C_{cp} q_{cp} + D_{cp} y \tag{6.96}$$

式中，A_{cp}，B_{cp}，C_{cp}，D_{cp}通过下述公式给出：

$$A_{cp} = A + B_1 B_1^{\mathrm{T}} X - B_{cp} C_2 + B_2 C_{cp} \tag{6.97}$$

$$B_{cp} = (Y^{-1} - X)^{-1} C_2^{\mathrm{T}} \tag{6.98}$$

$$C_{cp} = -B_2^{\mathrm{T}} X \tag{6.99}$$

$$D_{cp} = 0 \tag{6.100}$$

式(6.92)和式(6.93)是 LQG 控制中的状态反馈增益和过滤增益，对应两个里卡蒂方程式。实际上，H^{∞} 控制的中心解是带有状态反馈和观察(含最坏干扰推定)的构造。

上述 H^{∞} 控制问题的解法有必要对式(6.91)实施假设，然而通过使用 Safonov 和 Limebeer 的 Loop Shifting 方法(文献[16])，可以去掉这些限制。

6.5.3 其他方法

有关振动和运动的控制，受到关注的问题有，针对构造系统的不确定性的鲁棒稳定性和鲁棒控制性能的实现，具有非线性的控制对象的模态化及控制系统的设计，以及对特性随着时间发生变动的系统采取的合理的控制方法。

针对构造系统不确定性的鲁棒稳定性，上述 H^{∞} 控制理论是有效的，有关鲁棒控制性能的实现，μ-合成是较为有效的。μ-合成理论是考虑加法的非构造的不确定性的模态集合，加上鲁棒稳定性，其目的是实现控制性能，显而易见实现该目的的充分必要条件是能够使用构造化特征值 μ 进行定义。但实际上，通过最简单算法求最优控制器是比较困难的，所以通过称为 D-K iteration 的反复计算法设计控制器。

对于复杂的控制对象、动态特性的变动系统和非线性系统等，作为系统的模型化和设计控制系统的方法，正在进行深入研究的有应用**模糊理论**和**神经网络理论**的方法。所谓的模糊控制，就是像“若 x 大 y 也变大，相反，若 x 小 y 也变小，如果不发生任何变化，那么 y 维持原状”，用 if…then…else 的形式记述定性的控制规则的方法，以**隶属函数**(membership function)为指标，确定控制规则的控制方法。目前非线性系统等模型化存在复杂的控制对象，通过这样的模糊理论,根据简单的控制规则,尝试进行有效的控制。

所谓的神经网络,就是模拟大脑的神经网络的情报处理机构的模型,大致可分为阶层式和相互结合形式。神经网络的学习机制可以用到很多领域。在振动控制领域,正在研究用神经网络进行构造物的模型化及控制系统的设计的方法。通过使用神经网络的学习能力、非线性、最优化能力,期待能够高效地进行复杂的具有非线性的构造物的模型化,并且,对于该模型,有可能设计出最优且具有适应能力的控制器。

对于非线性的系统,作为设计鲁棒控制系统的方法,有**可变结构控制**(variable structure control)**理论**,其代表的理论是**滑动模态控制理论**。滑动模态控制是在状态空间内设计的被称为超平面(切换面)的面上导入系统状态,同时进行反馈增益或控制输入的切换,使状态滑动至平衡点,实现理想的控制性能的方法。通过该控制方法,对于构造物的非线性和参数变动等不确定性和未知干扰,能够构成鲁棒控制系统。

上述控制方法的发展,很大程度取决于计算机的高速化。复杂且高量级的控制器也因DSP(参照7.3节)的出现而在短暂的抽样时间内变得可控。高性能控制系统的实现过程中,控制理论与数字控制技术的发展发挥着重要的作用。

6.6 振动控制系统的设计举例

本节使用上述最优调节器理论和 H^∞ 控制理论,展示实际进行控制系统设计的案例。首先,对于柔软构造物的板结构设计振动控制系统;然后针对控制系统设计中的问题设定与通过控制实现的特性分析及实验结果进行简单的介绍。

6.6.1 基于最优调节器的振动控制

设计如图6.15所示的平板(不锈钢)的振动控制系统。有关输入输出的情况,可以检测出点19和点72的位移 y_{19}、y_{72} 及速度 v_{19}、v_{72},通过在相同位置上设置的调节器,使控制输入 u_{19}、u_{72} 发挥作用。作为干扰,使点72上的白噪声干扰 w_{72} 发挥作用。

实验装置如图6.16所示,利用传感器检测出点19和点72的状态量,该信号在实施A-D变换后,利用DSP(AT&T公司,DSP32C)进行高速控制规

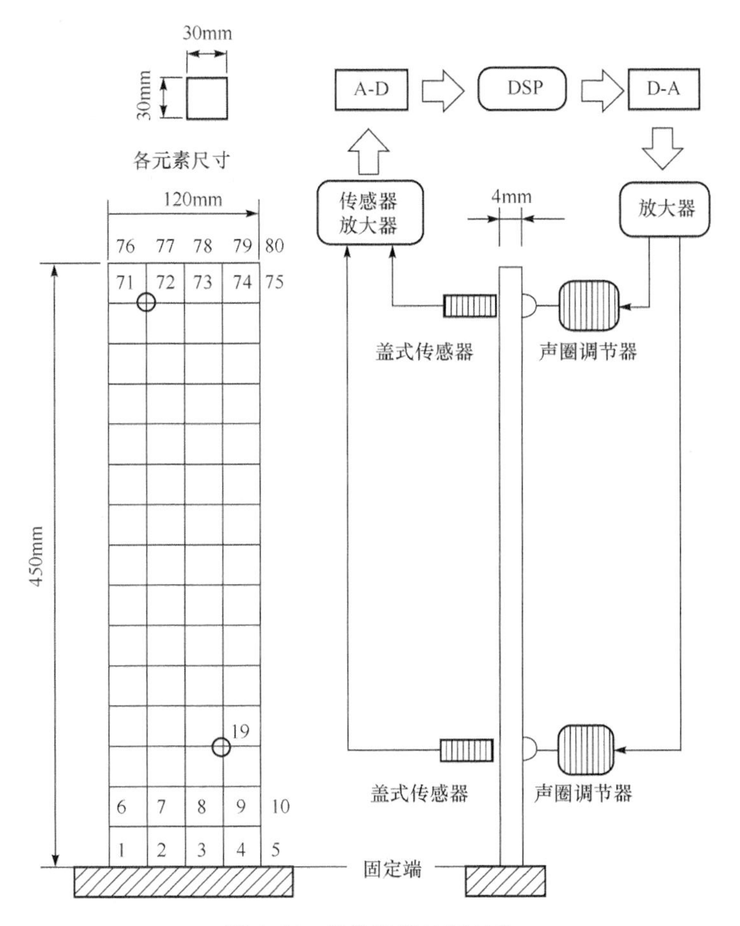

图 6.15　板构造的控制对象

则的演算，A-D 变换后，实施输入声圈调节器的振动控制。

根据实验模态分析实施控制对象的模型化，利用最优调节器理论设计振动控制系统。首先，根据该平板的 y_{19} 和 y_{72} 的 FRF 测定数据，使用实验模态分析，识别模态特性；然后，对出现共振峰值 5 次以下的固有模态进行实验识别。

对于 y_{72}，识别的 FRF 如图 6.17 所示。由该图可知，识别被正确展开。这里，使用相对于开环

图 6.16　实验装置

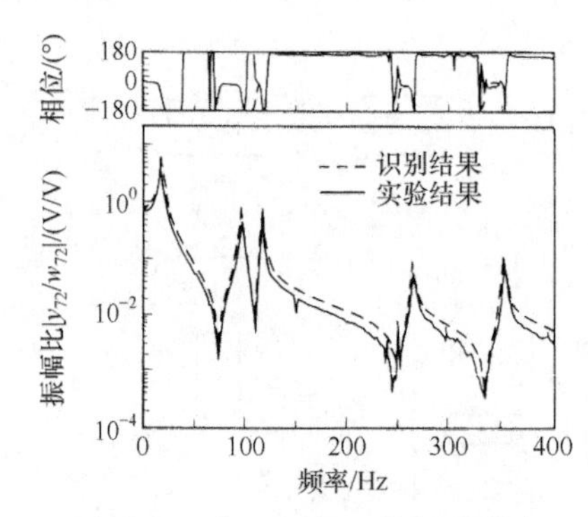

图 6.17　自 w_{72} 到 y_{72} 的频率响应的识别结果

系统中的调节器输入[V]的传感输出[V]的 FRF 进行系统识别。

识别的固有振动频率、模态阻尼比及固有模态的 y_{19} 和 y_{72} 的成分如表 6.1 所示。这里,使用 2 次以下的固有模态,对系统实施模型化,适用于最优调节器理论。此处满足 5 次模态以下的稳定性的振动控制系统通过非线性最优方法进行设计,有关该具体设计方法,请参照文献[10]～[12]。

表 6.1　模态特性的识别结果

次数	固有振动频率/Hz	模态阻尼比/10^{-3}	固有模态	
			y_{19}	y_{72}
1	17.23	59.34	0.275	3.038
2	95.32	8.501	−1.292	2.259
3	115.7	3.589	−0.507	1.853
4	264.7	4.453	2.384	1.394
5	352.0	2.031	1.432	1.599

设控制目标是 y_{19}、y_{72} 的平方和以及 u_{19}、u_{72} 的平方和相关的 2 次形式的评价函数,设计最优调节器。在控制系统设计后的系统中,点 72 处的冲击响应的实验结果如图 6.18 所示,可知能够实现稳定且控制效果好的系统。

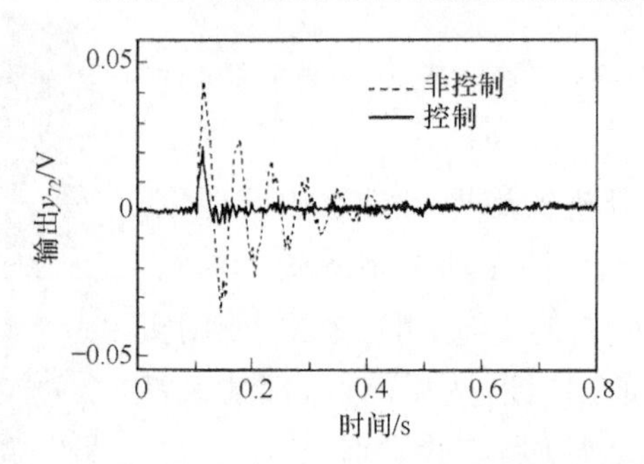

图 6.18　点 72 处的冲击响应的实验结果

并且，对点 72 作用白噪声干扰时，其响应的实验结果如图 6.19 所示，可见通过最优控制白噪声干扰响应水平出现了大幅的降低。

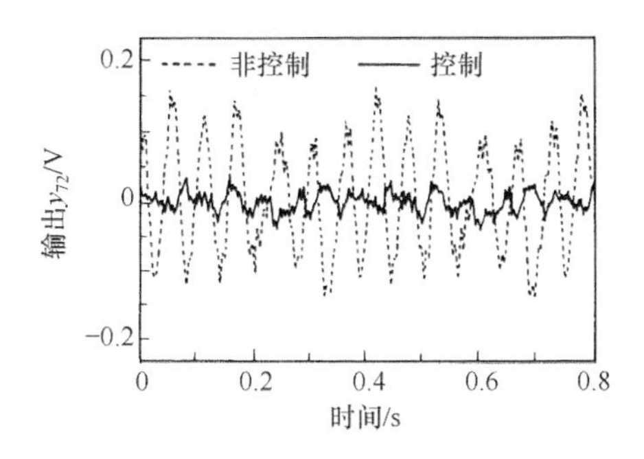

图 6.19　对点 72 作用白噪声干扰响应的实验结果

并且，与点 72 的位移相关的 FRF 如图 6.20 所示。图中，点线是非控制时的实验结果，虚线是控制时的计算结果，实线是控制时的实验结果，可知通过控制达到较好的控制振动效果，并且分析结果与实验结果充分一致。

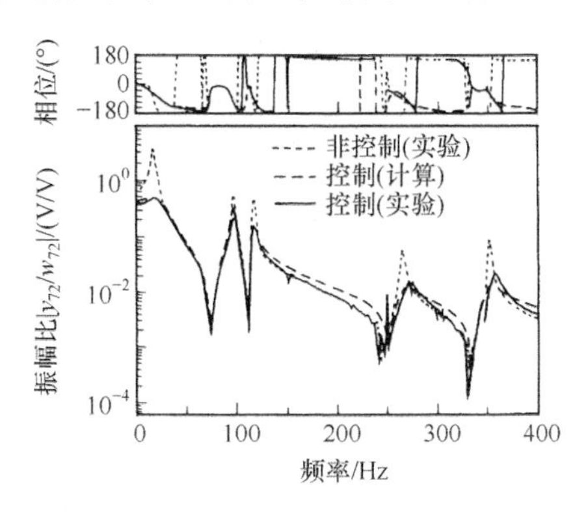

图 6.20　控制后自 w_{72} 到 y_{72} 的频率响应

6.6.2　H^{∞} 理论的振动控制

以图 6.15 所示的平板作为控制对象，使用 H^{∞} 控制方法进行振动控制。首先，通过 FEM 进行平板的模型化。并且，作为控制系统的构成，检测出点 19 和点 72 的位移与速度，利用相同位置上设置的声圈调节器进行振动控制。假定干扰 w 是作用于点 19 和点 72 的外力干扰与传感器噪声。采用低于 5 次的固有模态($r=5$)，前述模态坐标所记述的系统适用于 H^{∞} 控制理论，可进行控制系统的设计。有关构造物的衰减，根据实验结果，利用通过模态特性的识别得到的模态减衰比，建成系统方程式。

假定控制量 z 是点 72 的位移 y_{72} 和点 19 与点 72 的控制输入 u_{19}、u_{72}。对于该控制量 z，向 y_{72} 给予权重函数 W_1，向 u_{19}、u_{72} 给予权重函数 W_2，设计满足式(6.90)的控制器。权函数 W_1、W_2 设定为如下形式：

$$W_1(s)=W_{e1}(s)\gamma \tag{6.101}$$

$$W_2(s)=\begin{bmatrix} W_{e2}(s) & 0 \\ 0 & W_{e2}(s) \end{bmatrix} \tag{6.102}$$

这里，特别是为了抑制低于 3 次模态的振动，将式(6.101)和式(6.102)的 W_{e1} 和 W_{e2} 设定为以下公式，实施 H^{∞} 控制系统的设计：

$$W_{e1}(s)=\frac{5.7\times10^5}{s^2+150s+5.7\times10^5} \tag{6.103}$$

$$W_{e2}(s)=\frac{s}{s+2200} \tag{6.104}$$

该权重函数的频率特征如图 6.21 所示。图中，设 $W_{e1}(s)$ 的权重在 120Hz 附近变大，并使用与 1 次共振相同的方法对 2 次和 3 次共振进行控制。关于 $W_{e2}(s)$，设定其在高频率区域变大，确保高量级振动模态中的鲁棒稳定性。此时的控制器的次数为 14。

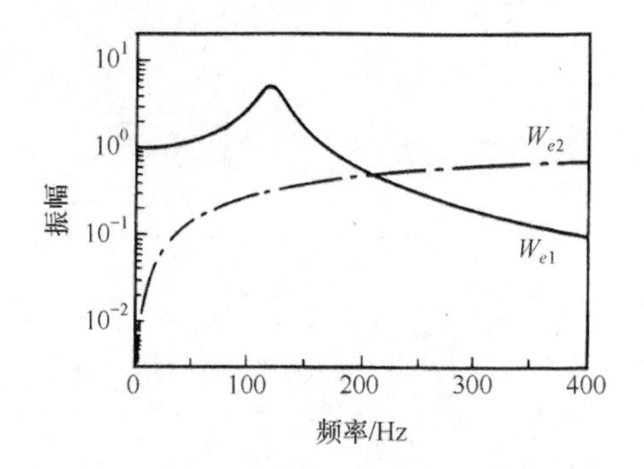

图 6.21 加权函数的频率特征

进行 H^{∞} 控制后，w_{72} 和 y_{72} 之间的频率响应如图 6.22 所示。由图可知，1 次共振被很大程度抑制的同时，2 次和 3 次的共振也在某种程度上被抑制。此时，点 72 处冲击响应的实验结果如图 6.23 所示，由图可知，剩余振动被大幅度降低，振动的收敛性得到了改善。并且，在点 72 上作用白噪声干扰时，该点响应的实验结果如图 6.24 所示，实现了响应水平的下降。

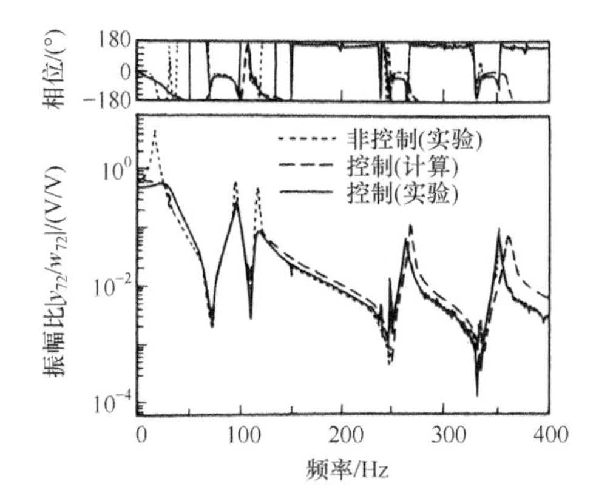

图 6.22 H^{∞}控制后自 w_{72}到 y_{72}的频率响应

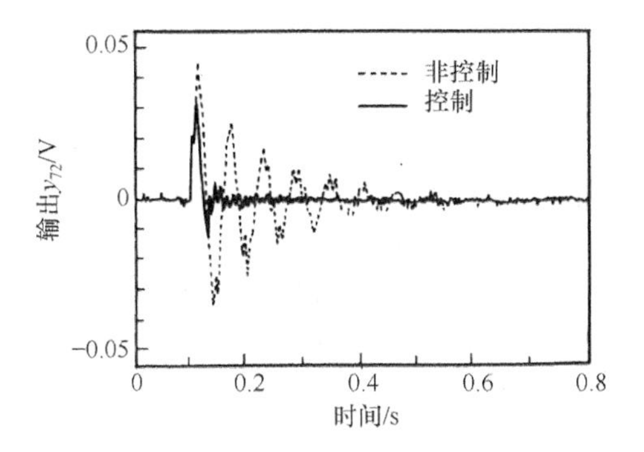

图 6.23 点 72 处冲击响应的实验结果

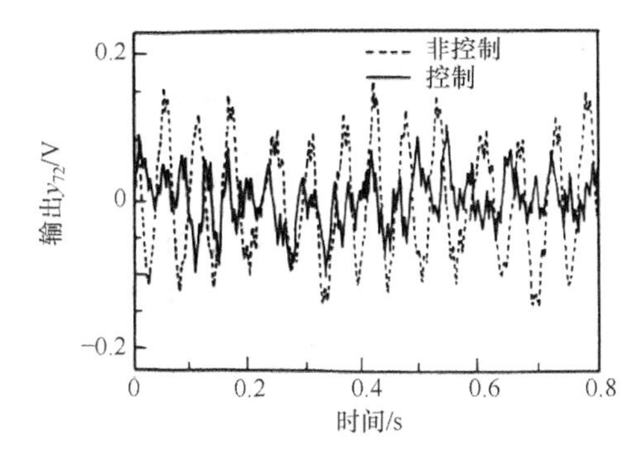

图6.24 对点 72 作用白噪声干扰响应的实验结果

参 考 文 献

[1] 吉田,佐野:基礎システム理論,コロナ社 (1978)

[2] 須田信英:制御工学,コロナ社 (1987)

[3] 吉田,川路,美多,原:メカニカルシステム制御,オーム社 (1984)

[4] 嘉納,江原,小林,小野:動的システムの解析と制御,コロナ社 (1991)

[5] "特集アクティブコントロール —制御理論応用の最先端—",計測と制御,32,4 (1993)

[6] 背戸,梶原,長松,森藤:"制御性を考慮した構造最適化法による光サーボ系の設計,第1報:制御系と構造系の一体化設計法",機論 (C),55,516,p. 2029 (1989)

[7] 背戸,梶原,長松:"制御性を考慮した構造最適化法による光サーボ系の設計,第2報:共振点消去理論による光ピックアップ構造の最適化",機論 (C),55,516,p. 2037 (1989)

[8] 背戸,梶原,長松,森藤,中江:"制御性を考慮した構造最適化法による光サーボ系の設計,第3報:光ピックアップの開発への応用",機論 (C),55,516,p. 2045 (1989)

[9] 佐伯,李,安藤:"フィードバック特性を向上する制御系設計—LQG理論の評価関数重みの調整法—",計測自動制御学会論文集,22,4,p. 383 (1989)

[10] 長松,梶原,稲垣:"有限要素法を用いた大自由度構造系の自由度縮小によるモデル化と制御系の最適設計",計測自動制御学会論文集,28,3,p. 383 (1992)

[11] 長松,梶原,大熊,稲垣:"特性行列同定法に基づく最適制御系の設計法",機論 (C),58,549,p. 1385 (1992)

[12] 長松,梶原,稲垣:"モード解析と感度解析を用いた連続体構造物の最適振動制御法",機論 (C),58,552,p. 2365 (1992)

[13] Zhou,K. and Khargonekar,P. P. :"An algebraic Riccati equation approach to H^{∞} optimization",Systems & Control Letters,11,pp. 85-91 (1988)

[14] Doyle,J. C. ,Glover. K. ,Khargonekar,P. P. and Francis,B. A. :"State-space solutions to standard H_2 and H^{∞} control problems",IEEE Trans. Autom. Control,34,8,pp. 831-847 (1989)

[15] Yeh,H. ,Banda,S. S. ,Heise,A. and Bartlett,A. C. :"Robust control design with real-parameter uncertainty and unmodeled dynamics",Journal of Guidance,Control and Dynamics,13,6,pp. 1117-1125 (1990)

[16] Safonov,M. G. and Limebeer,D. J. N. :"Simplifying the H^{∞} theory via loop shifting",Proceeding of the 27th Conference on Decision and Control,pp. 1399-1404 (1988)

[17] 美多勉:H^{∞}制御,昭晃堂 (1994)

[18] 古田勝久:"ロバスト制御——一つの私見—",電学論 (C),109,6,p. 408 (1989)

[19] 木村英紀:"ロバスト制御の現状と実用化への展望",計測と制御,30,8,p. 647

(1991)
[20] 原辰次:"ディジタル制御系のロバスト性—システム/制御/情報—",35,5,p. 251 (1991)
[21] 原辰次:"サンプル値系におけるH^2および H^∞ タイプ制御",計測と制御,30,8,p. 655 (1991)
[22] 近藤,原,伊藤:"連続・離散時間 H^∞ 制御問題の統一解法",計測自動制御学会論文集,27,6,p. 415 (1991)
[23] 川谷,山下,藤森,木村:"H^∞ 制御理論基づくアクティブサスペンションの制御",計測自動制御学会論文集,27,5,p. 554 (1991)
[24] 藤田,村松,内田:"柔軟ビーム磁気浮上システムのH^∞ ロバスト制御",計測と制御,30,8,p. 706 (1991)
[25] 野波,西村,崔:"H^∞ 最適制御によるアクティブ動吸振器を用いた多自由度構造物の振動制御(モデルの低次元化によるスピルオーバの抑制について)",日本機械学会講演論文集,910-52,p. 196 (1991)
[26] 長松,梶原,稲垣:"モード解析を用いた連続体構造物のH^∞ ロバスト振動制御",機論 (C),58,555,p. 3238 (1992)
[27] 塩塚,長松,吉田,角田:"ニューラルネットワークによる4 輪操舵系の適応制御",機論 (C),57,541,p. 3079 (1991)
[28] 塩塚,太田,吉田,長松:"ニューラルネットワークによる4 輪操舵車の同定と制御",機論 (C),59,559,p. 708 (1993)
[29] "ミニ特集ファジー制御",計測と制御,28,11 (1989)
[30] 野波,田:スライディングモード制,コロナ社 (1994)

第7章　声　控　制

7.1　引　　言

所谓**声控制**(sound control,acoustic control),就是利用某些手段,在某种目的下使声音状态的**声场**(sound field)向不同的状态变化,其实现方法可分为两种:被动方法的**被动声控制**(passive sound control)和主动方法的**主动声控制**(active sound control)。

所谓被动声控制,是指实施控制不需要新的能源,通过在声场中配置吸声性的材料,对壁面进行加工,通过材料本身的特征及形状进行控制。与此相对的主动声控制,是指实施控制需要从外部供给能量,准备之初就存在**1次声源**(primary sound source)之外的控制用的**2次声源**(secondary sound source),利用声波的干扰进行控制。

被动声控制包括进入建筑物墙壁内部的吸声材料和洗衣机等家电中以抑制噪声为目的而使用的控制振动的钢板,在外部噪声很激烈的场合中使用的二重窗,为了减小噪声,从音乐厅顶棚天花板垂下的反响板和墙壁的凹凸面,以及在低频反射形扩声器的支架中能够看到产生令人心情愉悦的声音的构造等,至今仍被广泛应用于日常生活中。

主动声控制的原理自古(20世纪30年代P. Lueg的专利[1])以来就有,虽然研究一直在持续,但是很长时间都没实现实用化。伴随着数字信号处理技术的快速发展,在很多场合中均有应用。主动声控制由于在很多情况下都是以降低**噪声**(noise)为目的的,经常称为**主动噪声控制**(active noise control)或动态消声。

7.2　主动声控制的概念

主动声控制具有以下几个特征。

(1) 利用声波的干扰。

(2) 在低频范围的效果很好。

(3) 前馈控制为主体。

(4) 适应控制。

这些特征之中,前两点是针对被动控制的特征,后两点是对于其他机械系统的控制。下面针对这些特征进行简单说明。

7.2.1　声波干扰

所谓声波干扰是从两个或两个以上声源所发出的声音所相互影响的现象。声音是空气中局部压力(声压)的时间变化。在声场内的某一点 P 处,如图 7.1(a)所示变动(1 次声),利用其他声源,假设同一点的声压能够作出如图 7.1(b)所示的完全相反的变动声场(2 次声),则观测到的声场,在两者的叠加(重叠的原理)下声压为 0,可以作为点 P 处没有声音的状态。通过该基本原理,使主动声控制成为可能。

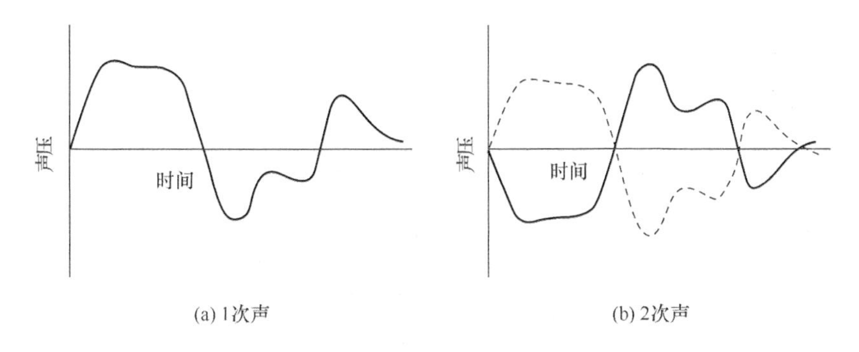

图 7.1　声场内点 P 处的声压变化

7.2.2　对象频率范围

在利用声波干扰实施消声的情况下,如图 7.1 所示,振幅相等的相位必须作出完全相反的声音,但是实际上并不能做出完全同振幅反相位的波形图,振幅与相位会产生错位,这就是产生误差的原因。尤其是,振幅、相位在短时间内发生变化的高频率范围,错位会加大,误差被扩大。相反,对于容易调整且缓慢变化的低频率声音,期待有较好的控制效果。

由此看来,主动声控制是适合降低低频率范围噪声的方法。如果想要通过被动声控制法控制低频率噪声,因有必要增大控制装置(吸声材料)的大小(体积),实现起来是非常困难的。与此相对照可知,被动控制法与主动控制法之间在控制对象频率范围内,合适、不合适是互补的。

这样的控制对于主动控制也是比较有利的，这也是该控制法盛行的一个原因。一般来说，若控制对象的频率在 500～1000Hz，通常大多采用主动控制，而超过这个范围则采用被动控制。

7.2.3 前馈控制与适应控制

图 7.2 中显示的是基本主动声控制的构成。作为研究对象的是 1 次元声场，噪声从左向右传播，左侧称为上流，右侧称为下流。控制系统如图所示，由观测上流声场的**输入传感器**(input sensor)和生成控制信号的**控制器**(controller)，将控制信号作为实际声音输出的**调节器**(actuator)，观测控制结果(误差)的**误差传感器**(error sensor)组成。由于声控制中的对象是声音，所以很多情况下，使用扩音器作为传感器，以及使用扩音器作为调节器。

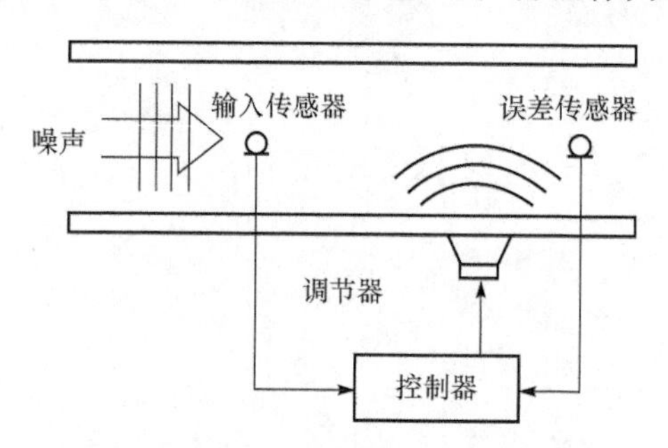

图 7.2 基本的主动声控制系统构成

该主动声控制之所以能够有效运转，是因为比起空气中声音的传播速度(声速)，电气信号的传播速度要快得多。利用该速度差，上流的输入传感器测定的声音，在到达控制点之前，通过控制器产生同振幅反相位的声音，可以通过调节器输出。这就是**前馈控制**(food forward control)，是主动声控制中使用最多的控制方法。

此时的控制器的特征是反映从输入传感器到控制点的声传递，但是因声传递特征受气温和空气密度等的影响，并且随着时间变化，包含传感器和调节器的控制系统的电气特征发生了变化。为了长时间维持稳定的控制效果，需要具有能够不断追随这样变化的控制器。这样的控制称为**适应控制**(adaptive control)，如图 7.2 所示，根据设置在控制点下流上的误差传感器，测定控制后的误差(控制结果)，为了减小该误差，使控制器的特征能够变化。

Note1 传感器、控制器、调节器的概念

在主动声控制中,通常传感器对声场的信息进行观测,并将该信息提供给控制器。控制器根据从传感器得到的信息生成合适的控制信号。调节器是将实际声音作为控制信号的一种装置。

7.3 数字信号处理

如果根据模拟回路设计控制器,虽然在设计速度方面是有利的,但在设计特征时刻变化时还是不利的。为此,如果使用**数字信号处理**(digital signal processing),就可以简单地实现使控制系统特征发生变化。并且,伴随着电子技术、计算机技术的飞速发展,人们开发出了能够非常高速地实施电子信号处理的被称为**DSP**(digital signal processor)的专用数字元件,速度方面的问题也逐渐得以解决。

因此,在主动声控制中,通常通过数字信号处理进行控制。主动声控制中必要的数字信号处理,是通过输入信号生成目标输出信号的。以下针对该处理进行说明。而且,由于数字信号处理时使用离散时间的信号,所以在以下说明中,只要不特别说明,都是以离散时间为前提的。

Note2 DSP 的概念

DSP 是能够高效率地实施电子信号处理的数字元件。因为进行高速的重叠演算是可行的,所以是数字滤波器处理中不可欠缺的。

7.3.1 数字滤波器

图 7.2 所示的控制器是每隔一定的时间间隔 τ,以**标本化**(sampling,也称为**取样**)的输入信号为基础,遵从一定的顺序在实际时间内生产输出信号。实施这样处理的是**数字滤波器**(digital filter)。假设连续时间的输入数据为 $x(t)$,通过第 k(k 为正整数)次的标本化得到的离散时间数据为 $x(k\tau)$。为了方便,以后将 $x(k\tau)$ 表示为 x_k。此时,为了求离散时间系统中输出信号 y_k 的数字滤波器的一般公式用

$$y_k = \sum_{m=1}^{M} a_m y_{k-m} + \sum_{n=0}^{N} b_n x_{k-n} \tag{7.1}$$

来表示。该公式表示现在的输出 y_k 是过去的 M 个输出值 $y_{k-1}, y_{k-2}, \cdots, y_{k-M}$ 的线性结合,与之前的 $N+1$ 个的输入值 $x_k, x_{k-1}, \cdots, x_{k-N}$ 的线性结合的和:

$$x_k = (x_k, x_{k-1}, \cdots, x_{k-N})^{\mathrm{T}} \tag{7.2}$$

$$y_k = (y_{k-1}, y_{k-2}, \cdots, y_{k-m})^{\mathrm{T}} \tag{7.3}$$

$$a = (a_1, a_2, \cdots, a_M)^{\mathrm{T}} \tag{7.4}$$

$$b = (b_0, b_1, \cdots, b_N)^{\mathrm{T}} \tag{7.5}$$

将输入输出值及各自的系数用向量表示,另外,用上标 T 表示转置。

由式(7.2)～式(7.5),式(7.1)可以写成

$$y_k = a^{\mathrm{T}} y_k + b^{\mathrm{T}} x_k \tag{7.6}$$

的形式。在式(7.6)中,输出值向量的系数向量 a 为非零时,输出 y_k 中不仅影响输入值向量,而且也会影响过去的输出值,通常,即使输入信号在途中变为零,也具有输出无限延续的特征。这样,**脉冲响应**(impulse response)无限延续的数字滤波器称为 **IIR 滤波器**(也称为**无限长脉冲响应滤波器**)。

该滤波器的流程图如图 7.3 所示。在图中,z^{-1} 是使信号延迟的单位运算符号。a 的元素在全部为 0 时,式(7.6)的右边第一项变成 0,可知滤波器的输出 y_k 仅通过输入值向量决定。这样,脉冲响应在有限时间内变为 0 的数字滤波器称为 **FIR 滤波器**(finite impulse response filter,也称为**有限长脉冲响应滤波器**)。当 a 为非 0 时,虽然也存在脉冲响应在有限时间内变成 0 的滤波器,但是这是 FIR 滤波器的特例,不作为本章的研究对象。

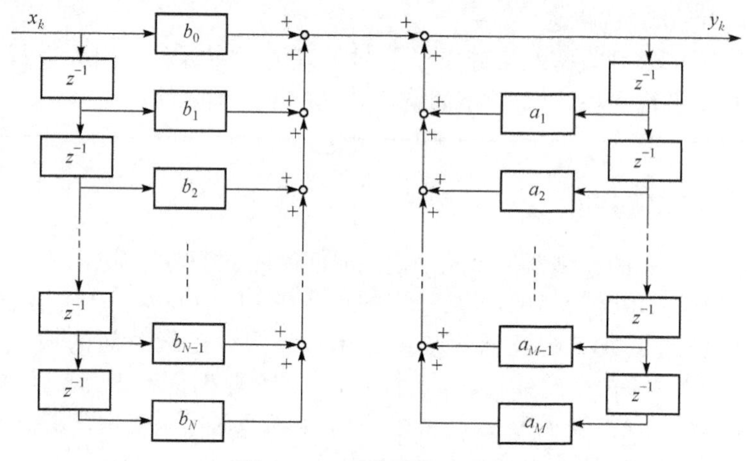

图 7.3　IIR 滤波器流程图

FIR 滤波器的流程图如图 7.4所示。IIR 滤波器的脉冲响应永远持续,并

且如不注意确定系数向量a，会出现特征不稳定的情况，所以在主动声控制中，多使用FIR滤波器，此后将详细叙述FIR滤波器。

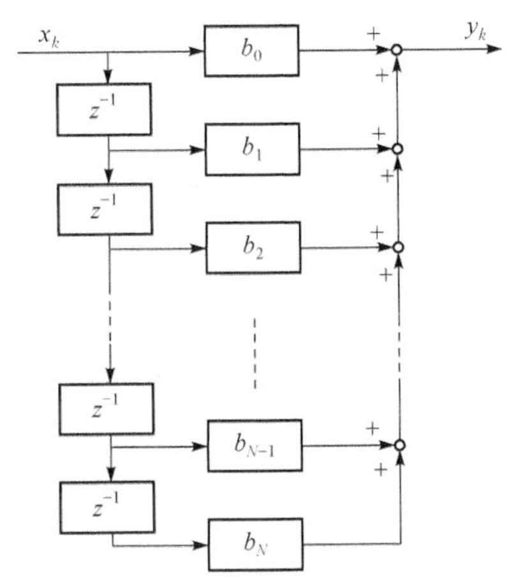

图7.4 FIR滤波器的流程图

Note3 标本化、量子化的概念

当处理通过数字信号处理发生时间变化的量时，用传感器测定的物理量是连续时间的数据，那样并不适用于数字处理。因此，按照处理装置的动作节拍（在一定的时间间隔内）测定数据，有必要抽出数据，该处理就是标本化（取样）。并且，此时的时间间隔称为标本化间隔（取样间隔）。设连续时间数据为$x(t)$，标本化间隔为τ，那么k作为正整数，可以用来表示标本化的离散时间数据，表示为$x(k\tau)$。标本化的数据通过数字计算机进行处理，实施数字量化处理的过程称为量子化（quantization）。

7.3.2 FIR滤波器

重新写出FIR滤波器的一般公式为

$$y_k = \sum_{n=0}^{N} b_n x_{k-n} = b^{\mathrm{T}} x_k \tag{7.7a}$$

该FIR滤波器的公式称为**重叠演算**（也称为卷积）。本章根据标记的需要，除了如式（7.7a）所示的向量表现形式外，也可导入重叠演算符号（$*$），表现成如下形式：

$$y_k = b * x_k \tag{7.7b}$$

在式(7.7a)中,把 N 称为滤波器的次数,$N+1$(系数向量的长度)称为**滤波器长**(或者**塞孔数**)。此外,系数向量 b 如式(7.5)所示,称为**滤波器系数**(或者**塞孔权**)。

FIR 滤波器的特征由滤波器系数决定。由于滤波器系统的不同输出值发生的变化,可通过简单的数值实验(模拟)确认。

图 7.5 为输入信号的例子。该信号是将振幅为 1、频率为 4Hz 和 50Hz 的两个正弦波合成 1/250s 的**标本化间隔**(sampling interval,也称为**样品间隔**),在 0~0.2s 范围内实施标准化(取样)。这里,研究以下系数的两个 FIR 滤波器。

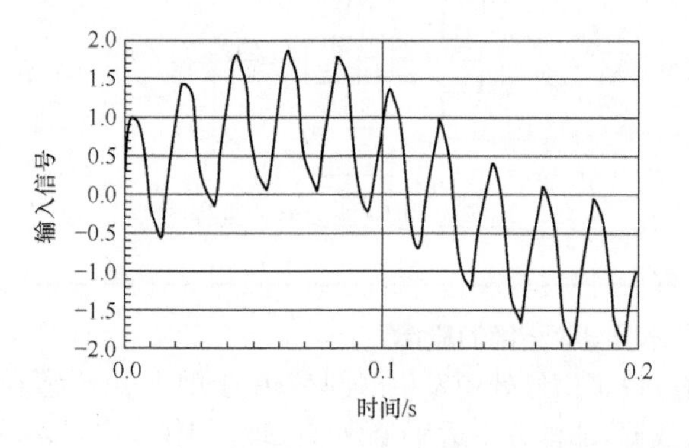

图 7.5　输入信号

根据两个 FIR 滤波器,各自处理图 7.5 的输入信号时的输出信号,可通过向式(7.7b)中代入式(7.8)或式(7.9)求出,其结果如图 7.6 和图 7.7所示。

$$滤波器\ 1: b_1=(0.2,0.2,0.2,0.2,0.2)^T \tag{7.8}$$

$$滤波器\ 2: b_2=(-0.2,-0.2,0.8,-0.2,-0.2)^T \tag{7.9}$$

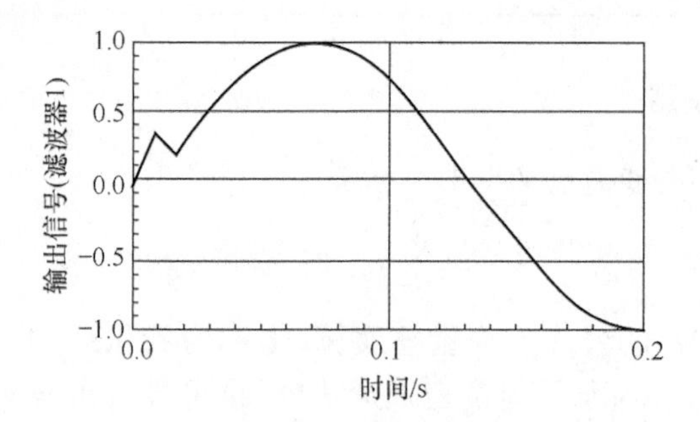

图 7.6　滤波器 1 的输入

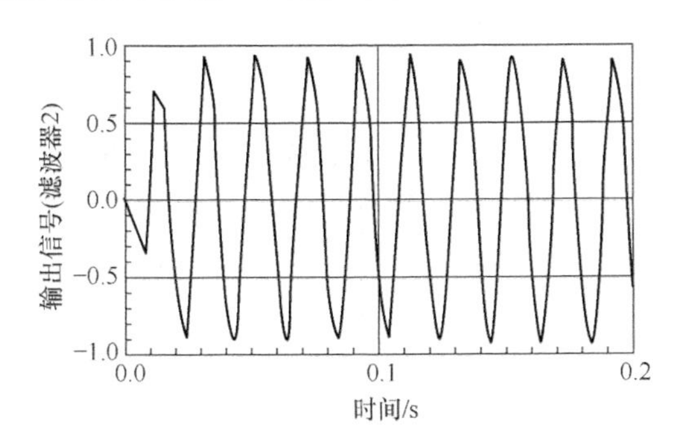

图 7.7 滤波器 2 的输出

由图可知，对于相同的输入信号能够得到完全不同的输出信号。该结果可以从两个滤波器系数的不同来说明。滤波器 1 的 5 个系数全部变为 0.2 (=1/5)，式(7.7)的计算相当于一边对这 5 个样品的每一样品进行移动一边进行平均值计算的移动平均。移动平均处理是通过低频率成分除去高频率成分的作用，作为一种**低通滤波器**(low-pass filter)。因此，如图 7.6 所示的滤波器输出信号几乎都是输入信号的两个频率成分中低频率成分(4Hz)的信号。

另外，在滤波器 2 中，第 k 次的样品的输出值为

$$\begin{aligned} y_k &= -0.2x_k - 0.2x_{k-1} + 0.8x_{k-2} - 0.2x_{k-3} - 0.2x_{k-4} \\ &= x_{k-2} - \frac{x_k + x_{k-1} + x_{k-2} + x_{k-3} + x_{k-4}}{5} \end{aligned} \tag{7.10}$$

这是将移动平均从 5 个样品的中心样品值 x_{k-2} 中减去后的值。根据该处理，能够从原来的信号中除去缓慢变动的成分(低频率成分)，留下高频率成分。即滤波器 2 作为**高通滤波器**(high-pass filter)发挥作用。图 7.7 也很好地显示了该工作原理。

7.3.3 FIR 滤波器的特征

线性时不变系统的输入输出关系可以通过该系统的**单位脉冲响应**(unit impulse response)来表示，连续时间系统中的系统输出，可以根据该系统的脉冲响应和输入的卷积积分求出。离散时间系统中，卷积积分成为式(7.7)所示的积和演算(卷积演算)，即 FIR 滤波器的计算。实际上，为了研究 FIR 滤波器的特性，如果试着求样品数值数列(1,0,0,…)作为输入时滤波器输出的单位脉冲响应，由式(7.7)可明显看出，其与该滤波器的系数一致。即 FIR 滤波器的系数表示滤波器自身的脉冲响应。

单位脉冲响应是表示时间范围的特征，表示频率范围的特征的是**频率响应**(frequency response)。频率响应通过对单位脉冲响应进行**傅里叶变换**(Fourier transform)求得，输出信号变成输入信号与系统频率特征单纯的积。这样的时间范围与频率范围的各个系统的输入输出关系和特征，可通过傅里叶变换及傅里叶逆变换进行相互变换。该关系如图 7.8 所示。

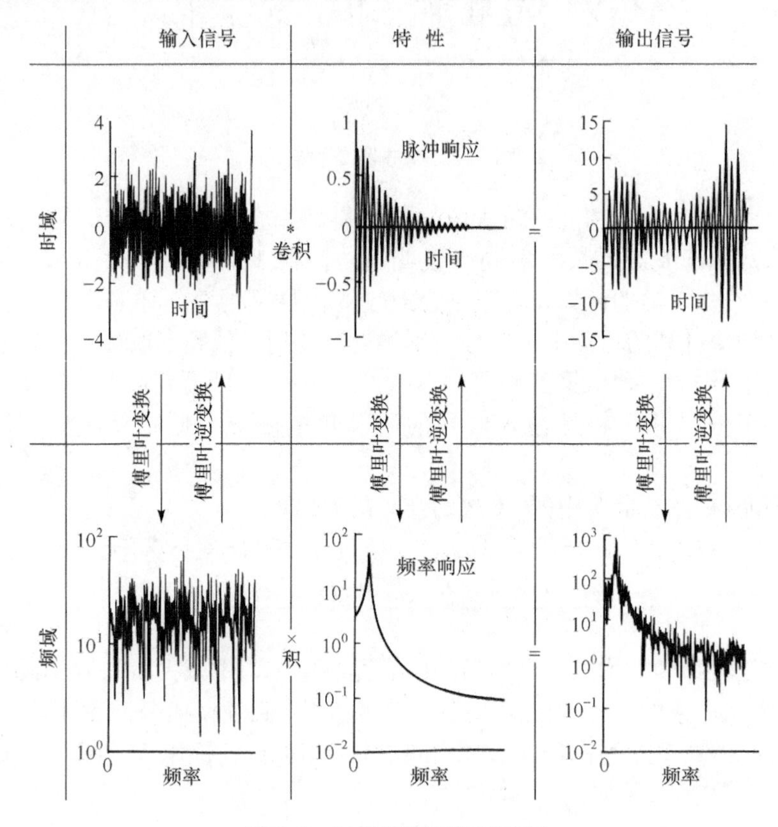

图 7.8　时间范围和频率范围

7.4　自适应运算法则

在主动声控制中使用的自适应控制是为了追随控制对象的变化，使控制系统本身的特性随着时间变化的控制方法，实现该控制方法的算法总称为**自适应算法**(adaptive algorithm)。这里，首先针对适应 FIR 滤波器进行简单的讨论，然后针对自适应算法中基本的**最优梯度法**(method of steepest descent)，在自适应算法中使用最多的**最小均方算法**[least mean squares (LMS) algorithm],以及实用的改良方法——**已筛选 X LMA 算法**进行说明。

7.4.1　自适应 FIR 滤波器

在 7.3 节中,已经知道了 FIR 滤波器的特征根据其系数发生大幅度的变化。因此,假设滤波器的系数是随时间变化的参数,由此能够实现特征发生变化的滤波器,这就是**自适应滤波器**(adaptive filter)。根据自适应 FIR 滤波器进行主动声控制的情况下,最基本的系统(参照图 7.2)流程图如图 7.9 所示。

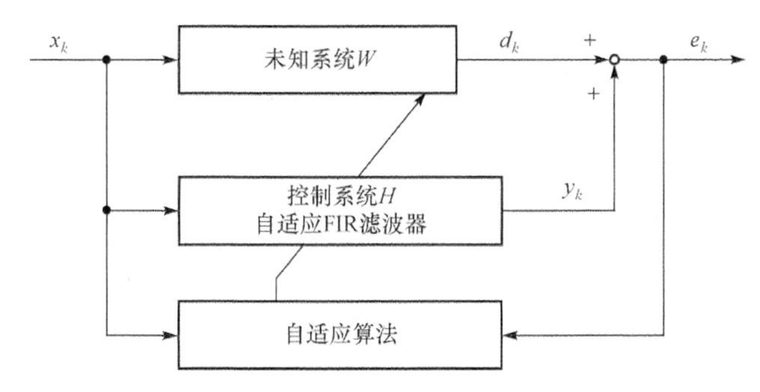

图 7.9　自适应控制的流程图

控制系统与作为控制对象的未知系统并列配置,将控制系统、未知系统各自的输出相加(声波干扰),以此作为控制结果进行观测。自适应算法根据该观测结果,调整自适应 FIR 滤波器的参数(滤波器系数)。

该情况下的控制结果相当于消声后残余的声音。主动声控制的目的在于使控制结果达到 0,而实际上,将控制系统调节为 0 的控制通常是不可能实现的。控制结果是表示未知系统与控制系统在一定程度上是否一致的指标,从这层意义上,一般将控制结果称为误差信号。在自适应算法中,通常,将该误差信号的平方平均值[称为**平方平均误差**(mean square error)]作为评价量,进行参数的调整。

7.4.2　最优梯度法

最优梯度法是很早以前就为人所知的最优化方法,是将系统的参数从任意的初始状态通过反复计算,逐渐使其接近最优值的方法。本节使用自适应 FIR 滤波器的主动声控制,研究使用该方法的情况(参照图 7.9)。

未知系统作为线性时不变系统,假设时刻 k(第 k 项的样品)的输入信号为 x_k,未知系统的输出信号为 d_k,控制器的输出信号为 y_k,自适应 FIR 滤波器的系数为 h_i($i=0,1,\cdots,L$,过滤次数 L,过滤长 $L+1$)。此时,自适应滤波

器的输出 y_k 为

$$y_k=h_0x_k+h_1x_{k-1}+\cdots+h_Lx_{k-L} \tag{7.11}$$

与 7.3 节相同,用向量表示为

$$y_k=h^{\mathrm{T}}x_k \tag{7.12}$$

假设误差信号 e_k 是 d_k 和 y_k 的和,那么可表示为

$$e_k=d_k+y_k=d_k+h^{\mathrm{T}}x_k \tag{7.13}$$

所以评价量 J(平方平均误差)是

$$\begin{aligned}J&=E[e_k^2]=E[d_k^2]+2E[d_kh^{\mathrm{T}}x_k]+E[(h^{\mathrm{T}}x_k)^2]\\&=E[d_k^2]+2h^{\mathrm{T}}E[d_kx_k]+h^{\mathrm{T}}E[x_kx_k^{\mathrm{T}}]h\end{aligned} \tag{7.14}$$

式中,$E[\cdot]$是期望值演算符号。由式(7.14)可知,平方平均误差为滤波器系数向量的 2 次函数。

因此,如果把滤波器系数向量作为参数表现平方平均误差,那么能够捕捉到多量级空间的碗(bull)状曲面,说明使平方平均误差最小的滤波器系数向量 h_{opt}仅存一个。将该碗状的曲面称为**误差特征曲面**(error performance surface)。平方平均误差 J 是 J 与 h 相关的导函数(倾斜向量∇)变为 0 时的极值点处最小值 $J_{\min}$。我们的目标是到达极值点处。最优梯度法按照如下方式实现。

(1) 任意设定滤波器系数的初期值 h_0。通常如果没有特别理由,设为 0。时刻 $k=0,1,2,\cdots$,重复操作以下(2)、(3)的步骤。

(2) 求误差特征曲面的倾斜向量∇_k。

(3) 使用∇_k求出下述时刻的滤波器系数:

$$h_{k+1}=h_k+\mu(-\nabla_k) \tag{7.15}$$

由于式(7.15)中的 μ 为正的标量,而且又是影响滤波系数向量每次变化量的参数,所以称为**循序值参数**。式(7.15)表示在各个时刻,在与误差特征曲面的倾斜向量相反的方向上更新滤波器系数。

因倾斜向量与曲面上该位置最陡的方向相切,所以通过向与倾斜向量相反方向前进,实现向最快的方向下降。这就是"最优梯度"。由于倾斜向量∇_k是 J 关于 h 的导函数,所以由式(7.13)和式(7.14)可得

$$\nabla_k=\frac{\partial J}{\partial h}=E\left[\frac{\partial e_k^2}{\partial h}\right]=E\left[2e_k\frac{\partial e_k}{\partial h}\right]=2E[e_kx_k] \tag{7.16}$$

滤波器系数向量 h 的更新式(7.15)为

$$h_{k+1}=h_k-2\mu E[e_kx_k] \tag{7.17}$$

式(7.17)为了对滤波器系数向量进行更新,表示误差特征曲面的信息是不需

要的，这就是最优梯度法的重要特征。但是，式(7.16)中所表示的倾斜向量∇_k每次都必须测定正确的值，而实际上那是不可能的，有必要从几个输入数据样品中选出推定值来求近似值。下面所述的LMS运算法则是使用了与该倾斜向量近似的推定值，是非常简便且实用的方法。

7.4.3 LMS运算法则

LMS运算法则最初是由Widrow和Hoff[2]开发的方法，也称为**概率倾斜**(stochastic gradient)。该算法为了方便地求最优梯度法中的倾斜向量∇_k，不是将评价量J作为平方平均误差，而作为推定值，即现时点误差的平方(瞬时平方误差)e_k^2。这样倾斜向量也不是准确值∇_k，而是其推定值$\hat{\nabla}_k$。$\hat{\nabla}_k$参考式(7.16)，得到

$$\hat{\nabla}_k=\frac{\partial e_k^2}{\partial h}=2e_k\frac{\partial e_k}{\partial h}=2e_kx_k \tag{7.18}$$

将其替代式(7.15)中的∇_k，那么滤波器系数向量的更新式可以写为

$$h_{k+1}=h_k-2\mu e_kx_k \tag{7.19}$$

该公式在滤波器系数的更新中是必要的，但仅表示循序值参数μ和时刻k的瞬时误差信号e_k和输入信号向量x_k。在主动声控制中多使用LMS运算法则，如式(7.19)所示，是因为该算法非常简便且易于实现。

这里的问题是，用瞬时平方误差代替平方平均误差，通过这种大胆的近似，控制系统确实能够发挥优良的特性吗？由于输入数据是具有很大分散度的信号，倾斜向量的瞬时推定值和滤波器系数向量都受到该分散的影响。但是，在LMS运算法则中，由于反复使用式(7.19)，这种坏影响通过平均化被消除，最终滤波器系数向量落回到最优值的附近。

对收敛特征影响最大的是循序值参数μ。增大μ后，滤波器系数向量每次的更新量也变大，收敛的速度加快(加大)，但另一方面，由于受到倾斜分散的影响，h_k在h_{opt}的周围大幅度摇摆。相反地，如果取较小的μ，将发生缓慢的收敛，最终收敛值的摇摆会变小。对μ和收敛特征的关系进行讨论，Haykin[3]将LMS运算法则作为平方平均层面上进行收敛的充分必要条件，给出了

$$0<\mu<\frac{1}{\sum_{k=1}^{L+1}\lambda_k}=\frac{1}{\mathrm{tr}[R]} \tag{7.20}$$

式中，$\mathrm{tr}[R]$表示输入信号的相关矩阵$R=E[x_kx_k^{\mathrm{T}}]$的迹线；λ_k是R第k个的

特征值。由于相关矩阵 R 是 $(L+1)\times(L+1)$ 的正方矩阵，其特征值的总和与迹线相等。

7.4.4　已筛选 X LMS 运算法则

前文围绕图 7.9 的流程进行了自适应控制的说明，如果对图 7.2 进行更正确的模型化，则如图 7.10 所示。在图 7.10 中，考虑自控制声源到误差传感器的声音路径(也称为误差路径)的点是与图 7.9 不同的点。

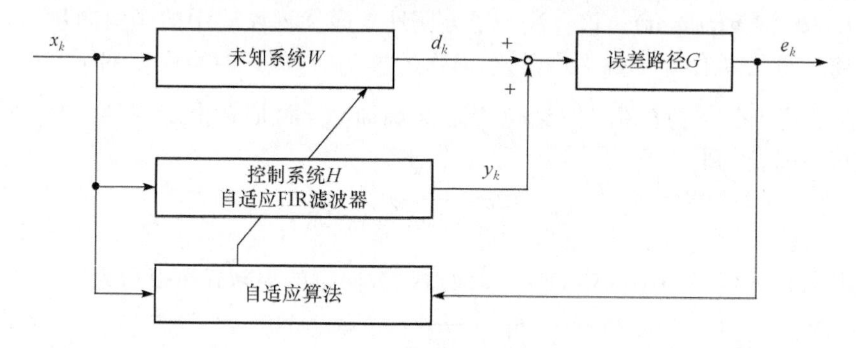

图 7.10　考虑误差路径的流程图

该状态(图 7.10)下，如果直接使用 LMS 运算法则会有怎样的结果?图 7.10可以进行如图 7.11(a)所示的变形。在该图中，由于 LMS 运算法则是将粗框架包围的部分(未知系统 W 与误差路径 G 的特征)整体作为未知特征操作的，所以求出的特征是 W 与 G 串联结合的特征。

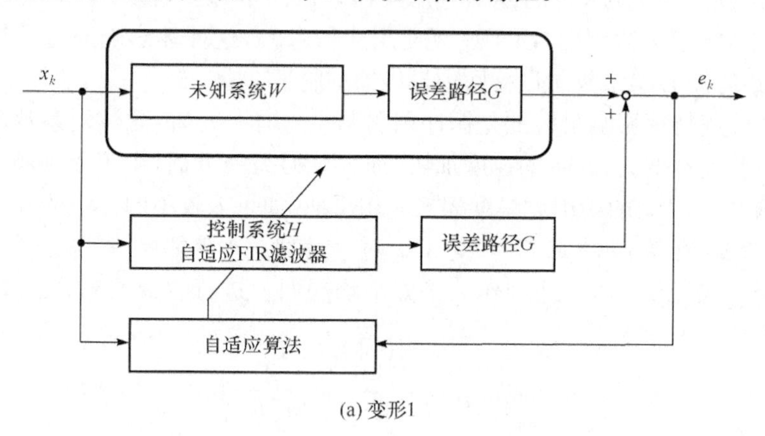

(a) 变形1

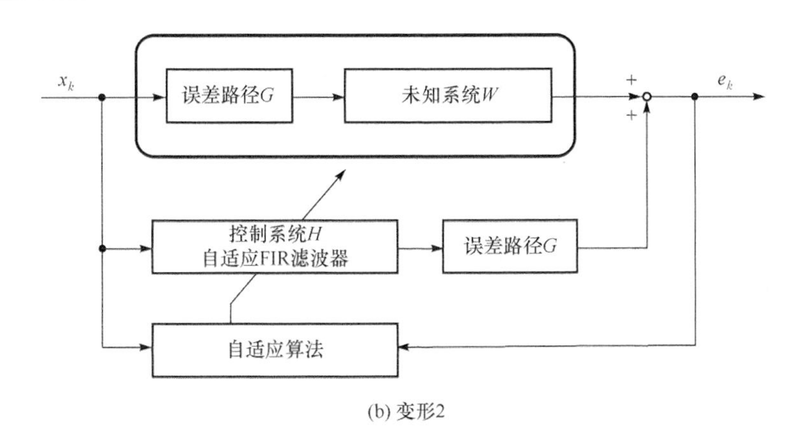

(b) 变形2

图 7.11 图 7.10 的变形

但是如图 7.11(a)所示,误差路径的特征 G 已经存在于自适应滤波器 H 的后面,不能消除。因此,即使该系统适用 LMS 运算法则,也不能进行良好的控制。在图 7.11(a)的基础上,考虑尝试重新画成如图 7.11(b)所示的形状,可知这种情况下求出的特征是把 W 与 G 串联结合的特征。如果能从该特征除去 G 的部分,就剩下只想求的 W 的特征。

为此,如果进一步考虑图 7.12 的系统,那么该图中,作为 LMS 运算法则的输入信号,之前的 x 采用了与误差路径相同的特征。这样,由于 LMS 运算法则已经由通过 G 的输入信号和误差信号求出特征,就可以求 W 单独的特征了。这就是**已筛选 X LMS 运算法则**[4,5]。最终的算法流程图如图 7.13 所示。

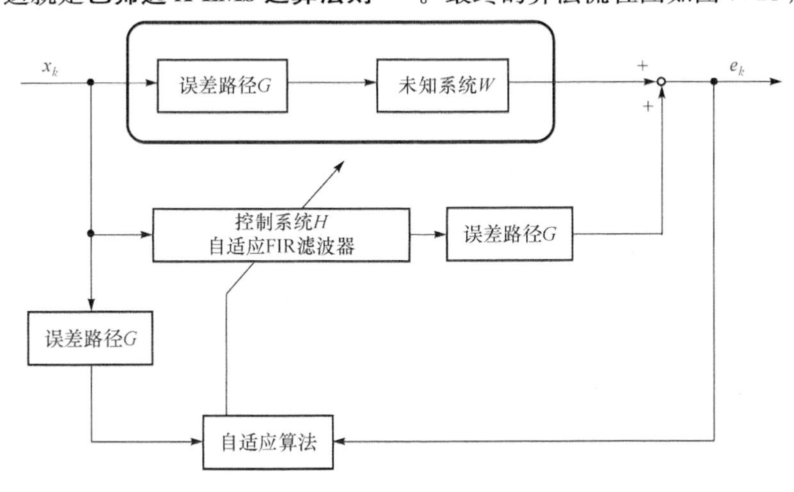

图 7.12 已筛选 X LMS 运算法则的流程图

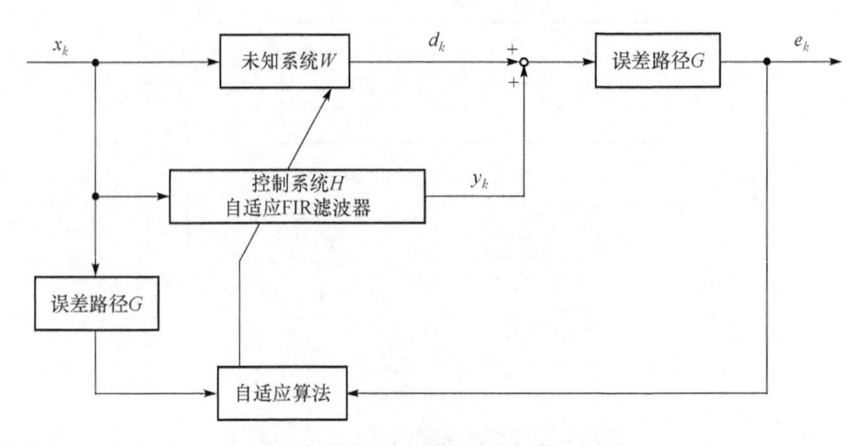

图 7.13　已筛选 X LMS 算法流程图

下面进行已筛选 X LMS 运算法则的公式化。但是，在公式的展开中，由于要连续进行卷积演算（串联），不以向量表现，而是使用式(7.7b)的卷积演算符号(∗)。

首先，假设用过滤长 $M+1$ 的 FIR 过滤（假定滤波器系数为 g）表示误差路径 G，误差信号 e_k 为

$$e_k=g*(d_k+y_k)=g*(d_k+h*x_k)=g*d_k+g*h*x_k$$

进而，更换第 2 项的卷积顺序，可以写成

$$e_k=g*d_k+h*g*x_k \tag{7.21}$$

在式(7.21)中，与 LMS 运算法则时相同，求倾斜向量的推定值，得到

$$\hat{\nabla}_k=\frac{\partial e_k^2}{\partial h_k}=2e_k\frac{\partial e_k}{\partial h_k}=2e_k g*x_k \tag{7.22}$$

那么滤波器系数向量的更新式为

$$h_{k+1}=h_k-2\mu e_k g*x_k \tag{7.23}$$

由此可知，式(7.23)是与图 7.13 相同的操作。

如前所述，在 LMS 运算法则中，基于瞬时平方误差和输入信号向量求出（该瞬间的）误差特征曲面的倾斜度[式(7.18)]，对照该比例实施滤波器系数向量的更新[式(7.19)]，输入信号向量与瞬时误差未取得同期，则无法顺利运行。在已筛选 X LMS 运算法则中，为了取误差信号与输入信号的同期，根据图 7.13 和式(7.23)所示的操作，LMS 运算法则可以如期待所示运行。已筛选 X 这一名称，是根据输入信号 x 通过误差路径的特征（实施过滤，filtering）而命名的。

预先求该误差路径的方法，有以下两种。

(1) 根据频率特征求解的方法。

(2) 根据**适应识别**(adaptive identification)求解的方法。

方法(1)是将采用 FFT 分析测定的频率响应函数，通过傅里叶变换求出脉冲响应，并将其直接作为 FIR 滤波器系数的方法。而方法(2)是通过与自适应控制同样的方法，直接求滤波器系数向量的方法。自适应识别的流程图如图 7.14所示。与自适应控制不同的是，作为声波干扰的结果，不是求误差信号，而是求计算机内部误差信号的点。

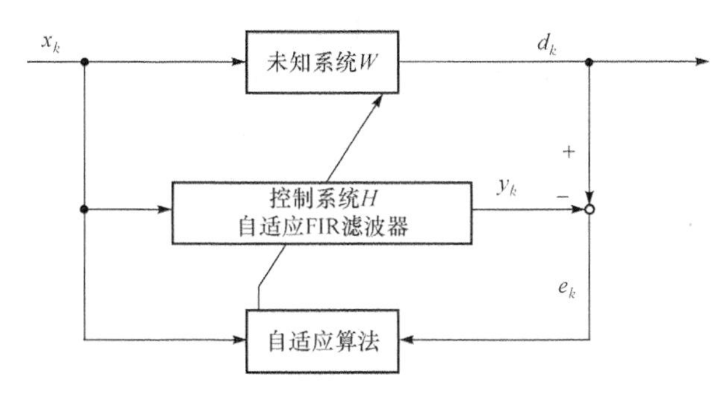

图 7.14　自适应识别流程图

7.4.5　LMS 运算法则的模拟

本节针对 LMS 运算法则进行简单的模拟。模拟的流程图如图 7.15 所示。模拟条件如下所示。

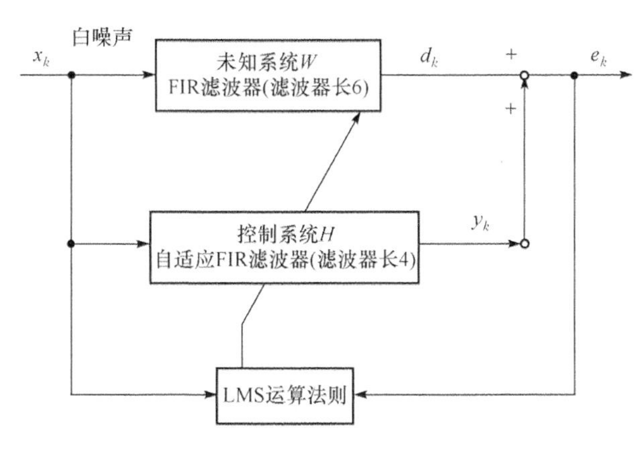

图 7.15　模拟流程图

(1) 设未知系统为滤波器长 6 的 FIR 滤波器，其系数向量如下。

未知系统 1：$h_1=(0.4,1.0,-0.8,-0.3,0.2,-0.1)^{\mathrm{T}}$

未知系统 2：$h_2=(0.4,1.0,-0.8,-0.3,0.5,-0.3)^{\mathrm{T}}$

(2) 假设控制系统的 FIR 滤波器的滤波器长 4。

(3) 假设输入信号平均值为 0，分散 1.0 的白噪声。

(4) 不考虑误差路径的特征(LMS 运算法则)。

根据上述条件(1)和(2)，相较于未知系统，控制系统的滤波器长比较短，所以控制系统不能完全表现未知系统的特征，必然会产生误差。实际的声音特征是，由于严密上来说，无法表现有限长的 FIR 滤波器，所以在实际过程中，对于这样的近似或多或少会产生问题。自适应算法在自身的滤波器长(该例中为 4)范围内，执行使平方误差达到最小的操作。在该例题中，适应滤波器的最优系数向量从未知系统的特征 h_1 和 h_2 的第 1 个元素到第 4 个元素(符号相反)将呈现出一致的结果。即

$$h_{\mathrm{opt}}=(-0.4,-1.0,0.8,0.3)^{\mathrm{T}}$$

由于剩余的两个元素不一致会生成误差，所以可以预测最终的误差在未知系统 1 的情况下，比未知系统 2 的情况小。

将循序值参数 μ 转换成第 3 阶段进行模拟的结果，如图 7.16～图 7.19 所示。未知系统 1 的结果是图 7.16 和图 7.17。图 7.16(a)～(c)的横轴取时间(样品数)，纵轴取自适应滤波器的系数向量，用虚线表示各值的收敛值(最优值 h_{opt})。此外，图 7.17 以时间(样品数)表示误差信号的变化。未知系统 2 的结果也同样，如图 7.18 和图 7.19 所示。

1. 未知系统 1：h_1

1) $\mu=0.001$ 时

当 μ 小时，如图 7.16 所示，适应操作缓慢进行。适应过程中的滤波器系数的变动也比较小，可知系统将缓缓地向最优值收敛。但是，由于收敛的速度较为缓慢，进行过 2000 次的更新计算后，终于达到了收敛值附近。有关误差信号，由图 7.17(a)可知，显示出了与滤波器系数同样的收敛特征。

2) $\mu=0.01$ 时

在图 7.16(b)中，当 μ 比图 7.16(a)所示的值大时，可知收敛的速度也变快。但是，伴随着此收敛速度，适应过程中滤波器系数向量的变动将在某种程度上变大。另外，有关误差信号，由图 7.17(b)的结果无法看到系数向量变动的影响，相反地，如果考虑收敛速度的因素，那么可以认为这种情况下的结果

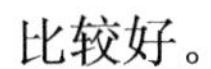
比较好。

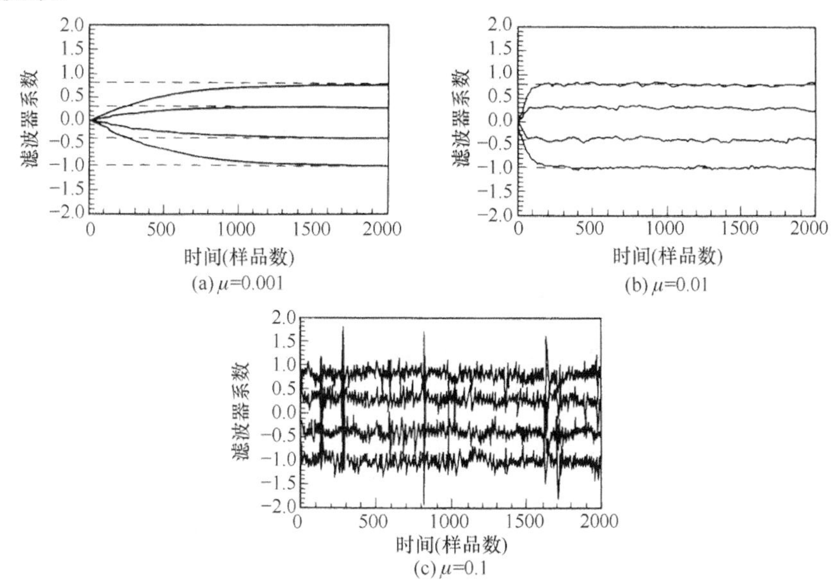

图 7.16 自适应滤波器的系数

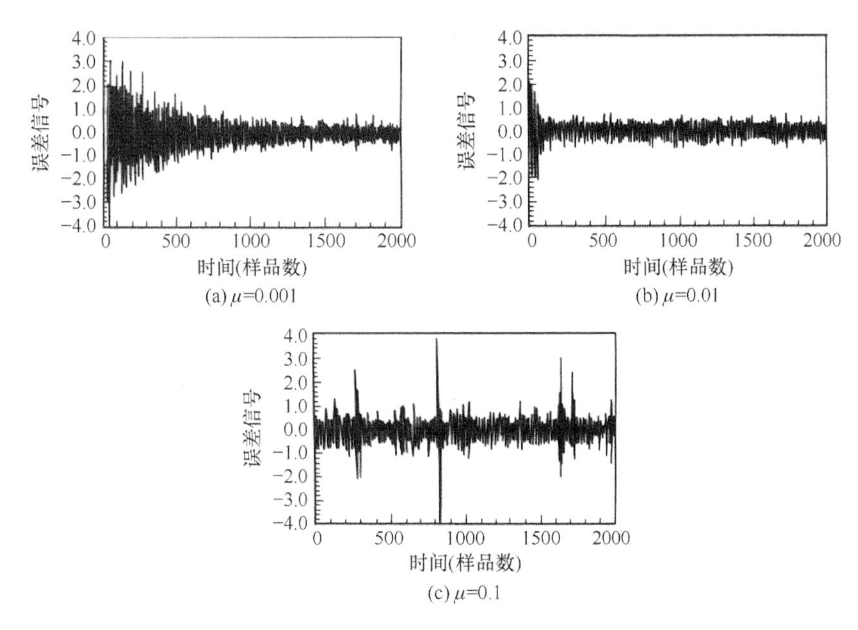

图 7.17 误差信号(未知系统 1)

3) μ=0.1时

由于μ较大,滤波器系数向量的变动比较明显[图7.16(c)]。由于收敛速度较快,在收敛值附近发生大幅度的变动,能够预测系统状态的不稳定。误差信号[图7.17(c)]也表示出系统的这种状态,可以看到误差瞬间变大。在实际控制时,由于这样的误差,控制系统出现发散,有必要注意。

2. 未知系统2:h_2

有关循序值参数及收敛特征的关系,由图7.18和图7.19可知,与未知系统1的情况相同。与对应该结果的未知系统1的结果进行比较,可知如预测所示,最终的误差比未知系统2的情况大。由此看来,当实际应用时,考虑作为对象的系统脉冲响应,决定自适应滤波器的滤波器长。

虽然是简单的模拟,但可知循序值参数对LMS运算法则的收敛特征有很大的影响。但由于该参数的设定没有统一的理论,其选定中发生设计者试行错误的情况较多。并且,在滤波器长不足的情况下,由于完全不适应部分的影响,控制结果会发生恶化,为了表现系统的特征,有必要讨论哪种程度的过滤长才是最合适的。

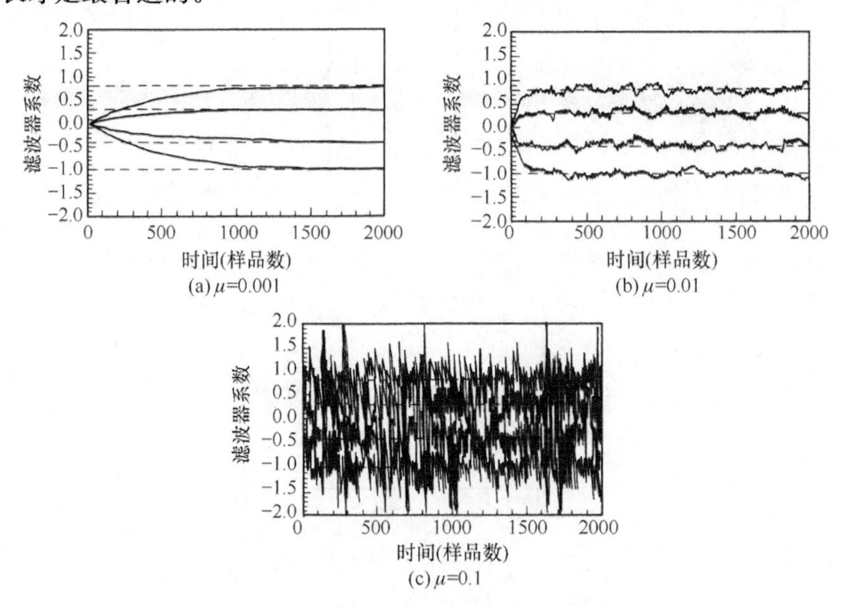

图7.18　适应滤波器的系数(未知系统2)

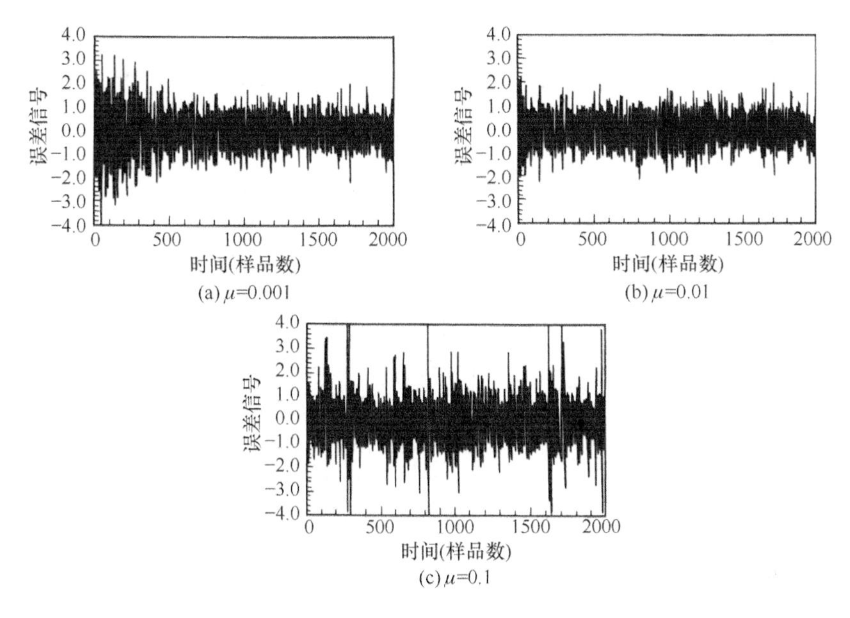

图 7.19 误差信号(未知系统 2)

7.5 实际应用中的问题

本节[4~11]中,在实际进行主动声控制的情况下,针对可以想到的问题进行简单阐述。

7.5.1 因果性

所谓**因果性**(causality),是指"由于该原因产生了某种结果"这样理所当然的问题。为什么会构成问题,针对如图 7.20 所示的 1 次声场的控制进行研究。

假定声速为 340m/s,自输入传感器到控制点的距离为 1.7m,所以声音从输入传感器到控制点所花的时间为 0.005s(=5ms)。作为控制系统的延迟原因,除了 DSP 的计算时间之外,还有传感器以及传感器放大器、A-D 变换、D-A变换、调节器及调节器放大器等,这些时间合计起来超过声场系统 5ms 的延迟,由输入信号计算控制信号输出时,对于该输入的声场系统的输出(目标声音),就已经通过了控制点。

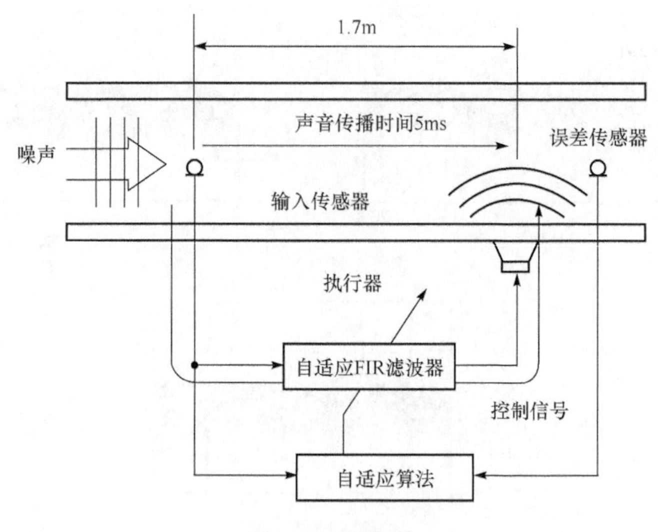

图 7.20　因果性

这种状态称为不满足因果性的状态，无法期待控制效果。在进行控制时，测定控制系统的延迟，为满足因果性，有必要确定控制要素的配置。

人类能够感觉的信号全部是模拟量，但是数字计算机处理的信号都是数字量。将人类世界的信号转换为计算机世界的信号的过程就是 A-D 转换，与此相反的过程就是 D-A 转换。主动声控制中，用传感器将声音的信号(模拟)转换为电气信号(模拟)后输入计算机(A-D 转换)，得到任意数值(数字)。而作为计算结果输出的数值(数字)被输出(D-A 转换)，形成驱动调节器的电气信号(模拟)，并且可以控制声音信号(模拟)。

7.5.2　相干性

相干性(coherence)也称为**关联度**，是表示两个量之间有何种程度的相关性的指标，在主动声控制中，主要是输入点信号与控制点信号的相干性。也就是说，假定输入点信号由于某些(线性的)特征变成控制点处的信号，在这样的条件下进行控制，如果该假定不成立，那么之前所述的控制也无法进行。

相干性作为劣化的条件，考虑有传感器及调节器性能的界限，以及控制对象声音以外的外来噪声(不仅是外部噪声，也包含电气噪声)和空间气流的紊乱等。

7.5.3 振鸣

系统中形成声音的正反馈,信号剧烈增加的现象(振荡)称为**振鸣**(**howling**)。利用话筒及扩音器提高声音时,在靠近话筒和扩音器过程中突然发出很大的声音,这种现象在现实生活中也会经常遇到。在主动声控制中,控制声音信号返回输入传感器后有时会引起振鸣。

为避免该现象发生,一般不使用声音作为输入信号,可以通过其他形成噪声的信号(振动、机械转速、驱动信号等)得到,也可以通过计算振鸣来求解,还可以通过从输入信号除去的方法来实现。

幸运的是,已知机械噪声是由作为噪声源的机械(引擎、发动机、齿轮箱等)产生的,且很多时候该机械的驱动信号容易测出,所以很多情况下,可不使用声音作为输入信号,而实现主动声控制。但是在这种情况下,7.5.2节的相干性(输入信号与噪声在何种程度上相关)的讨论变得更为重要。

7.5.4 滤波器长和采样间隔

控制中作为对象的频率上限,是根据**采样定理**(sampling theorem)限制在**采样频率**(sampling frequency)的1/2处。为了扩大控制对象的频率范围,考虑提升采样频率。表现FIR滤波器脉冲响应的时间长短应等同于采样间隔和滤波器长的乘积,因此自适应滤波器的滤波器长度保持一定,如果采样频率(=1/采样间隔)加倍,那么脉冲响应的时间减半。

如果控制对象的脉冲响应收敛(衰减)在该时间内,就没有问题,否则,就有必要增加滤波器长。但这主要是为了进行卷积演算和滤波器系数更新的结果,使得计算工作量增大。当然,在1个采样间隔中,为了更新计算滤波器系数和输出声控制,有必要中止卷积演算,所以客观上是不能随便增加滤波器长的。

由于滤波器长与采样间隔中存在着密切的关系,所以如果超过某种程度,简单地提高控制性能就存在困难,就有必要增加自适应算法上的某些手段,或者在控制对象声场中附加被动的衰减。

参 考 文 献

[1] Lueg,P.:"Process of silencing sound oscillations",US Patent,No. 2043416 (1936)

[2] Widrow,B. and Hoff,M. E. Jr.:"Adaptive switching circuits",IRE WESCON Convention Record,4,pp. 96-104 (1960)

[3] Haykin,S. ,武部幹訳:適応フィルタ入門,現代工学社 (1987)
[4] Burgess,J. C. :"Active adaptive sound control in a duct":A Computer Simulation,Journal of Acoustical Society of America,70-3,pp. 715-726 (1981)
[5] Widrow,B. ,Shur,D. and Shaffer,S. :"On adaptive inverse control",Proceedings of the 15th Asilomar Conference on Circuits,System and Computers,9-11,pp. 185-189,Pacific Grove,CA (1981-11) (IEEE New York,1982)
[6] 浜田晴夫:"アダプティブフィルタの基礎(その1)",音響会志,45-8,pp. 624-630 (1989)
[7] 浜田晴夫:"アダプティブフィルタの基礎(その2)",音響会志,45-9,pp. 731-738 (1989)
[8] 尾知博:ディジタル・フィルタ設計入門,CQ出版社 (1990)
[9] Cowan,C. F. N. and Grant,P. M. :Adaptive filters,Prentice-Hall,Inc.,Englewood Cliffs,NJ (1985)
[10] Widrow,B. and Stearns,S. D. :Adaptive signal processing,Prentice-Hall,Englewood Cliffs,NJ (1985)
[11] 長松昭男:モード解析入門,コロナ社 (1993)

附录　主动声控制中的最优滤波器

研究如图 7.9 所示的自适应控制系统。将控制系统用 FIR 滤波器(过滤长 $L+1$)表示,那么时刻 k 的控制输出功率 y_k 为

$$y_k=h^{\mathrm{T}}x_k \tag{1}$$

误差信号 e_k 由式(1)可得

$$e_k=d_k+y_k=d_k+h^{\mathrm{T}}x_k \tag{2}$$

平方平均误差 J 由式(2)得

$$J=E[e_k^2]=E[d_k^2]+2h^{\mathrm{T}}E[d_kx_k]+h^{\mathrm{T}}E[x_kx_k^{\mathrm{T}}]h \tag{3}$$

式(3)的右边的第 2 项和第 3 项的 $E[d_kx_k]$和 $E[x_kx_k^{\mathrm{T}}]$分别表示各自的目标值和输入信号的相关向量,以及输入的相关矩阵。假设

$$P=E[d_kx_k]$$

$$R=R^{\mathrm{T}}=E[x_kx_k^{\mathrm{T}}]$$

那么式(3)可重新写成

$$J=E[d_k^2]+2h^{\mathrm{T}}P+h^{\mathrm{T}}Rh \tag{4}$$

使得 J 最小的最优滤波器,由式(4)得

$$\frac{\partial J}{\partial h}=2P^{\mathrm{T}}+2h^{\mathrm{T}}R=0 \tag{5}$$

式(5)为 Wiener-Hopf 方程式的离散时间表现。解关于 h 的方程：

$$h^{\mathrm{T}}R=-P^{\mathrm{T}}$$

$$Rh=-P$$

$$h=-R^{-1}P \tag{6}$$

这就是自适应控制时最优滤波器(维纳滤波器)的系数向量。

如果未知系统也能用 FIR 滤波器(滤波长 $M+1, M>L$)近似表示，那么该输出的目标值 d_k 为

$$d_k=W^{\mathrm{T}}x_k^{(M+1)\times 1} \tag{7}$$

式中，用 x 的上标 $(M+1)\times 1$ 表示向量的量级。这里，假设输入信号 x_k 为平均值 $E[x_k]=0$、平均功率 $E[x_k^2]=\sigma^2$ 的白噪声，那么相关矩阵、相关向量为

$$\begin{aligned}
R &= E[xx^{\mathrm{T}}] \\
&= E\left[\begin{pmatrix} x_k \\ x_{k-1} \\ \vdots \\ x_{k-L} \end{pmatrix}(x_k, x_{k-1}, \cdots, x_{k-L})\right] \\
&= E\left[\begin{pmatrix} x_k^2 & x_k x_{k-1} & \cdots & x_k x_{k-L} \\ x_{k-1}x_k & x_{k-1}^2 & \cdots & x_{k-1}x_{k-L} \\ \vdots & \vdots & & \vdots \\ x_{k-L}x_k & x_{k-L}x_{k-1} & \cdots & x_{k-L}^2 \end{pmatrix}\right] \\
&= \begin{pmatrix} E[x_k^2] & E[x_k x_{k-1}] & \cdots & E[x_k x_{k-L}] \\ E[x_{k-1}x_k] & E[x_{k-1}^2] & \cdots & E[x_{k-1}x_{x-L}] \\ \vdots & \vdots & & \vdots \\ E[x_{k-L}x_k] & E[x_{k-L}x_{k-1}] & \cdots & E[x_{x-L}^2] \end{pmatrix} \\
&= \begin{pmatrix} \sigma^2 & & 0 \\ & \ddots & \\ 0 & & \sigma^2 \end{pmatrix} = \sigma^2 I
\end{aligned} \tag{8}$$

式中，I 为 $(L+1)\times(L+1)$ 的单位矩阵。

$$\begin{aligned}
P &= E[d_k x_k] = E[W^{\mathrm{T}} x_k^{(M+1)\times 1} x_k^{(L+1)\times 1}] \\
&= E\left[w_0 x_k + w_1 x_{k-1} + \cdots + w_M x_{k-M} \begin{pmatrix} x_k \\ x_{k-1} \\ \vdots \\ x_{k-L} \end{pmatrix}\right]
\end{aligned}$$

$$
=\begin{pmatrix} w_0\sigma^2 \\ w_1\sigma^2 \\ \vdots \\ w_L\sigma^2 \end{pmatrix}=\sigma^2\begin{pmatrix} w_0 \\ w_1 \\ \vdots \\ w_L \end{pmatrix} \tag{9}
$$

所以最优滤波器系数向量 h_{opt} 由式(6)得到

$$
h=-R^{-1}p=-\frac{1}{\sigma^2}I\sigma^2\begin{pmatrix} w_0 \\ w_1 \\ \vdots \\ w_L \end{pmatrix}=-\begin{pmatrix} w_0 \\ w_1 \\ \vdots \\ w_L \end{pmatrix} \tag{10}
$$

最优滤波器系数向量在未知系统的滤波器系数向量中，取出从顶端（第 1 个）到第 $L+1$ 个的元素，可知等于其负值。